普通高等教育土建学科专业“十二五”规划教材
高等学校土木工程学科专业指导委员会规划教材
（按高等学校土木工程本科指导性专业规范编写）

土木工程概论

周新刚 主编
周新刚 王建平 范 云 贺国栋 编写
何若全 主审

中国建筑工业出版社

图书在版编目(CIP)数据

土木工程概论/周新刚主编. —北京：中国建筑工业出版社，2011.6（2022.7重印）
普通高等教育土建学科专业“十二五”规划教材. 高等学校土木工程学科专业指导委员会规划教材（按高等学校土木工程本科指导性专业规范编写）
ISBN 978-7-112-13278-2

Ⅰ. ①土… Ⅱ. ①周… Ⅲ. ①土木工程-高等学校-教材 Ⅳ. ①TU

中国版本图书馆 CIP 数据核字(2011)第 105329 号

本书是全国高校土木工程专业教学指导委员会颁布的《高等学校土木工程本科指导性专业规范》的配套教材。主要讲授土木工程的基本概念及土木工程专业涉及的主要技术领域，帮助土木工程专业大一学生认识土木、走近土木、热爱土木、将来更好地学好和服务土木。

全书共分5章，其主要内容有：概述、土木工程的对象和范畴、土木工程的功能及其实现、土木工程专业知识构成概要、土木工程师的能力素质及职业发展。

本书既可作为土木工程本、专科专业的教材，也可作为从事土木工程专业及相关工科专业工程技术与管理人员的参考书。

为了更好地支持相应课程的教学，我们向采用本书作为教材的教师提供课件，有需要者可与出版社联系。

建工书院：http：//eud. cabplink. com
邮箱：jckj@cabp. com. cn
电话：（010）58337285

* * *

责任编辑：王　跃　吉万旺
责任设计：陈　旭
责任校对：陈晶晶　赵　颖

普通高等教育土建学科专业“十二五”规划教材
高等学校土木工程学科专业指导委员会规划教材
（按高等学校土木工程本科指导性专业规范编写）

土木工程概论

周新刚　主编
周新刚　王建平　范　云　贺国栋　编写
何若全　主审

*

中国建筑工业出版社出版、发行(北京西郊百万庄)
各地新华书店、建筑书店经销
北京鸿文瀚海文化传媒有限公司制版
天津翔远印刷有限公司印刷

*

开本：787×1092毫米　1/16　印张：12¾　字数：310千字
2011年8月第一版　2022年7月第十一次印刷
定价：**36.00**元(赠教师课件)
ISBN 978-7-112-13278-2
（38326）

出 版 说 明

从2007年开始高校土木工程学科专业教学指导委员会对全国土木工程专业的教学现状的调研结果显示，2000年至今，全国的土木工程教育情况发生了很大变化，主要表现在：一是教学规模不断扩大。据统计，目前我国有超过300余所院校开设了土木工程专业，但是约有一半是2000年以后才开设此专业的，大众化教育面临许多新的形势和任务；二是学生的就业岗位发生了很大变化，土木工程专业本科毕业生中90%以上在施工、监理、管理等部门就业，在高等院校、研究设计单位工作的大学生越来越少；三是由于用人单位性质不同、规模不同、毕业生岗位不同，多样化人才的需求愈加明显。《土木工程指导性专业规范》（以下简称《规范》）就是在这种背景下开展研究制定的。

《规范》按照规范性与多样性相结合的原则、拓宽专业口径的原则、规范内容最小化的原则和核心内容最低标准的原则，对专业基础课提出了明确要求。2009年12月高校土木工程学科专业教学指导委员会和中国建筑工业出版社在厦门召开了《规范》研究及配套教材规划会议，会上成立了以参与《规范》编制的专家为主要成员的系列教材编审委员会。此后，通过在全国范围内开展的主编征集工作，确定了20门专业基础课教材的主编，主编均参与了《规范》的研制，他们都是各自学校的学科带头人和教学负责人，都具有丰富的教学经验和教材编写经历。2010年4月又在烟台召开了系列规划教材编写工作会议，进一步明确了本系列规划教材的定位和编写原则：规划教材的内容满足建筑工程、道路桥梁工程、地下工程和铁道工程四个主要方向的需要；满足应用型人才培养要求，注重工程背景和工程案例的引入；编写方式具有时代特征，以学生为主体，注意90后学生的思维习惯、学习方式和特点；注意系列教材之间尽量不出现不必要的重复等编写原则。为保证教材质量，系列教材编审委员会还邀请了本领域知名教授对每本教材进行审稿，对教材是否符合《规范》思想，定位是否准确，是否采用新规范、新技术、新材料，以及内容安排、文字叙述等是否合理进行全方位审读。

本系列规划教材是贯彻《规范》精神、延续教学改革成果的最好实践，具有很好的社会效益和影响，住房和城乡建设部已经确定本系列规划教材为《普通高等教育土建学科专业"十二五"规划教材》。在本系列规划教材的编写过程中得到了住房和城乡建设部人事司及主编所在学校和学院的大力支持，在此一并表示感谢。希望使用本系列规划教材的广大读者提出宝贵意见和建议，以便我们在规划和出版专业课教材时得以改进和完善。

高等学校土木工程学科专业指导委员会
中国建筑工业出版社
2011年6月

前　言

2009年12月，高校土木工程学科专业指导委员会在厦门召开了“土木工程指导性专业规范”研究及配套教材规划会，确定了首批20本规划教材。2010年4月，高校土木工程学科专业指导委员会和中国建筑工业出版社又在烟台大学召开了“土木工程指导性专业规范”研讨会及配套教材编写工作会议，确定了教材编写的原则与基本要求。

根据“土木工程指导性专业规范”的思想，本教材在编写过程中，充分考虑了拓宽专业口径、满足应用型人才培养要求、内容最小化的原则。全书只有5章，但力求内容丰富、信息量大，做到核心内容全覆盖。在内容安排和表达上，充分考虑了土木工程专业的知识体系及其认知特点与规律，努力做到通俗易懂、形象生动、反映土木工程的最新发展，而且对学生的大学学习有所帮助、有所启迪。

本书由周新刚、王建平、范云、贺国栋等编写，其中第1章，第2章第2.1、2.2、2.11，第3章第3.1、3.4、3.7，第4章由周新刚编写；第5章，第2章第2.12由王建平编写；第3章第3.2、3.3、3.5、3.6由范云编写；第2章第2.3由贺国栋编写；第2章其他节分别由黄志军、郭健、冀伟编写。周新刚对全书进行了整理、修改和定稿。全书由苏州科技学院何若全教授审稿。

目　录

第1章 概　述

本章知识点

本章主要介绍土木工程的基本概念及土木工程专业涉及的主要技术领域。通过本章的学习，学生应从人类生存与发展的基本需求角度，认识和思考土木工程及土木工程专业的发展，了解土木工程与人类文明、社会进步和科技发展的关系及其相互作用，了解我国土木工程的成就及土木工程专业的前途及其发展。

1.1 土木工程与土木工程专业

1.1.1 土木工程

人类生存与发展离不开“衣、食、住、行”，也离不开政治、经济、军事、文化，而这一切都离不开土木工程。为满足人类“衣、食、住、行”的基本需求，维持国家、组织等运转，都需要建造一些固定的空间或实体，创造一定的环境，如建筑、道路、桥梁、港口、大坝等。可以说，地球上一切人类建造的固定空间或实体、环境等都是土木工程的成果。概括地说，土木工程为人类生产、生活营建空间与设施，为人与物流动构建通道，其内容十分广泛。房屋是人类最早开始建设的土木工程。由于早期的房屋都直接应用土和木两种材料，土木工程又可简单地理解为应用土木材料建造的工程。在中国古代就有“大兴土木”的说法。土木工程的说法由此而生。英文土木工程为 Civil engineering，是由英国的斯米顿(John Smeaton)在 18 世纪末提出的。Civil engineering 直译为民用工程，主要用于区别军事工程(Military engineering)。随着土木工程的发展，土木工程的概念已发展为建造各种设施的科学技术总称。它既指工程建设的对象，即建造在地上、地下、水中的各种工程设施，也指应用材料、设备和所进行的勘察、设计、施工、管理、养护、维修等专业技术。当今，虽然土木工程材料有了非常迅速的发展，但至今任何土木工程中都直接或间接地应用土和木两种材料。

我国土木工程包括或涉及的领域主要有：房屋工程、铁路工程、道路工程、机场工程、桥梁工程、隧道及地下工程、特种工程、给排水工程、城市供热供燃气工程、交通工程、环境工程、港口工程、水利工程等。美国的土

木工程包括结构工程(Structural engineering)、岩土工程(Geotechnical engineering)、交通工程(Transportation engineering)、环境工程(Environmental engineering)、水利工程(Hydraulic engineering)、建设工程(Construction engineering)、材料科学(Materials science)、测量学(Surveying)、城市工程(Urban engineering)等。土木工程不仅为人类生存与发展建造了单体的建筑、桥梁、隧道、大坝等，也创造了城市、乡村、厂矿等综合的生态与环境。

1.1.2 土木工程专业

土木工程专业是为培养土木工程专门技术人才而设的。早在1747年法国就创立了巴黎路桥学校。我国土木工程教育则始于1895年天津大学。目前全国有近500余所各类高等院校开展土木工程教育。从1872年清政府第一批官办留学开始到20世纪初，我国派遣了一批优秀人才到国外学习桥梁工程、采矿工程、地质工程等工科专业。这些留学生回国后不仅为我国的工程技术与工业发展作出了开创性的贡献，而且大都奠定了各学科的基础。如我们熟知的铁道专家詹天佑(1872年耶鲁大学留学)、黄仲良(1872年里海大学留学)，桥梁专家茅以升(1916年康奈尔大学留学)，地质学家李四光(1913留学英国伯明翰大学)、刘恢先(1937年康奈尔大学博士)。新中国成立后，特别是改革开放后我国土木工程专业的教育有很大的发展，也出现了大批卓有成绩的专家学者，目前我国土木水利学科的院士有58名，他们为我国土木工程及教育的发展作出了杰出的贡献。

从人才培养的层次分，土木工程专业培养的人才有专科、本科(工学学士)、硕士(工学硕士)、博士(工学博士)等几个层次。按照“大土木”的人才培养目标与方案，土木工程本科下设建筑工程、道路工程、桥梁工程等若干专业方向，但专业都统一为土木工程。在本科教育阶段，土木工程专业属于大的一级学科专业，到硕士或博士阶段则具体分二级学科专业，如岩土工程、结构工程、防灾减灾工程与防护工程、桥隧工程等。

1.2 土木工程发展简史

土木工程是一个古老的学科，也是一个长盛不衰的学科。土木工程产生与发展的动力来源于人类生存与发展的需要；人类生存与发展需求的不断提高，又不断推动土木工程的发展。纵观人类生存与发展的长河，土木工程既是人类生存与发展的结晶，又是人类生存与发展的不竭动力。

从土木工程所用的材料、土木工程理论的发展、土木工程建设规模与水平及所使用的机械设备等几个方面综合分析，土木工程的发展大体经历了以下几个阶段。

1.2.1 中世纪以前的土木工程

古代社会的穴居、独木桥、独石桥、藤索道、人类长期活动所形成的道路等，就是最原始的土木工程。但类似的、非常简陋的土木工程至今还可以在现代社会中找到踪迹。在旧石器时代以前，原始人群主要以天然崖洞等作为居住处所。到新石器时代才开始出现利用黄土层为壁体的土穴居，用木架和草泥建造简单的穴居和浅穴居(图 1-1)。根据考古发掘，从我国夏朝开始到春秋战国，夯土技术逐渐发展与成熟，可以建造规模比较大的宫室和陵墓(图 1-2)，而且逐渐形成了“方九里、旁三门。国中九经九纬，经涂九轨，左祖右社、面朝后市……”的都市之制。

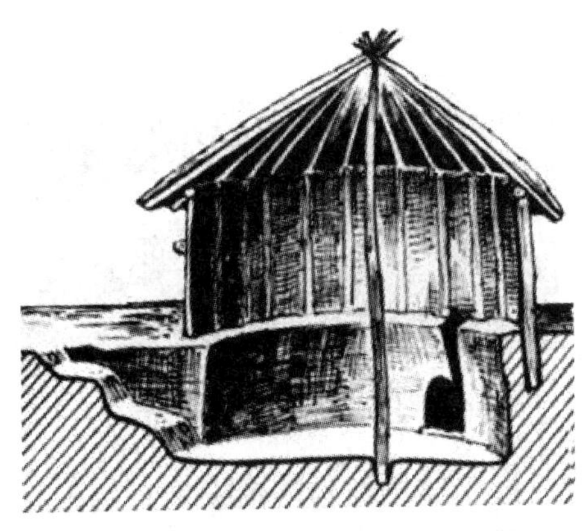

图 1-1　原始房屋(穴居与草木建筑)

图 1-2　古代夯土陵墓

夯土技术是最早的土木工程技术，在我国有几千年的发展历史。不仅在人类文明的早期被广泛应用(图 1-3)，在近现代社会仍保存和使用大量的夯土建筑(图 1-4)。福建土楼从 1622 年到 20 世纪 70 年代一直在建设与使用，是我国土木建筑的杰出代表之一，并于 2008 年 7 月 7 日被列为世界文化遗产。

图 1-3　楼兰遗址(夯土建筑)

图 1-4　福建土楼(夯土建筑)

原始土木工程的主要特点是：应用天然的土木材料，材料很少被加工或使用原始的以手工为主的加工方法，工程对周围环境的改造和影响都比较少，工程设计与建造完全依靠经验和简单的工具，工程建造的主要目的是为了满足人们最基本的需要。如建造房屋或穴居只是为了遮风挡雨、抵御寒冷、防范野兽等；建造独木桥只是为了人畜的行走等。正所谓“上古穴居而野外，后世圣人易之以宫室，上栋下宇，以蔽风雨”。

到了封建社会，由于铁器的使用，推动了生产力的发展；由于工农业、商业和文化的发展促进了城市发展，我国开始了秦砖汉瓦的土木工程技术时代。秦朝开始建设的万里长城、大型宫殿、陵墓等，春秋战国时代秦国建设的都江堰，都是这个时期土木工程的不朽代表。长城被誉为人类的奇迹(图 1-5)；都江堰工程至今仍发挥着巨大的抗旱防洪作用(图 1-6)，使成都平原变成天府之地。

图 1-5　长城

图 1-6　都江堰水利工程

从东汉开始，我国开始使用木材建造房屋，斗拱结构逐渐发展成熟。我国不仅在一般房屋的水平屋盖结构中主要使用木材，在宫殿、寺庙等建筑的竖向构件中也大量使用木材，并发展完善了斗拱结构这一独特的木结构形式(图 1-7)。斗拱结构不仅受力合理，而且形成了我国古建筑的独特风格，创造和发展了中国建筑文化。由于木结构技术的发展和建筑风格与文化的形成，我国保存下来的大量木结构建筑已成为全人类的宝贵文化遗产。北京故宫(始建于公元 1406 年，建成于 1420 年)是世界上现存最大、最完整的古代木结构建筑群，占地 72 万 m^2，有房屋 8700 余间，总建筑面积 15 万 m^2(图 1-8)。应县木塔(建于公元 11 世纪，9 层、66m 高)也反映了我国木结构技术的高超水平(图 1-9)。该木塔几百年来经受多次大地震至今巍然屹立。除中国外，东方其他国家，如日本也大量使用木结构建造房屋、庙宇等。日本奈良法隆寺五重塔(建于公元 607 年，塔高 31.5m)可以说是日本木结构建筑的重要代表之一(图 1-10)。值得一提的是，超过 28m

图 1-7　我国典型木结构

图 1-8　北京故宫

的建筑在现代也可称之为高层建筑，说明人类只用天然材料建造高层建筑的历史可以追溯到1000多年前。

图1-9　应县木塔

图1-10　法隆寺五重塔

中世纪前，西方国家的土木工程也达到了很高的水平，为现代社会留下了很多文化遗产。但是，与我国和东方国家不同的是，中世纪前西方国家主要使用砖石建造房屋，图1-11～图1-15都是国外古代建筑的杰出代表，这些建筑所使用的主要材料都是石材。尽管西方国家在建筑中比较少的采用木材，但西方国家的木结构技术也有很高的水平。古罗马时期，人们就能区别桁架的拉杆和压杆，而且建成了跨度25m以木桁架为主要结构的罗马城图拉真(古罗马皇帝)巴西利卡(巴西利卡是古罗马的一种公共建筑形式)。如果用跨度来衡量，这样的跨度已达到了现代桥梁的中桥水平。

图1-11　古埃及金字塔

图1-12　玛雅金字塔

图1-13　古罗马斗兽场

图1-14　古希腊雅典卫城

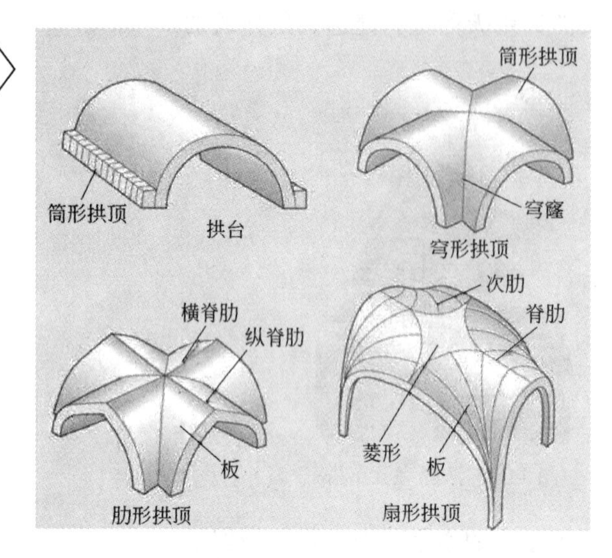

图 1-15 西方古建筑拱顶结构

由于广泛使用砖石材料建造房屋，特别是大型、大跨公共建筑，促进了石拱券、砖拱券等在西方建筑中的大力发展和广泛应用，并且在古罗马时期人们就开始利用天然火山灰混凝土建造大型宫殿、教堂的拱顶，形成了有代表的古罗马建筑、罗曼建筑和哥特式建筑。至今这些建筑仍闪耀着耀眼的光芒。这些建筑尽管建筑风格各异，但其共同点都是利用砖石等块状建筑材料，通过受力合理的拱券结构及其组合，形成大跨度建筑空间，并在建筑的外立面和内部空间中用雕塑、壁画等加以装饰，形成独特的建筑风格，营造特有的文化与精神氛围。图 1-15 为几种典型的拱券形式。

古罗马建筑 古罗马建筑能满足各种复杂的功能要求，主要依靠水平很高的拱券结构，获得宽阔的内部空间。巴拉丁山上的弗莱维王朝宫殿主厅的筒形拱，跨度达 29.3m。万神庙穹顶的直径是 43.3m(图 1-16、图 1-17)。公元 1 世纪中叶，出现了十字拱，它覆盖方形的建筑空间，把拱顶的重量集中到四角的墩子上，无需连续的承重墙，空间因此更为开敞。把几个十字拱筒形拱、穹窿组合起来，能够覆盖复杂的内部空间。古罗马城中心广场东边的君士坦丁巴西利卡，中央用三间十字拱，跨度 25.3m，高 40m，左右各有三个跨度为 23.5m 的筒形拱抵抗水平推力，结构水平很高。剧场和角斗场庞大的观众席，也架在复杂的拱券体系上。由此可见，无论从结构形式，还是建筑所达到的跨度与高度等方面看，古代西方建筑技术都达到了很高的水平。

图 1-16 意大利万神庙全景

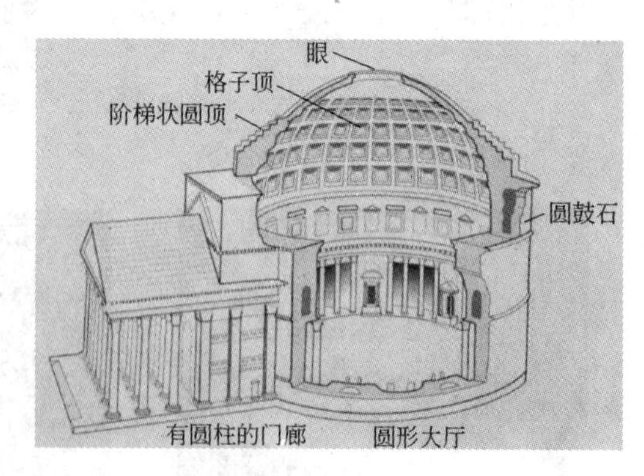

图 1-17 万神庙结构解剖

罗曼建筑 罗曼建筑承袭初期基督教建筑的特点，采用古罗马建筑的一些传统做法，如半圆拱、十字拱等，并对罗马的拱券技术不断进行试验和发展，采用扶壁以平衡沉重拱顶的横推力，后来又逐渐用骨架券代替厚拱顶(图 1-18为罗曼建筑的代表)。随着罗曼建筑的发展，中厅愈来愈高。为减少和平衡高耸的中厅上拱脚的横推力，并使拱顶适应于不同尺寸和形式的平面，后来又创造出了哥特式建筑。罗曼建筑作为一种过渡形式，它的贡献不仅在于把沉重的结构与垂直上升的动势结合起来，而且在于它在建筑史上第一次成功地把高塔组织到建筑的完整构图之中。

哥特建筑 哥特式建筑是以法国为中心发展起来的。在 12～15 世纪，城市手工业和商业行会相当发达，城市内实行一定程度的民主政体，市民们以极高的热情建造教堂，以此相互争胜来表现自己的城市，犹如现代城市争相建设地标建筑一样。哥特式建筑的特点是尖塔高耸、尖形拱门、大窗户及绘有圣经故事的花窗玻璃。在设计中利用尖肋拱顶、飞扶壁、修长的束柱，营造出轻盈修长的飞天感，使整个建筑表现出以直升线条为特征的雄伟外观，营造空阔的室内空间。哥特式建筑的代表作非常多，图 1-19 为意大利米兰大教堂。该教堂 1386 年开始建造，1500 年完成拱顶，1774 年中央塔上的镀金圣母玛丽亚雕像就位，主体建造历时一百多年，最终完成近 300 年，其工程之宏伟可见一斑。

图 1-18 意大利比萨主教堂建筑

图 1-19 意大利米兰大教堂

利用简单的砖石材料建造房屋，拱结构是最合理的结构形式，只有拱结构才能在采用砖石材料的情况下，建设大跨度结构。我国在利用拱结构建造土木工程方面也取得了杰出的成绩，公元 6 世纪隋朝建成的赵州桥，跨度 37.02m，全长 50.82m，桥面宽约 10m(图 1-20)，1991 年被美国土木工程学会评为世界上第 12 个土木工程里程碑。明朝建设的南京开元寺无梁殿也是我国砖拱结构的杰出代表(图 1-21)。在砖石结构建造技术方面，除了都发展了合理的结构外，早期西方主要使用天然火山灰材料作为粘结材料，而我国则采用黏土材料，其中添加一些改性材料。

随着土木工程的建设，人们也不断总结土木工程建造的经验。公元 5 世纪我国有了第一部工程技术专著《考工记》，到了公元 12 世纪又编著了《营造法式》；国外在公元 1 世纪罗马建筑师、工程师维特鲁威就编写了《建筑十书》；公元 15 世纪意大利阿尔贝蒂编著了《论建筑》。这些著作对工程建设及建筑的制式与规格化发挥了重要作用，但这些著作中还没有形成系统的结构理论。

图1-20 赵州桥

图1-21 南京开元寺无梁殿

概括地说，古代土木工程技术有以下特点和成就：

(1) 在建筑材料方面，从利用自然的土、木，到发展夯土技术、砖瓦烧制技术、石材与木材加工技术，直到利用火山灰混凝土建造拱顶等；

(2) 在建造技术方面，从简单的穴居，到单层房屋、多层房屋，最后发展到建造大跨度、大空间的殿堂、庙宇、教堂、公共建筑等；

(3) 在发展结构形式方面，从利用自然洞穴，到搭设简单的锥形木架、独木桥，最后发展到木结构桁架、斗拱以及砖石、混凝土拱顶等；

(4) 在建筑与建造技术方面，总结建筑材料、建筑法式、规格、结构形式等方面的经验，形成了一些系统的建造标准与技术，包括建筑装饰等；能合理利用材料的基本特性，利用拱结构建造了大量建筑和桥梁，并开始应用火山灰混凝土。

1.2.2 近代土木工程

1824年波特兰水泥的发明和1856年转炉炼钢技术的发展，标志着土木工程材料的发展达到了一个新的高度。由于水泥的发明和应用，钢材冶炼技术的进步，从此土木工程告别了以天然材料为主的时代，迈向了以钢筋混凝土结构和钢结构为主的新时代。土木工程技术也告别了依靠经验建造的时代，来到了主要以力学为基础的科学建造时代。力学、混凝土结构学、钢结构学等在工程实践中不断发展，形成了系统的知识与理论体系。土木工程的设计建造理论也发展成为一门完整的学科——结构工程。

结构工程的主要理论基础是数学、力学。在力学基础上，构成土木工程这座大厦的主要支柱是土力学与地基基础、混凝土结构和钢结构。由于经典力学的发展和工业革命的推动，18世纪中叶至20世纪初期，结构工程理论逐渐成熟，为大型、复杂工程的设计建造，混凝土结构与钢结构的广泛应用奠定了基础。

力学 在力学领域，1774年欧拉建立了柱的轴心受压屈曲理论，使结构和构件的稳定分析成为现实；1773年库伦提出了材料强度概念和挡土墙土压力理论，为材料力学与土力学的发展奠定了基础；1825年维纳建立了结构设计的容许应力分析方法，为结构设计提出了通用的方法；20世纪上半叶克劳斯提出了力矩分配法，促进了刚架结构的应用。

土力学与地基基础工程　在土力学与地基基础领域，库伦于1773年和1776年分别发表了土压力滑动楔体理论和土的抗剪强度准则，达西于1856年发表了水在砂土中的线性渗透定律，博西内斯克于1885年发表了半无限弹性体中应力分布的计算公式，1900年莫尔提出了土的强度理论，19世纪末至20世纪初期阿特贝里提出了黏性土的塑性界限和按塑性指数的分类，1925年K.太沙基出版了世界上第一部《土力学》，至此土力学形成了完整的理论体系。

钢结构工程　钢结构工程是以钢材制作为主的结构。虽然远在秦始皇时代我国就已经用铁做简单的承重结构，西方在17世纪也开始使用金属承重结构。但直到19世纪中叶以后，由于设计理论的成熟和钢材材料的发展，钢结构才开始广泛应用，而且出现了里程碑式的钢结构工程，如法国的埃菲尔铁塔(1889年，总高324m)和美国旧金山金门大桥(悬索桥，两塔之间跨度1280m，塔高342m)等(图1-22、图1-23)。

图1-22　埃菲尔铁塔

图1-23　旧金山金门大桥

混凝土结构工程　在波特兰水泥发明后，法国J. L. Lambot于1848年制造了第一只钢筋混凝土船，1854年英国W. B Wilkinson获得了钢筋混凝土楼板专利，1861～1867年法国园丁Joseph Monier获得了从制造钢丝网花盆到钢筋混凝土梁、板和管的多项专利。1886年德国M. Koenen发表了混凝土结构理论和设计的第一本书稿，从此钢筋混凝土结构得到迅速推广应用。1872年，世界第一座钢筋混凝土结构建筑在美国纽约落成，标志着混凝土结构时代的来临。时至今日，混凝土成为使用最多、应用领域最广的土木工程材料。1928年，预应力钢筋混凝土结构出现，并于二次世界大战广泛地应用于桥梁、大跨建筑等工程中。

随着现代社会快速发展的需要，高层及大跨结构的大量建设，钢-混凝土组合结构的发展与应用已成为土木工程的重要发展方向。钢-混凝土组合结构能更充分地发挥钢与混凝土的力学特性，不仅延性好、抗震能力高、施工周期快，而且具有刚度大、防火、防腐性能优良等特点。早在1950年代，我国在武汉长江大桥上层公路桥面中就采用了钢-混凝土组合梁。国外从20世纪50年代开始，研究钢管混凝土柱。钢-混凝土组合结构的主要形式有两种，一是钢-混凝土组合梁(板)，二是钢管混凝土柱或劲性钢筋混凝土柱，如图 1-24 所示。

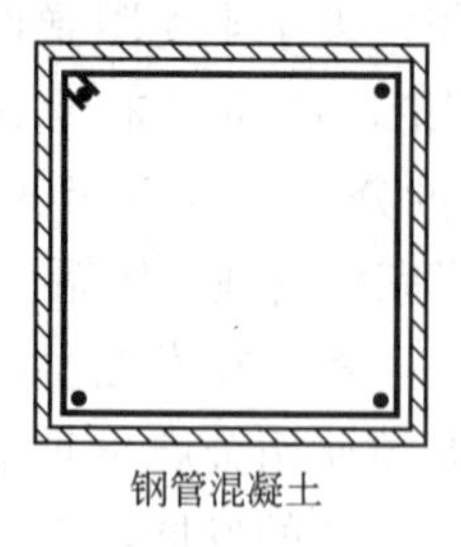

钢管混凝土

钢骨混凝土

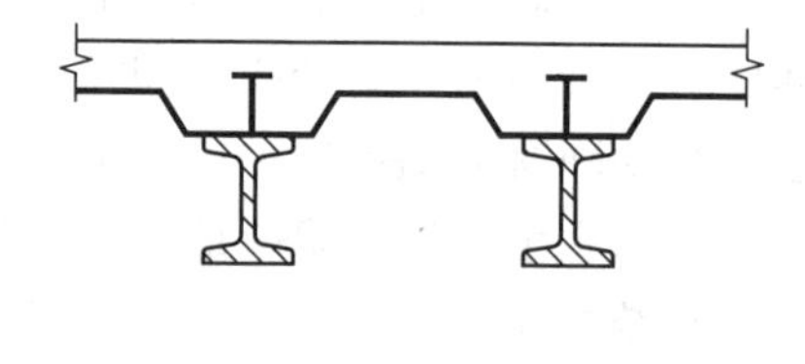

钢混凝土组合楼盖

图 1-24 几种钢混凝土组合结构

近代土木工程不仅在理论、材料与结构形式上都有重大发展，形成了一个完整的、科学的学科体系，而且土木工程的触角延伸到社会需要的各个领域，如大坝、铁路、高速公路、飞机场、城市地铁等。1825 年英国修建了世界上第一条铁路斯托克顿—达林顿铁路；1932 年德国修建了世界第一条高速公路—科隆至波恩线；1843 年英国人皮尔逊为伦敦市设计了世界上最早的城市地铁系统；1863 年 1 月“大都会地区铁路”正式开始营业；1880 年巴拿马运河开凿；1908 年美国建设亚利桑那州比斯比-道格拉斯国际机场，等等。近代土木工程的发展为二次世界大战后各国基础设施及城市化的快速发展构建了基本框架，提供了建筑材料、设计理论与建造技术等方面的可靠支撑。

1.2.3 现代土木工程及我国土木工程技术的最新成就

由于近代土木工程在设计与建造理论、材料、施工机械等方面的快速发展与逐渐成熟，受第二次世界大战后经济发展、城市建设以及科技的带动，土木工程更加快速的发展。半个多世纪以来，土木工程不仅在高(耸)、大(跨)、重(载)、特(种)等工程方面不断取得突破，创造了一个又一个奇迹(图 1-25～图 1-34)，而且更加重视环境、生态、防灾减灾和可持续发展；更

图 1-25 广州塔(616m)

图 1-26 迪拜塔(828m)

图 1-27　杭州湾大桥

图 1-28　国家体育馆——鸟巢

图 1-29　三峡水利枢纽工程

图 1-30　海上钻井平台

图 1-31　核电站

图 1-32　风力发电

图 1-33　京津高铁

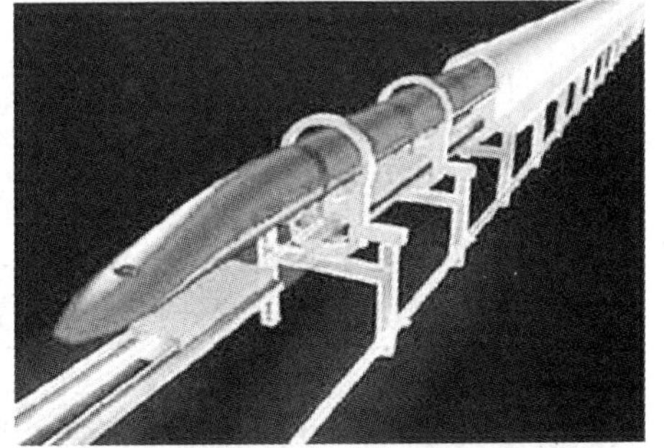

图 1-34　正在研究的真空磁悬浮列车

加重视新材料、新科技的研究与应用；多学科、多种材料、多种技术在土木工程中综合应用的趋势越来越明显；土木工程的综合、复杂功能要求也越来越高。

现代土木工程在短短的半个多世纪取得如此快速的发展，是经济、城市建设与科技共同发展、相互促进的结果。

1. 第二次世界大战后，西方国家从两次世界大战期间的经济危机中走出，欧洲和日本逐渐崛起，西方国家不断加强经济合作，并依靠强大的科技力量和20世纪90年代的电子信息技术革命，带来了经济高速发展，城市化进程不断加快，跨国企业集团的高速成长和社会财富的级数增长，由此产生的强劲基础设施建设需求，不断推动土木工程快速发展，土木工程也不断展示其强大的生命力和创造力，不断挑战高、大、重、特工程的新高度，创造了一个又一个土木工程的新的里程碑。

2010年建成的世界最高的高层建筑迪拜塔达828m高，高度几乎是1972年建成的417m高的世界贸易大厦的两倍。目前国内最高的广州电视塔(2009年)高度达616m，比1994年建成的468m高的上海东方明珠电视塔高150m。中国国家体育场“鸟巢”的长轴最大跨度达333m，短轴最大跨度达297m。最大跨径1088m的世界最大跨度斜拉桥——苏通大桥创造了多项桥梁建设纪录。苏通大桥主墩基础由131根长约120m、直径2.5～2.8m的群桩组成，承台长114m、宽48m，面积有一个足球场大，是在40m水深以下厚达300m的软土地基上建起来的，是世界上规模最大、入土最深的群桩基础。苏通大桥采用高300.4m的混凝土塔比世界上已建成最高桥塔——日本多多罗大桥224m的钢塔高近80m。苏通大桥最长拉索长达577m，比日本多多罗大桥斜拉索长100m，为世界上最长的斜拉索。三峡大坝全长2309m、最大坝高181m，坝顶宽度15m，底部宽度为124m。世界上最高的大坝——瑞士大笛克桑斯大坝，其高度为284m。85.32km的世界上最长的引水隧道——辽宁大伙房输水工程2009年全线贯通。我国穿越秦岭的终南山隧道达18.4km。我国最长的铁路隧道——青藏铁路新关角隧道全长达32.64km。世界上最长的铁路隧道——圣哥达铁路隧道全长57km。英吉利海峡海底隧道是世界上最长的海底隧道，它横穿英吉利海峡最窄处，西起英国东南部港口城市多佛尔附近的福克斯通，东至法国北部港口城市加来，全长50.5km，其中海底部分长37km。整个隧道由两条直径为7.6m的火车隧道和一条直径为4.8m的服务隧道组成。

2. 结构理论的发展与完善也是现代土木工程快速发展的重要基础和标志。现代社会对土木工程的要求日益多样化，土木工程技术不仅要能快速建设大量的一般工程，还要解决大量复杂工程的关键问题，同时要使所建造的工程具有预定的功能和抵御各种自然灾害，如地震、台风、洪水、雪灾等的能力。如没有理论的发展和完善，这些要求就不可能实现。传统的依靠经验建造工程的时代，不仅不能解决大量一般工程的快速建设问题，更不能建设超高、大跨等复杂工程的设计和施工问题，因为无法解决复杂工况的计算分析及复杂条件与环境的施工问题。由于实验设备与技术、结构非线性分析理论、材料多轴本构关系以及计算机技术的高度发展，结构分析计算理论与方法有了重大突破，结构设计方法实现了从经验方法、安全系数法到可靠度设计方法的过渡。进入21世纪，基于性能设计理论、抗连续倒塌设计理论、结构耐久性理论、结构的振动控制理论、结构实验技术等又有了重大发展，所形成的理论逐渐在实际工程中应用，在工程结构的防灾减灾中发挥着巨大作用。

3. 材料的发展。在土木工程的发展过程中，材料与工程也是互相促进，共同发展的。一方面工程需要发展新材料、高性能材料，另一方面新材料、高性能材料又为土木工程的发展提供了保证。

在结构材料方面，高强、高性能混凝土已在工程中广泛应用。目前世界上研究的混凝土抗压强度可达300MPa，C180强度等级的混凝土已在工程中应用，工业与民用建筑中广泛应用的混凝土强度等级达到C30～C40，而且混凝土的各种性能如施工性、耐久性等显著改善，已经可以设计建造设计寿命120年的工程(港珠澳大桥)。除普通的结构混凝土外，各种特殊用途和特殊效果的混凝土也在工程中应用，如意大利水泥集团开发的允许光线透过的塑性树脂基新型干拌混凝土预制板已成功地应用于2010年上海世博会意大利馆(图1-35)。钢材的性能与加工工艺显著改善和提高。工程上应用的钢绞线设计强度可达1960MPa，预应力混凝土结构已经广泛应用，使大跨、重载的建筑、桥梁等工程得以实现。高强度钢索的应用，推动了斜拉桥、悬索桥的建设(图1-36)。由于轧制、焊接及加工工艺的发展，各种钢结构建筑与桥梁也得到空前的发展。由于冶炼技术的进步，耐候钢、耐高温钢也开始在土木工程中应用，目前耐候钢在600～620℃的温度下还可以保持其常温下的力学性能。不锈钢钢材也开始在沿海混凝土结构中应用，以提高结构的使用寿命。

图1-35　2010年上海世博会意大利馆照片

图1-36　钢索

传统的砌体材料、木质材料也得到了改进与发展。砌体材料具有一些施工与经济上的优势，虽然秦砖汉瓦已远离现代工程与可持续发展理念的要求，但砌体材料却在新的时代中得到了新的发展。如混凝土砌块也可以被用来建设多高层建筑(图1-37)，并可以形成带保温的复合砌块建筑体系。传统的填充类砌体材料已完全被轻质的保温砌块或墙板体系所取代(图1-38)。

图 1-37 保温砌块墙体

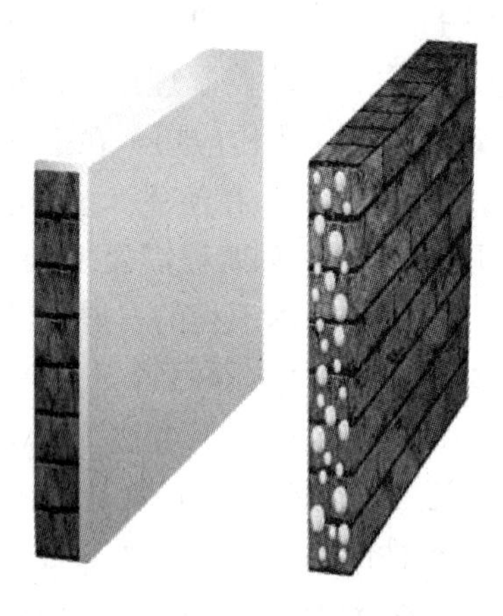

图 1-38 保温砌块及墙板体系

木质材料在土木工程的发展历史中，特别是中国的工程建造史上发挥了重要的作用。但到了现代，由于人类生产生活对木材需求量日益增多，天然木材的产出量不能满足人类日益增长的需求，作为结构材料，木材的应用逐渐减少，特别是在我国。但由于木材的良好性能，人类一直在尝试研究和开发新的植物纤维基的材料。从 20 世纪 90 年代开始，塑木开始在土木工程中应用，不仅应用于一般建筑工程中，而且能应用于铁路枕木中。2008 年北京奥运会和 2010 年上海世博会都使用了塑木材料。走进世博会，很多道路及场馆的木塑铺板就会进入你的视野。图 1-39 为各种各样的塑木产品，图 1-40 为国外的塑木建筑。木材的自然再生性比砂石等天然材料还要好，只要有土地、阳光和水就可以再生，当人口下降、人类对木材的需求减少到一定程度，木材仍将是土木工程材料的重要选择。

图 1-39 塑木产品

图 1-40 塑木建筑

除了钢材、混凝土、砌体、木材等已经有悠久应用历史的材料在现代土木工程中得到更广泛的应用和更大的发展外，从 20 世纪 60 年代开始，新材料的研究与应用也出现了前所未有的局面。例如，膜结构被大量地应用于体育场馆等公共建筑中。图 1-41 为世博轴的膜结构。膜结构的应用，使许多过去建筑师无法实现的梦想能得以实现。对于大跨结构而言，膜结构可以有效地减轻主体结构的荷载。2008 年北京奥运会水立方(图 1-42)是膜结构的杰作。

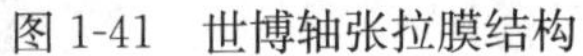
图 1-41　世博轴张拉膜结构

图 1-42　水立方

纤维增强材料(FRP)的发展与应用，也是 21 世纪新材料在土木工程中应用的重要标志。图 1-43 为各种增强纤维片材与棒材，图 1-44 为纤维增强材料在工程加固中的应用实例。目前的纤维增强材料从简单的玻璃纤维(GFRP)，发展到碳纤维(CFRP)、芳纶纤维(AFRP)、玄武岩纤维、硼纤维、陶瓷聚烯烃纤维、PBO 有机纤维、金属纤维以及混杂纤维等多种。这些纤维既可以直接掺到混凝土中做增强材料或智能材料，也可以制成片材或棒材作为结构构件的补强或加筋材料，还可以作为结构构件的防腐材料。应用纤维增强材料型材，可以建成轻巧美观的工程。

图 1-43　纤维增强材料

图 1-44　纤维增强材料在工程加固中的应用

4. 现代土木工程更加重视防灾减灾，应用多种技术与手段提高土木工程抵御灾害的能力。土木工程是百年大计，工程在使用期内不仅要承受正常使用荷载，而且要能承受各种自然或人为的偶然作用，如地震、火灾、泥石流等。唐山地震(1976 年 7 月 28 日，7.8 级)，以及以后的世界几次大地震，如日本兵库地震(1995 年 1 月 17 日，7.3 级)、台湾集集地震(1999 年 9 月 21 日，7.3 级)、印尼海啸(2004 年 12 月 26 日，9.0 级)、四川汶川(2008 年 5 月 12 日，8.0 级)、海地地震(2010 年 1 月 12 日，7.0 级)、智利地震(2010 年 2 月 27 日，8.8 级)、青海玉树(2010 年 4 月 14 日，7.1 级)、日本宫城(2011 年 3 月 11 日，9.0 级)等都给人类的生命财产造成了极大的破坏，如图 1-45～图 1-47 所示，但同时也极大地推动了土木工程防灾减灾理论与技术的发展。

图 1-45 唐山地震

图 1-46 地震造成的楼塌人亡

图 1-47 日本东部海域地震引发的海啸

尽管地震仍给人们的生命与财产造成了极大的破坏和危险，但土木工程致力于防灾减灾的努力始终没有停止。目前，结构振动控制理论已经形成比较完整的理论体系，结构的减振与振动控制技术在高烈度区及重要建筑中得到广泛应用。如广州电视塔就采用 TMD 减振技术，能抵御烈度为 8 度的地震和 12 级台风。同时由于世贸大厦遭到恐怖袭击(图 1-48、图 1-49)，2000 年以

图 1-48 世贸大厦倒塌图

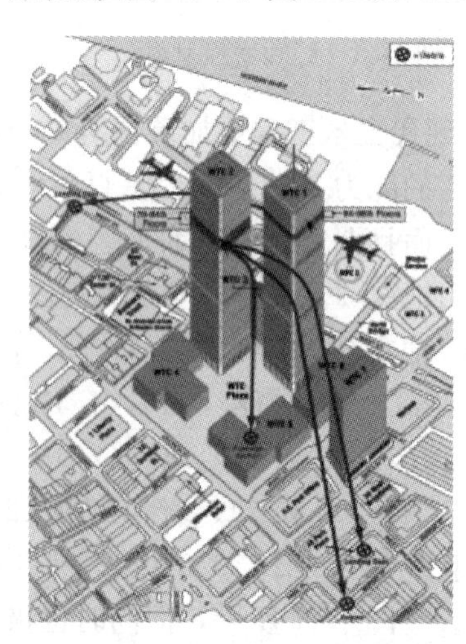

图 1-49 世贸大厦撞击与倒塌示意

来结构的抗倒塌理论与设计方法也有了很大的发展，2010 版的《混凝土结构设计规范》已有抗连续倒塌设计的内容。

5. 工程机械的广泛应用，大大提高了施工速度、效率和施工质量，减少了安全事故，减轻了工人的劳动强度，而且使大型工程建设变成可能。目前大型隧道施工已比较广泛地使用盾构机。世界最大的盾构机直径达 14.44m，我国生产的最大盾构机直径为 12m，刀头加盾身的重量就达到 1600t(图 1-50)。我国自行设计建造的烟台莱佛士船厂“泰山”2 万 t 桥式起重机，设计提升重量达 20160t，设备总体高度为 118m，相当于 40 层楼高；主梁跨度为 125m，相当于一个足球场；采用 10000t＋10000t 固定高低双梁结构，起升高度分别为 113m 和 83m，2 号横梁重达 4600t；这台吊机共有 12 个卷扬机构，整机共设 48 个吊点，每个吊点起重能力为 420t，单根钢丝绳达到了 4000m(图 1-51)。我国三一重工生产的最大汽车吊起重量达 1000t。三一重工生产的大型汽车吊在智利矿难救援中发挥了重要作用。上海环球金融中心吊装中采用的 2 台 M900D 塔吊，是目前国内房屋建筑领域中起重量最大、高度可达 500m 的巨型变臂塔吊，塔吊总重量达 225.40t。大厦封顶后，该塔吊在 500m 高空拆卸，属世界首创。高强度、高耐久、高流态、高泵送混凝土技术在工程中普遍推广应用。上海环球金融中心基础施工中使用 19 台泵车、350 辆混凝土搅拌车一次连续 40h 浇筑主楼底板 36900m^3 混凝土，同时在主体结构施工中将混凝土一次泵送至 492m 高空，创造了世界混凝土浇筑高度的纪录(图 1-52、图 1-53)。“鸟巢”是由总重 4.2 万 t 的 24 榀钢结构门式钢架围绕

图 1-50　大型盾构机

图 1-51　“泰山”桥式起重机

图 1-52　基础大体积混凝土连续施工

图 1-53　上海环球金融中心

图 1-54 箱梁转体斜拉桥施工

着体育场内部混凝土碗状看台区有序旋转编织而成。在箱形弯扭构件制作、钢结构综合安装、钢结构合龙施工、钢结构支撑卸载、焊接、施工测量测控等方面都达到世界领先水平。中铁七局三公司承建的石家庄市环城公路跨石太铁路转体斜拉桥工程，成功实现转体，与铁路两侧的桥梁成功对接(图 1-54)。转体斜拉桥转体重量16500t、转体角度达75.74°，两项指标均居世界同类桥梁之最。这些成就说明，我国的工程机械制造水平及施工技术水平都达到世界先进或领先水平。

6. 重大工程建设为土木工程提出了新的课题，土木工程在解决重大工程技术问题中得到飞跃发展。我国建设的青藏铁路、三峡大坝、京沪高铁、南水北调工程、国家大剧院等，都解决了许多世界级土木工程技术难题，使我国土木工程技术在很多方面达到世界领先水平。青藏铁路是世界上海拔最高、线路最长的高原铁路，面临高寒缺氧、多年冻土、生态环境等诸多全新的技术难题，是一项极具研究性和探索性的工程。青藏铁路的完成创造了世界土木工程的奇迹。

图 1-55 国家大剧院

图 1-56 青藏铁路

三峡工程是拥有100多项“世界之最”的重大水利工程，其中两次截流——1997年进行的大江截流和2002年进行的导流明渠截流，其综合技术难度均为世界截流史上所罕见。大江截流水深量大，龙口最大水深达60m，为世界之最；实际截流流量为每秒8480m^3至11600m^3，也为世界截流工程之最；导流明渠截流是在人工开挖的光滑的河床上进行截流，抛投料不容易稳定，其综合难度超过大江截流。

在京沪高铁的设计与施工中，研究克服了高速铁路深水大跨桥梁建造、深厚松软土地基沉降控制、无砟轨道制造和铺设等诸多技术难题。南京大胜关长江大桥具有体量大、跨度大、荷载大、速度高“三大一高”的显著特点，是世界首座六线铁路大桥，钢结构总量高达36万t，混凝土总量达到了122万m^2，仅一个桥墩就有七个篮球场大；主跨2×336m，双跨连拱为世界同类桥梁最大跨度，也是世界同类级别跨度最大的高速铁路大桥，能够确保万吨级船舶顺利过江；设计活荷载为六线轨道交通，支座最大反力达 18000t，是目前世界上设计荷载最大的高速铁路大桥。据估算，大桥的荷载量最小相当于 20 个长江三桥，这比现在我国的所有铁路桥荷载都要大。

7. 现代土木工程中，除了传统的新建工程外，还出现了一些新的工程领域，如工程结构的可靠性评估、改造加固等。因为随着工程结构服役期的增加，有些功能需要改变或提高，结构构件的性能可能劣化，要改善功能，确保结构长期使用的可靠性，就必须对既有结构进行鉴定评估，根据新的功能要求，对结构进行改造或加固。进入 21 世纪，这一领域的理论研究与工程应用发展非常快，我国已颁布了混凝土结构加固设计规范，结构再设计的有关内容已写入 2010 版的《混凝土结构设计规范》中。

8. 土木工程的综合、系统要求越来越高。在工程的规划、设计与建设中，更加关注土木与环境生态、节能减排、可持续发展之间的关系。高新技术在土木工程中的应用越来越快，对土木工程的推动作用也越来越明显。在单体工程中，为了满足日益提高的功能要求，最大限度地提高工程品质，工程的要求越来越复杂，各学科、各工种之间的配合越来越密切；在城市建设或大范围的重大工程建设中，从可行性论证、规划设计、工程施工到使用阶段的维修维护、改造升级等的系统性、科学性与可持续发展要求等也越来越高。

1.3 土木工程与人类社会文明

人类从穴居发展到现代社会的高度城市化，土木工程起到了巨大的作用，不仅为人类文明留下了大量的宝贵文化遗产，而且不断创造新的文明奇迹。世界各国留下的大量历史建筑、现代社会不断建设的各种大型工程，既是土木工程的杰作，也是人类文明的结晶。

1. 最早的土木工程主要是建筑工程，由于人们最基本的居住需求，建筑工程技术先于其他科学技术的发展。世界文明古国都在建筑工程技术方面创造了丰富的文明成果，希腊、埃及、古罗马、中国等文明古国留下的大量古建筑即是证明。古建筑既是人类文化艺术的载体，同时也推动了文化艺术、宗教、科学技术等的发展。从中世纪开始，建筑工程技术对数学、机械学、力学的发展起到了巨大的推动作用。可以说，土木工程是人类文明发展的见证者与记录者。

2. 土木工程技术在人类城市化生活、集约化生产的发展过程中起到了巨大作用，不断改变着人类的生活、生产方式，使人们的生活更加舒适、交通更加便捷、生产更为高效、产品品质更高。城市化生活、集约化生产关键要解决居住、交通、通信、物流、资源的使用与配置等问题，这些问题的解决都离不开土木工程。

3. 人类文明的发展也体现在物质财富的增加与升值，土木工程所创造的财富是人类物质财富的重要组成部分。与其他社会物质财富相比，土木工程所创造和积累的财富最具有长期性和可保留性。

如果说人类文明发展的方向可以用“使地球越来越小”来概括，那么土木工程越来越多就是其基础和保证。

1.4　土木工程在国民经济中的地位与作用

经济与社会发展的重要标志和目的是不断满足人们日益增长的物质和精神需要；社会财富的积累与增加，就是不断把地球上的各种物质变成人们需要的东西。由上所述，土木工程在经济与社会的发展中起到重要作用，扮演着重要角色。在“衣、食、住、行”四个方面，“住和行”对经济的发展起到的作用最大，对土木工程的依赖最大。因为住和行等基础设施建设，具有涉及面广，建设和使用周期长，社会和经济效益大等显著特点。对我国而言，基础建设不仅直接促进经济社会发展，而且在我国东部与国际接轨、中部崛起、西部大开发、东北老工业基地改造、抵御经济危机等重大国家决策，促进整个社会可持续发展中也发挥着举足轻重的作用。

从特区建设、浦东开发到抵御1997年、2008年两次金融危机以及2008年汶川地震后的灾区重建，土木工程的大发展充分展示了我国改革开放30多年的成果。深圳特区建设、浦东新区开发，是我国城市化高速发展的缩影，体现了土木工程在城市建设中的地位与作用；1997年亚洲经济危机、2008年世界经济危机后，我国所采取的以基础设施建设为主的经济刺激政策，使我国比较平稳地度过了经济危机，防止了经济的大起大落，保持了国民经济较好较快的发展，体现了建筑业在国民经济中的支柱作用。

1998年我国提出“实施积极财政政策，加快基础设施建设，扩大内需”的决策，决定1998年重点实施公路、铁路、通信、环保、农林及水利等基础设施建设，公路是其中的重中之重。到2007年年底，总规模约3.5万km的“五纵七横”国道主干线系统比原规划提前13年基本贯通，我国公路通车里程达357.3万km，其中，高速公路达5.36万km。从1998年加快公路建设至2007年的10年里，年均建成高速公路里程达4900多km，相对于前10年(1988～1997年)年均建成477km的速度，提高了超过10倍，高速公路建设的“中国速度”令世界震惊。2005年1月国务院审议通过的《国家高速公路网规划》提出，我国将用30年时间完成8.5万km国家高速公路网建设。国家高速公路网采用放射线与纵横网络相结合的布局形态，构成由中心城市向外放射以及横连东西、纵贯南北的公路交通大通道，包括7条首都放射线、9条南北纵向线和18条东西横向线，简称“7918网”。加上各省市和自治区的高速公路建设规划，我国的高速公路规划里程已经超过12万km，已建里程达6万km。2008年全球金融危机后，我国加快了公路网的建设步伐。2009年全国高速公路开工里程达到了10000km，是1998～2007年间年均近5000km建设速度的两倍。

2008年我国实施了近10万亿元的经济刺激计划，其中超过半数的资金投入到了基础建设领域。2009年仅安排的铁路工程投资就达6000亿元，可以创造600万个就业岗位，消耗钢材2000万t，水泥1.2亿t。2009～2012年铁路建设投资将达3.5万亿元，其中长期投资规模将达5亿元。截至目前，国家已批准的新建铁路里程有2.3万km，投资规模超过2万亿元。按照规划，2010年，国家批准新建铁路里程1万km左右，投资规模1万亿元；从2004～2010年，国家批准新建铁路4万km以上，总投资达到4万亿元以上。预计《中长期铁路网规划》项目全部实施后，到2020年铁路建设投资总规模将突破5万亿，铁路营业里程将达到12万km以上。这些新建的铁路项目都是经济社会发展和人民群众生产生活急需的，主要分为三大类：一是像京沪高速铁路这样的客运专线和城际铁路，以及对既有的京哈、京广、京沪、陇海等繁忙铁路干线进行强化改造，使之成为以货运为主的大能力运输通道，从根本上缓解铁路运输的“瓶颈”制约。二是包头至西安、太原至中卫、准格尔至朔州等煤运通道项目，到2010年建设规模达到近1万km。这些通道建成后，将大幅度提高西煤东运、新疆煤外运、“三西”煤炭直达华中的运输能力，从根本上缓解煤炭运输尤其是电煤运输紧张的状况。三是贵阳至广州、南宁至广州等资源开发性西部干线铁路项目，到2010年建设规模将达到1.5万km。通过实施这些项目，加上对既有铁路的技术改造，将进一步扩大铁路对国土的覆盖，强化中西部交通基础设施，为西部大开发、中部崛起、东北振兴等战略的实施提供可靠的运力保障。

据不完全统计2009年中国的粗钢产量达到5.678亿t，占世界钢产量的46.8%；水泥产量为16.5亿t，承接国际水泥业务量的40%以上；生产商品混凝土7.9亿m^3；平板玻璃产量为5.6亿m^2多；建筑用铝型材产量为496万t，2010年有望突破600万t；建筑用塑料管材为50亿m，450万t，据估计到2010年将达到600万t。目前我国约80%的建筑排水管道，70%的建筑雨水排水管道，80%的建筑给水、热水供应、供热管道，70%的城市供水管道，70%的城市燃气管道，90%的建筑电线穿线护套管都采用塑料管道。与建筑有关的产业，如机械制造、交通运输、化工材料等达到50多个。1980～2007年，建筑业总产值由286.93亿元人民币发展到的5万多亿元人民币。建筑业从业人数由854万人增加到3085万人。截至2008年，我国建筑业总收入达到7万亿左右，增加值为2万亿左右，增加值占GDP的比重多年稳定在5.5%左右，房地产业总收入约为中国制造业总收入的5%左右。

改革开放以来我国土木工程有了飞速发展，取得了令世界瞩目的成绩，土木工程在国民经济中的地位与作用凸显，但与国外相比，我国工程建设领域还存在很多问题，如从事土木工程行业人员的素质不高、生产力水平与管理水平都不高，单位GDP的能耗大、建筑业增加值占GDP的比重还比较小等，建筑业还处于粗放经营与管理的行业。

1.5 土木工程与可持续发展

我国土木工程建设速度发展之快，数量之巨，令世界各国惊叹不已。土

木工程的高速发展，对经济社会的快速发展起到了巨大的作用，同时也带来了很多环境与生态问题，给可持续发展提出了问题与挑战。

可持续发展已成为当前国际社会的共识。可持续发展的本质是追求人类与自然的和谐、共存和共荣。可持续发展是人类面向21世纪的社会经济发展模式，是人类文明史上的又一次飞跃。由于土木工程在社会与国民经济中的特殊地位与作用，在土木工程规划、建设及运营中落实可持续发展战略具有重要意义。

可持续发展的涵义是：既满足当代人的需要，又不对后代人满足其需要的能力构成威胁的发展。全面认识和理解可持续发展观的科学内涵需要把握以下四个方面：

1. 可持续发展观强调人类社会需要追求长期持续稳定的发展。这里的“可持续”不仅指发展在时间上的连续性、在空间上的并存性，而且包括了在发展内容上的协调性，是经济增长、社会进步、环境和谐的系统化和整合化，而非经济、社会、生态三个维度的简单相加。

2. 可持续发展观体现了人本主义精神，是一种以人为本的发展观。生态、经济、社会的可持续发展，其最终目的都是为了满足人类的可持续发展。因而，可持续发展思想是围绕着人类生存和持续发展而提出的，体现了人在发展中的主体地位。

3. 可持续发展观要求发展延续性和协调性的高度统一。在以人为本的发展思想中，发展的延续性表现在代际关系的均等上，发展的协调性表现在代内关系的均等上。实现代际平等就要保护地球生态的完整性，将人类的发展始终保持在地球的承载能力之内，在提高当代人生活质量的同时，不至于使未来人口承受不利的后果。实现代内平等，就是要实现同代人之间在发展机会、享受发展成果上的平等。

4. 可持续发展观是一种系统的发展观。可持续发展观立足于系统的科学认识方法，把可持续发展作为一个系统来考量，这个总系统包括社会、经济、生态发展三个子系统。通过人类有目的、有意识的活动来协调系统与系统之间、系统与要素之间、要素与要素之间的相互关系，最终实现人类经济社会的全面、协调、可持续发展。

可持续发展思想是人类面对工业文明所带来的巨大环境破坏，通过对传统的片面追求物质财富增长的工业文明发展观进行反思而提出的一种全新的、系统的、战略性的生态文明发展观。土木工程作为国民经济支柱产业，既要大力发展，以满足经济社会发展的需要，又要注意环境保护、资源节约，实现环境、生态与人文的和谐发展。

现代社会经济的高速发展，使得城市化进程进一步加快，以混凝土、钢铁和玻璃幕墙为代表的现代城市建筑正在无节制地扩张，造成了环境破坏和人与自然的不协调。因此，建筑师和土木工程师应努力树立可持续发展的建筑观，推行有效利用自然资源(如太阳能、自然通风、节能技术、材料循环利用等)的设计技术，实现现代建筑的建设以保障生态系统的良性循环为原则，真正使绿色建筑走近人们的生活。

可持续发展的绿色建筑在设计上要求更加效法自然，提倡应用可促进生态系统良性循环、不污染环境、高效、节能、节水的建筑技术和建筑材料。例如：采用具有大气净化功能的外墙材料及涂料；具有抗菌、防霉、防污、除臭的室内装饰材料；具有除臭、抗菌、防射线的镀膜调光节能的玻璃窗；具有除臭、抗菌、净化空间的卫生间；具有空气净化功能的内墙材料及涂料等。可持续发展的绿色建筑是节能环保型的，它能够充分注意到对垃圾、污水和油烟的无害化处理或再回收，充分考虑对周边环境的保护(包括施工中采用新技术和无污染的建材，尽量减少对建筑工地周围树木、植被、土地的破坏等)。当然，可持续发展的绿色建筑更应特别注意工程建设中土地的节约，在建设工作中重视“变废为宝”(如粉煤灰利用、用废橡胶筑路、碎玻璃制砖)等。

可持续发展最有效的手段是减少能源的消耗。据统计，能源的40%是消耗在建筑物中，30%用在交通上。因此，在设计和使用建筑物过程中，应尽量寻求节约能源的方案，更多地利用风能、太阳能和可再生能源。土木工程人员在努力减少建筑垃圾和废料产生的同时，还应重视废建筑材料的利用，如废混凝土、废砖石经回收加工后用作要求不高的地面材料或填充料，也可用于筑路或重新制砖等。

同时，在工程建设中应特别重视延长各类土木工程的使用寿命。在向海洋拓宽、建人工岛、建造海上城市时，也应注意可持续发展，要改进和建造污水回收和处理设施，不能把海洋当成垃圾池。在土木工程活动中，注意节约用水。水是一切生命之源。由于我国人口的持续增长，且人口基数大，加上工业的快速增长，经济的高速发展后，不少地区的淡水资源逐渐地遭受破坏，甚至污染加重，缺水、水荒已经开始出现。因此，一方面，要节约用水，特别在大量用水的工程建设中，要努力减少水的消耗量；另一方面，要注意水的二次利用。以满足人口增长和经济发展的需要。

我国的沙漠在蔓延，已占国土的20%多。面对沙尘暴、沙漠化的侵袭，我们土木科技工作者，应该与土壤、气候、农业工作者一道为治理沙漠作出贡献，构筑绿色屏障，遏制沙漠蔓延，变沙漠为绿洲。此外，在沙漠中搞城镇建设、开发西部经济时，一定要保护环境，改善环境，注意可持续发展。

阅读与思考

1-1 阅读其他土木工程专业教材，中外建筑史、中外桥梁史等资料，进一步了解和认识土木工程的历史、现状与未来，思考土木工程专业在人类社会发展中的作用。

1-2 以阅读的资料和课堂教学内容为线索，撰写读书笔记，阐述土木工程及土木工程专业的发展。

第2章 土木工程的对象和范畴

本章知识点

> 本章从土木工程专业的内涵与外延出发，讲述土木工程所涉及的主要工程技术领域，以及各领域的主要工程对象、工程技术的主要内容与特点；简单介绍土木工程专业的学科框架、科学技术基础、设计与建造理论的发展等；同时，阐述各专业方向之间的交叉与联系。通过本章的学习，学生应能结合土木工程专业的培养目标，开始认识土木工程，了解土木工程，热爱土木工程，思考如何学好土木工程，初步规划自己的专业生涯。

土木工程专业是一个古老而又有强大生命力的长线专业，服务的对象及涵盖的工程技术范畴非常广。尽管从专业划分上看，土木工程专业的对象与内容在各个国家及不同的历史时期有所不同，但一般来说，与房屋及基础设施建设有关的工程技术都是土木工程所研究的对象与工作内容。在我国，水利工程、港口工程、环境工程等与土木工程分设，但这些专业与土木工程密不可分。因此，本章除了介绍房屋建筑工程、交通工程等外，还介绍水利工程、港口工程、环境工程等内容。

土木工程服务的对象及范畴非常广泛，在城乡建设及基础设施建设中，其系统性、综合性的特点越来越明显，因此，本章将从简要论述土木工程及其系统性、综合性入手，分别介绍各专业或专业方向的对象、内容及特点，这样有助于在认识和理解系统性、整体性的基础上，学习和掌握土木工程专业的学科构架。

2.1 土木工程及其系统性、综合性

土木工程的系统性与综合性主要体现在以下几个方面：

1. 任何土木工程都不能独立的使用和运营，都需要相应的配套工程才能达到使用要求、满足生产与生活的需要。例如，任何工程都需要水、电、道路等配套设施或工程。随着社会的发展、科技的进步，对土木工程配套设施与工程的要求也越来越高。土木工程的内容和范围不断扩大，与其他工程技术的结合也越来越紧密。

2. 任何项目从可行性论证、规划、设计及施工到最终的交付使用，不仅

需要很多政府有关管理部门的审批、监督与管理，也需要多个专业的技术人员的反复分析论证和具体设计与施工。在项目的论证、规划、设计中，不仅要考虑项目本身的功能要求、经济指标等因素，更重要的是要综合考虑区域环境与生态、交通与资源等方面的因素。无论是城乡建设，还是重大基础设施建设，可行性论证与规划都是工程建设的首要环节。任何工程只有在宏观的、系统的、综合的分析论证的基础上，才能确定科学合理的方案；有了科学合理的方案，才能做具体的、详细的设计与施工。

3. 由于土木工程的内容和范围非常宽广，不仅在可行性分析与规划阶段要有系统的、综合的分析论证，在具体的工程设计与施工中，也要多专业、多工种密切配合。如在建筑设计中，建筑设计要考虑结构方案的合理性与施工的可行性；结构设计要考虑满足建筑与功能要求，同时也要考虑材料、结构、施工与经济等方面的多种因素；水电设备设计既要考虑满足建筑功能要求，又要考虑不影响结构的安全等。因此，即使一个非常简单的单体建筑，也需要在方案设计与初步设计的基础上，经过各专业技术人员的密切配合和反复磋商，才能最终付诸施工。在施工中，施工方案的制订、施工工序的衔接与配合、施工中的管理等，也都需要综合的考虑、周密的计划与安排。

4. 土木工程的核心工作是结构设计与施工。在结构设计的技术层面上，也要综合考虑多种作用、多种受力状态及受力阶段、材料与结构构件的弹塑性性质等方面的问题。由于结构设计要考虑和解决的问题非常多，也非常复杂，因此要从概念、计算与构造等三个方面进行系统的、整体考虑，才能达到结构设计的基本要求。

5. 土木工程的系统性与综合性还体现在使用、营运与管理的过程中。这一点在公共建筑和工业建筑中的表现尤为突出。车站、机场、体育场馆、展览馆、工业车间等的运营与管理都是非常复杂的系统工程。全生命周期的设计、建造与维护理论，是土木工程的重要发展方向。

2.2 建筑工程

建筑工程是土木工程的重要组成部分，主要服务于城乡建设，是建造各类房屋建筑活动的总称，其对象是城乡中的各类房屋建筑，如住宅、办公楼、商场、工厂、学校、医院等。规划、勘察、设计与施工是建筑工程的主要内容，但这些内容分属于不同的专业范畴。土木工程专业中的建筑工程主要是解决结构问题，即解决建筑结构的安全性、适用性与耐久性问题。要解决这些问题，必须了解土木工程材料的性质、懂得结构分析与设计原理，在掌握结构分析和设计原理的基础上，分析与设计结构，绘制施工图，并按照施工图进行施工，完成一个工程项目的整体设计与施工任务。结构设计、项目管理、工程施工、监理、检测等是这个领域的主要就业方向。

建筑的最本质功能是为人类的生产、生活提供一个安全、适用的空间。原始房屋能遮风挡雨就可以，随着人类文明的发展，建筑的功能要求越来越

高，房屋规划、设计与施工中要考虑的问题越来越多，也越来越复杂，分工也越来越细。

2.2.1　建筑工程的对象与主要内容

为了更清楚地讨论建筑工程的对象与主要内容，让我们思考一个建筑项目建设需要哪些程序，需要解决哪些专业问题。假如我们要建设一个大楼，其前提是必须有土地，能筹到资金，明确项目的建设用途。那么是否有了土地、资金来源，明确了建设用途，就可以建设了呢？其实还远远不够，需要具体细化的东西还很多。在技术上，需要规划、勘察、设计、施工等多专业、多工种，在不同阶段的协同配合工作才能完成。

图 2-1 为建筑工程对象与内容的基本示意框图。由图可见，围绕一个建筑工程项目的建设，勘察、规划、设计与施工等单位(乙方)通过招投标程序与建设方(业主，甲方)签订契约，在合约和国家法律、法规以及工程技术规范的指导和约束下，勘察、规划、设计与施工单位完成工程建设中各环节的工作，而且各个环节都必须接受政府管理部门的监管。

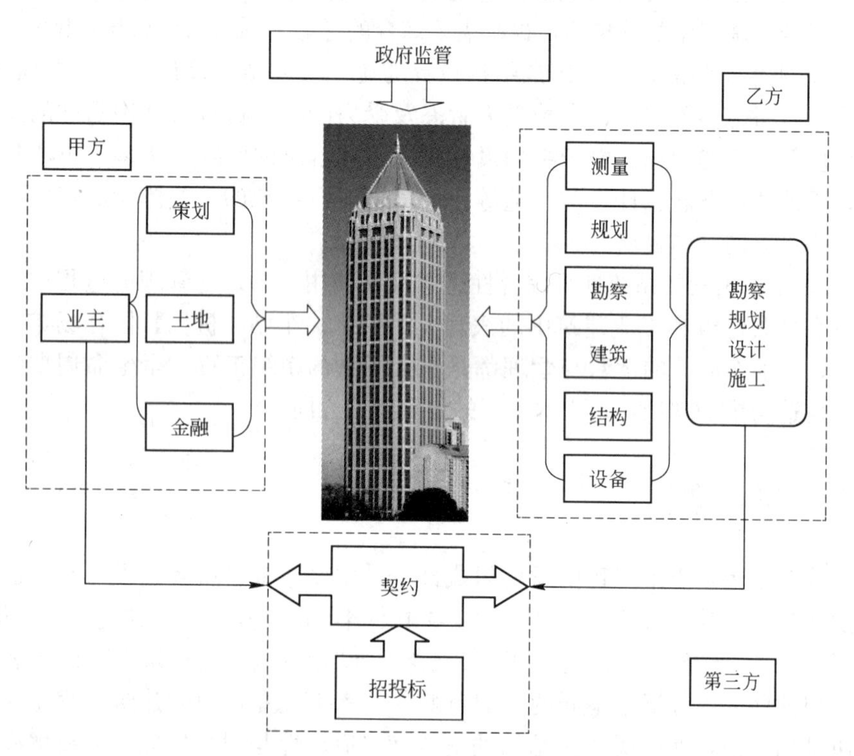

图 2-1　建筑工程对象与内容示意框图

从专业技术的角度看，一个建筑工程项目的建设，一般从规划开始，到施工结束。这中间包含了测量、勘探、设计与施工等多个程序。其中在设计与施工阶段，又包含了建筑、结构、设备等多个专业工作。

任何一项工程，无论简单还是复杂，都必须从规划开始。规划分城镇整体规划、区域规划、小区规划等。规划主要规定整体或区域的功能、定位、特点，各类建筑、设施、交通、绿化的布局，等等。单体建筑的初步设计方案，必须符合整体规划的要求，保证所建项目在建筑风格、体量、尺度、位置等方面与规划相协调。只有通过规划审批的建筑设计方案才能正式开始建筑设计。

建筑设计主要解决两个问题，一是根据建筑的用途和使用要求，对将要建设的空间进行合理的组合和分隔；二是根据美学的原则，确定组合和分隔空间的风格、体量、尺度等。

任何建筑空间都是由一些几何空间体组成，这就是所谓的空间组合；同时，在任何一个建筑内，都要把其空间分隔成不同的功能和活动区，这就是分隔。在组合和分隔这些空间、形成能满足各种使用功能要求的空间时，必须遵循美学的原则。

建筑规划与设计中，除了要遵循美学的原则外，还要综合考虑气候、地理地貌、地质、资源与环境等方面的因素。这些因素对建筑的营建与使用影响很大。同时，建筑也会对环境、局部气候等产生重要影响。例如，确定建筑密度、建筑朝向、进深、层高以及门窗的尺寸与布置、建筑布局等，要考虑通风、采光、节能等气候条件；建筑的选址，建筑风格、形式与体量的确定等，要考虑地貌、地质、环境等要素。重视气候与环境等因素的研究与合理利用，是中国建筑传统中的精华。建筑风水的本质其实就是研究建筑、人与环境的自然和谐。只是建筑风水不是依靠现代科技的方法、仪器与手段来研究建筑、人与环境的关系，由此导致了精华和糟粕共混的局面。现代工程建设中，更加重视气候、地理地貌、地质、资源与环境等对工程影响的研究。工程建设要环境友好，科学合理地利用资源、保护环境。由于科学技术的发展，在工程建设的前期，要对场地进行勘测，对地质进行勘探，对常年温度、湿度、降水量、风力与风向、地下水情况等也要进行调查和分析。在建筑建成后，还要采用科学的方法对建筑的性能进行评定，这可以说是现代意义的建筑风水。

确定了建筑空间的组合和分隔方式，实际上就确定了建筑设计方案，这时才能开始结构设计。结构设计的主要目的和要求是，为建筑选择和采用合理的结构体系(骨架形式)，以保证营建的建筑在使用期间能经受各种荷载和偶然作用，使其完成预定的各种功能。在结构设计前，勘探部门必须对建筑所在场地的地质情况进行勘探，提供所在场地的地质构造、岩土形状、地下水分布、各层土的承载能力等技术资料，并对建筑的地基基础设计提出意见和建议。

除结构设计外，要完整地完成一个建筑工程项目，还必须进行设备设计。设备设计的主要目的是设计建筑的水、电、暖、空调、通风等。一个建筑无论外观多么漂亮，功能分区多么合理，结构多么牢固，如果缺少了水、电等的供应，就像人没有血液，建筑也会“死亡”。“无机”的建筑要想充满生机，必须依靠水、电、网络等系统的良好运行。

建筑规划和建筑设计更多地考虑和关注人文、环境、生态等方面的问题，结构和设备设计则更多地应用材料科学与材料技术、数学、力学等自然科学

理论、方法与手段，解决结构的安全性、适用性与耐久性问题，以及各种设施的正常运营问题。

图 2-2 以国家大剧院为例简单说明规划、建筑设计、结构设计与设备设计的主要内容。图 2-2(a) 的建筑设计方案，必须符合所在区域的整体规划要求；图 2-2(b)的空间组合和分隔，必需满足建筑功能及美学要求；图 2-2(c)所展示的大跨度钢结构屋顶为建筑空间的实现提供了前提和保证；剧院内的各种灯光、音响等设施是实现建筑功能的必要条件，设备设计在技术上为其提供了保证，见图 2-2(d)。

(a)　(b)　(c)　(d)

图 2-2　建筑工程各专业工作示意

(a)规划图；(b)建筑空间组合和分隔；(c)结构；(d)设备保证使用功能

以上主要分析了建筑工程项目建设中设计阶段各专业的业务范围及特点。要想把设计完成的蓝图付诸实施，施工是最后的、关键的环节。施工阶段首先要进行施工组织设计。在施工组织设计中，要合理布置施工场地，确定施工技术方案，选用施工设备与机具，组织和安排施工人员，制定质量、安全保证措施与施工进度计划，购置各种材料等。具体施工是在施工组织设计的基础上进行的。每个施工工序与环节都要有严格的施工管理制度与措施，有完善的质量和安全保障体系，且各工种、各工序之间密切配合，才能顺利完成施工任务。投资大、现场作业、施工周期长、涉及的专业和工种多、施工人员组成复杂、总体素质不高、施工影响因素多等，是土木工程施工的特点，因此，施工管理是一项非常重要的、复杂的、系统工程。

以上分析说明，各专业和工种配合作业才能完成一个建设项目，这也是土木工程系统性、综合性的表现，但各专业的侧重点却有很大的不同。各专业和工种配合的主要媒介就是施工图。可以说施工图是工程师交流的最重要的语言和工具。由于土木工程贯穿建设项目的勘察、设计、施工的各个环节之中，因此土木工程的综合性最强，工程建设对土木工程人才的需求也最多。

2.2.2 建筑分类与结构体系

我们生活中离不开建筑，每天都会看到各式各样的建筑，也可能进入到不同的建筑中。根据建筑的使用性质、使用的材料与结构形式，可以把建筑分成若干类，如图 2-3 所示。

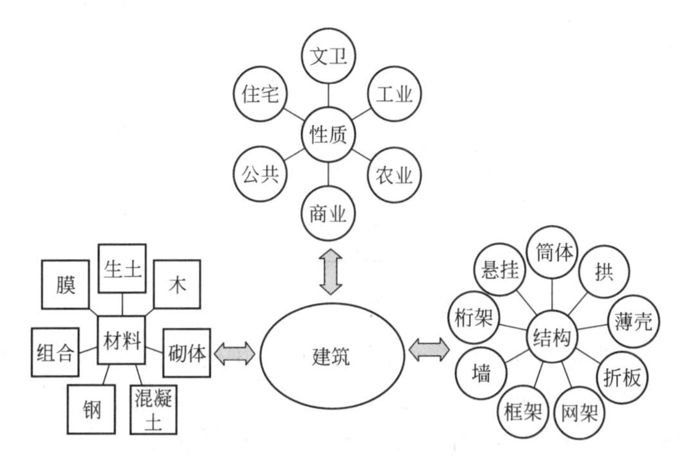

图 2-3 建筑的分类

建筑按使用性质分，可分为住宅、文卫、工业、农业、商业、公共建筑等；按使用的主体结构材料分，可分为生土建筑、木结构、砌体结构、混凝土结构、钢结构、组合结构、索膜结构建筑等；按结构形式分，可分为框架结构、剪力墙结构、框架-剪力墙结构、筒体结构、框筒结构、悬挂结构(竖向受力体系)、拱结构、桁架结构、网架结构、折板结构、薄壳结构(水平受力体系)建筑等。对于土木工程专业，主要要从材料和结构体系两个方面，了解各种建筑的特点，学习结构设计与施工理论与技术。

2.2.2.1 结构材料

建筑工程所应用的材料很多，但作为结构材料，目前广泛应用的主要有三种：混凝土、钢材、砖石，由此形成了三种主要结构形式：混凝土结构、钢结构、砌体结构。除此之外，钢与混凝土组合形成的组合结构在高层建筑、大跨建筑中也有比较多的应用。混凝土结构的应用最为广泛，是建筑工程中所优先采用的结构形式。随着钢材冶炼技术的发展，钢材产量的大幅度增加，钢结构的应用越来越多，如轻工业厂房、大跨公共建筑以及高层建筑等。砌体结构在乡镇的住宅建筑中还有比较多的应用，但总体上看，应用会越来越少。因为砌体结构的性能相对较差，砌体材料的生产与使用也不符合可持续发展的要求。

除钢材、混凝土、砌体外，木材也是良好的结构材料。在人类相当长的发展时期中，砖木结构曾是主要的建筑结构形式。在现代社会，由于人类对建筑材料的需求太大，木材的砍伐量太大，木材作为结构材料的应用才受到制约和限制。但木材是天然的可再生、环保材料，作为结构材料，未来一定会有更好的应用与发展。

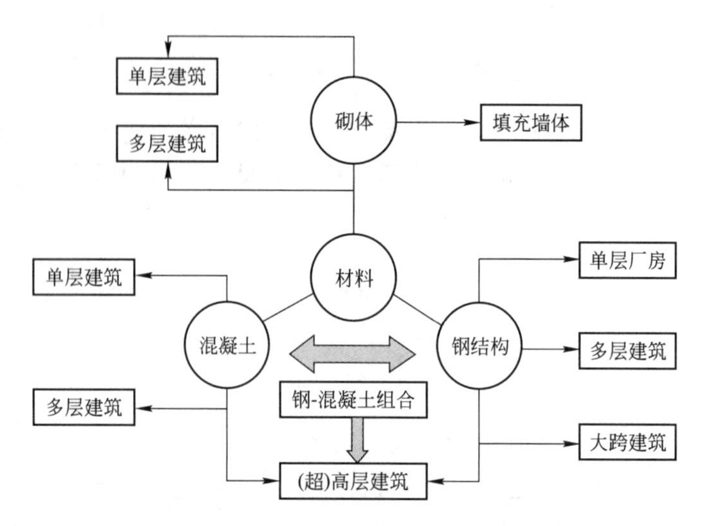

图2-4　各类材料适宜的建筑类型

由于材料的性能不同，所以不同材料所采用的结构形式不同，所能建造的建筑高度与跨度也不同。砌体是由砖石和砂浆砌筑而成，所以一般主要做成墙或柱等竖向受力构件，而且以墙体为主；如果做水平受力构件，一般只能采用拱的形式。因为，砌体构件的整体性比较差，抗弯、抗拉的能力差，即使作为墙体，也不能用来建高层建筑，除非采用特别的措施。作为承重结构的砌体逐渐退出建筑舞台，但起填充作用的轻质砌体仍然在各类结构中发挥着重要的功能作用——空间分隔、隔热、保温等。

混凝土的抗拉强度低，抗压强度高。在混凝土中配置钢筋，可以充分发挥钢筋和混凝土的力学优势，建成各类建筑结构。但如果混凝土结构中只配置普通的钢筋，也无法建成大跨的结构。在大跨混凝土结构中，必须采用高强预应力钢筋。由于混凝土结构的自重比较大，大跨建筑结构主要采用钢结构。

钢材的抗拉、抗压强度都很高，而且易于加工成桁架、网架、网壳等多种形式，形成自重轻、承载能力高的结构，因此，钢材在大跨结构中有很大的应用和发展。充分利用钢结构和混凝土结构的优势和特点，形成钢-混凝土组合结构，在高层建筑中有广泛的应用。

表2-1列出了各种主要建筑材料的力学性能。混凝土与砌体相比，密度相差不大，但抗压强度比砌体大10倍左右，抗拉强度大10～20倍，弹性模量大3～5倍；钢材与混凝土相比，密度是混凝土的3倍多，但抗拉强度、抗压强度、弹性模量分别是混凝土的几百倍、几十倍和几倍。轻质、高强、弹性变形小是优质结构材料的重要性能指标。

常用建筑材料力学性能的比较　　**表2-1**

黏土砌体				混凝土(C20～C50)				钢材			
抗压强度(MPa)	抗拉强度(MPa)	弹性模量(MPa)	质量密度(kg/m³)	抗压强度(MPa)	抗拉强度(MPa)	弹性模量(MPa)	质量密度(kg/m³)	抗压强度(MPa)	抗拉强度(MPa)	弹性模量(MPa)	质量密度(kg/m³)
0.67～3.94	0.04～0.19	931～6304	1800	9.6～23.1	1.10～1.89	2.55×10^4～3.45×10^4	2300	210～1320	210～1320	1.95～2.1×10^4	7800

2.2.2.2 结构体系

由前所述，建筑的本质是建造一个空间，这个空间由竖向和水平两个分受力体系组成，形成整体结构，承受竖向的重力荷载与水平风荷载和地震作用，如图 2-5 所示。在多高层建筑中，竖向结构受力体系主要有：框架结构、剪力墙结构、框架-剪力墙结构、筒体结构、框筒结构、巨型框架等；水平结构受力体系主要有：平板结构、主次梁结构、井字楼盖、密肋楼盖等。在大跨建筑结构中，水平结构受力体系主要有桁架结构、空间桁架结构、网架结构、拱结构、穹顶结构、网壳结构、膜结构等。

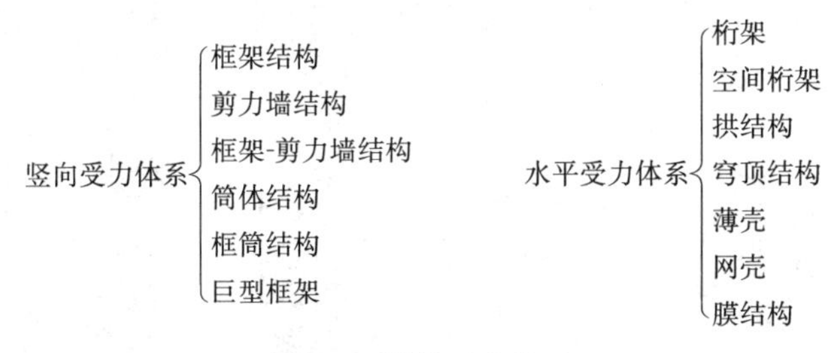

图 2-5 结构受力体系

1. 竖向受力体系

竖向结构的形式主要取决于建筑的高度。当结构的高度比较低的时候，对结构起决定性作用的因素是结构的承载能力及抵抗灾害的能力；随着结构高度的增加，除了必须满足承载能力和抵抗灾害的能力外，还必须有足够的刚度，以保证正常使用情况下的舒适度。因为随着高度的增加，建筑的侧向位移会显著增大。建筑应有足够的刚度，以减少侧向变形，如图 2-6 所示。

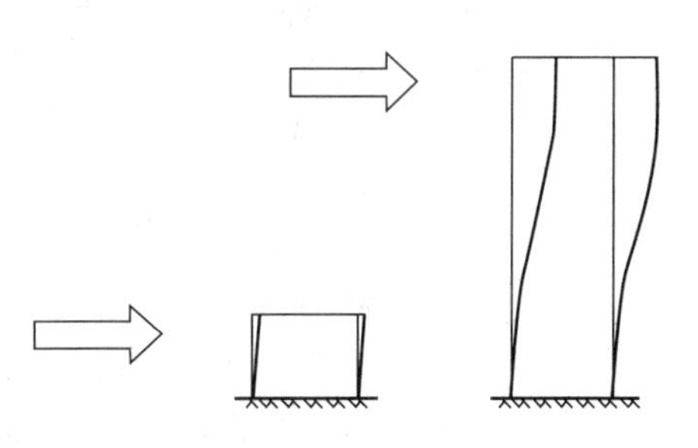

图 2-6 水平力作用的结构变形

竖向结构的选择既要考虑构件的刚度，同时又要考虑平面布置。墙体的刚度比框架的刚度大得多，筒体的刚度比单墙的大(图 2-7)。但在结构中过多地采用墙体，又会限制平面布置。因此，为提高结构的刚度以及抵御地震、台风等灾害的能力，在结构竖向受力体系的选择与布置中，应同时兼顾结构平面布置及建筑功能要求，往往考虑把几种典型的结构形式加以组合，形成框架-剪力墙、框筒结构、矩形框架结构等，如图 2-8、图 2-9 所示。

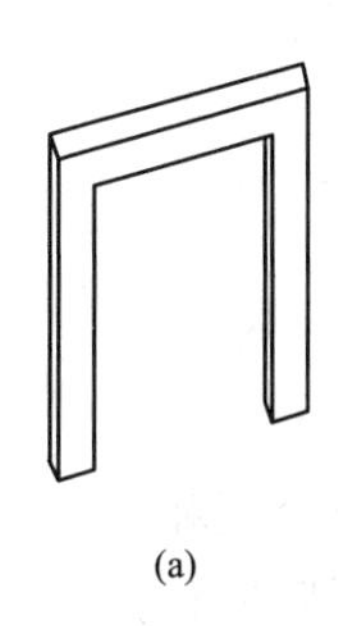

(a)

(b)

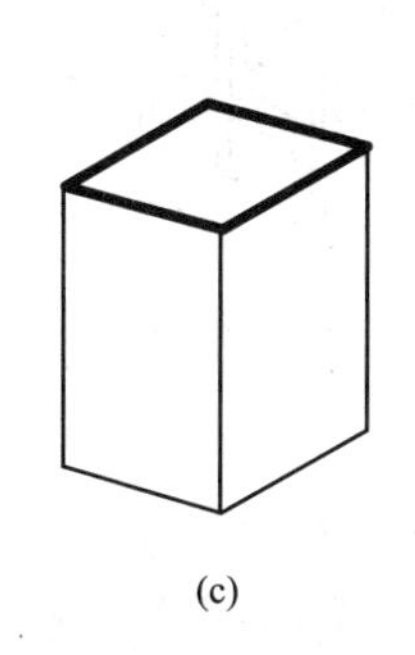

(c)

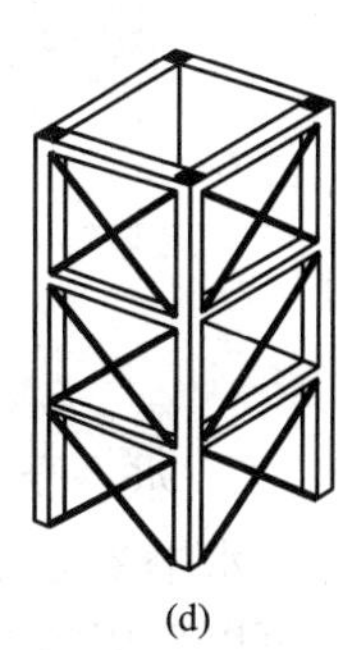

(d)

图 2-7 竖向受力体系的几种典型形式

(a)框架；(b)剪力墙；(c)筒体；(d)巨型框架

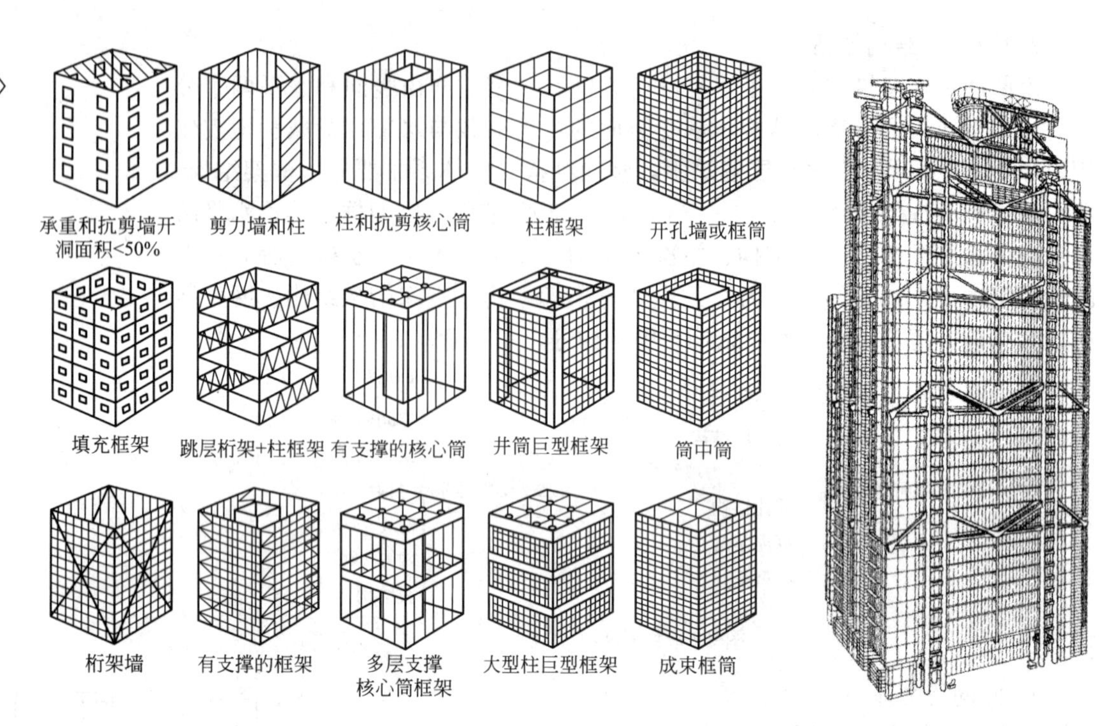

图 2-8　竖向结构的组成及形式

图 2-9　实际结构示意

在竖向受力体系中，除了要考虑结构的承载能力与刚度等因素外，还要考虑结构的整体空间作用和受到各种水平作用的安全性。图 2-7 所示的框架或墙，如果在平面内施加水平力，它们都有足够的承载能力和刚度，但如果水平力垂直作用，框架和墙很容易破坏。因此实际的结构都由横向和纵向的竖向受力构件组成空间结构(图 2-10)。

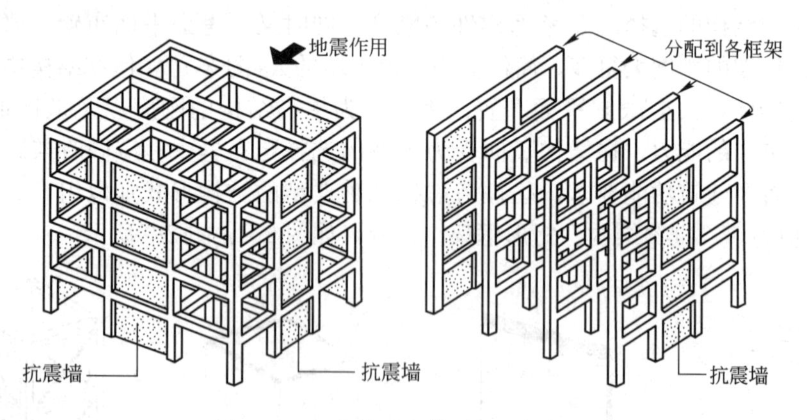

图 2-10　竖向分受力体系的空间构成

2. 水平受力体系

水平受力体系的形式主要取决于结构的跨度与建筑空间。小跨度和小空间可以采用实体的板、梁和拱等。随着跨度和空间的增大，就需要比较复杂的水平受力体系来解决。但无论采用什么形式，都是由一些基本的板、梁、拱组合而成。

如图 2-11(a)所示，当建筑的空间很小时，如一个简单的、四边有墙的房间，可用一个简单的平板作为水平受力构件；随着建筑空间的增大，简单的平板就不能满足要求，而要求在板下设置一些纵横交叉的梁作为板的支撑，才能满足要求，形成我们常见的主次梁楼盖、井字楼盖、密肋楼盖等。

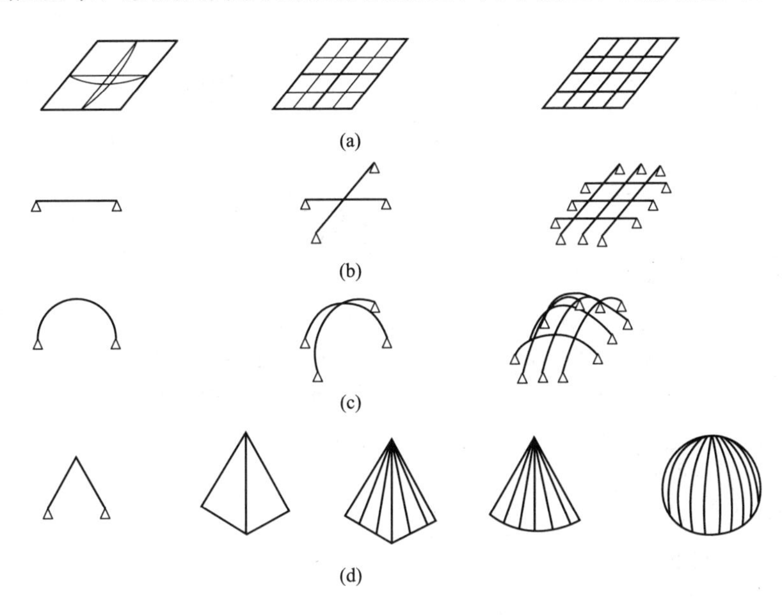

图 2-11　水平受力分体系的演变

(a)平板结构的演变；(b)交叉梁结构的演变；(c)拱形梁结构的演变；(d)壳体结构的演变

这样的概念可以推广到一般的水平受力体系中。一个简单的水平受力构件，如梁(图 2-11b)，如果再增加一个交叉梁，显然所承受的荷载要增加。同理，如果采用交叉的纵横梁体系则可以承受平面荷载或多个竖向荷载。进一步思考，对比图 2-11(b)所示的水平梁，图 2-11(c)所示的拱形梁所能跨越的跨度更大，或能承受的荷载更大。除水平梁和拱形梁外，图 2-11(d)所示的折形梁，也是最基本的结构形式，且能组合成各种空间结构，如网壳等。

建筑空间除与水平构件的跨度有关外，还与水平构件的高度有关。随着跨度的增加，水平构件的高度也要增加，在建筑高度不变的情况下，建筑的净空就要减小。因此，为了增加建筑的净空，应尽量选择水平构件高度小的构件。

对于小跨度的水平构件可以采用实体构件，而对于大跨度的水平构件，为了减轻自重，减小挠度变形，一般采用桁架结构。图 2-12 为桁架结构的一些典型形式。在一般桁架结构的基本形式下，可以组合发展成多种平面结构形式，如空间桁架结构、网架结构、网壳结构等。而且，水平构件可以以各种方式放置，从而形成不同的水平受力体系，如图 2-13 所示。

水平结构体系中，实体的构件一般采用混凝土结构或预应力混凝土结构。桁架结构或其他形式的大跨结构一般采用钢结构。因为钢结构的自重小，可

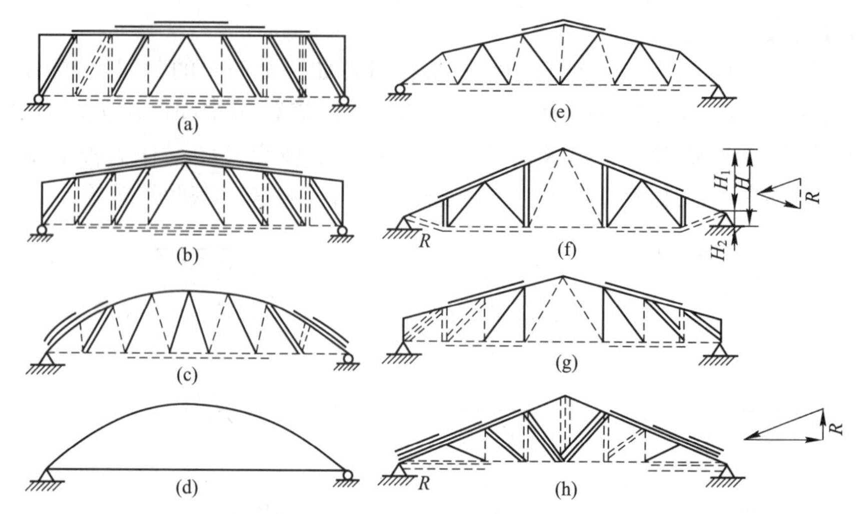

图 2-12　水平桁架结构的基本形式

(a)平行弦桁架；(b)梯形桁架；(c)拱形桁架；(d)带拉杆栱；(e)折线形桁架；(f)下弦下沉三角形桁架；(g)梯形桁架；(h)三角形桁架

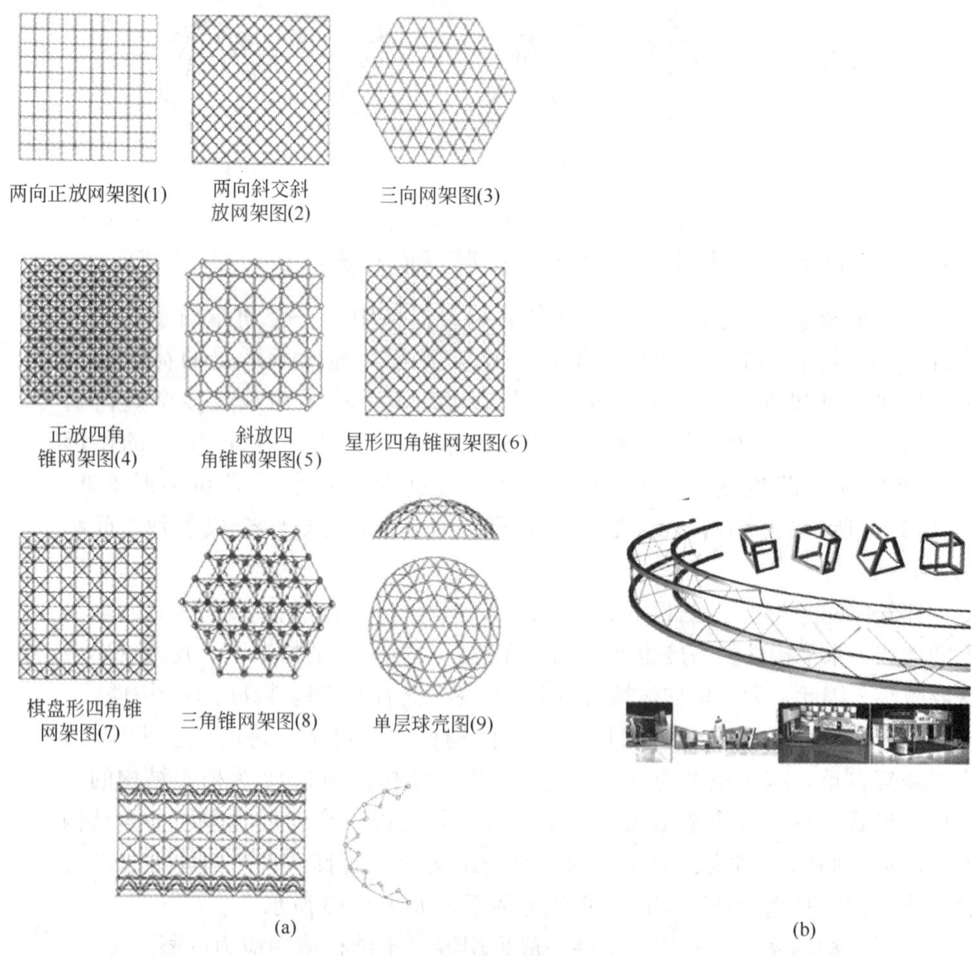

图 2-13　各种空间水平结构体系

(a)空间水平结构的组成形式；(b)空间桁架的形式

以实现更大的跨度，而且易于加工成各种形式。图 2-14 为空间的钢结构桁架。像这样的大跨结构，钢结构是最优的选择之一。因为钢结构自重轻，而且能比较容易地达到建筑所要求的美观效果。实际上，在体育场、机场、展览中心等大型公共建筑中，有的直接采用钢结构，如图 2-15 和图 2-16 所示，有的在混凝土结构上或外部做大跨钢结构，如图 2-17.和图 2-18 所示。图 2-19 为国家游泳中心的剖面图，它是一个在混凝土结构上做大跨钢结构的典型案例。图 2-20 为国家大剧院剖面图，这实际上是一个在混凝土建筑外做大跨钢结构的典型案例，大跨钢结构将混凝土结构覆盖其中。

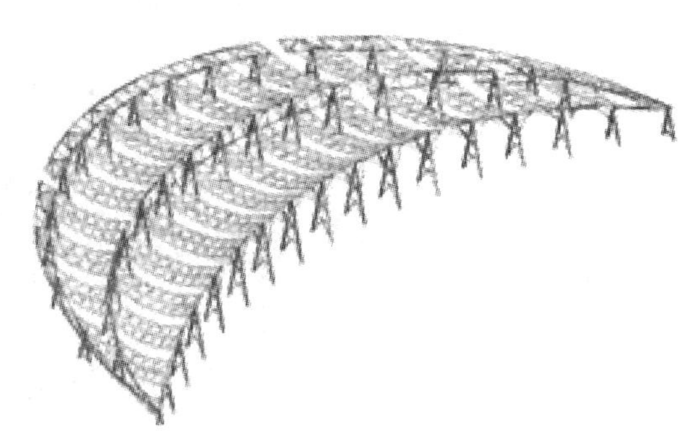

图 2-14 空间桁架结构

图 2-15 钢结构桁架

图 2-16 钢结构网壳

图 2-17 体育场混凝土结构上做钢结构

图 2-18 混凝土结构外做钢结构

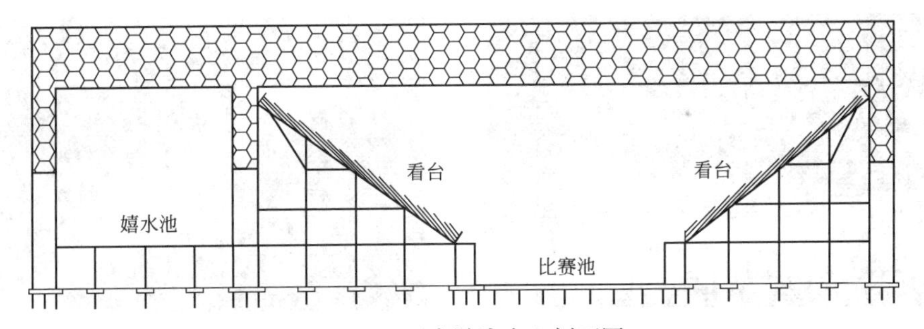

图 2-19 国家游泳中心剖面图

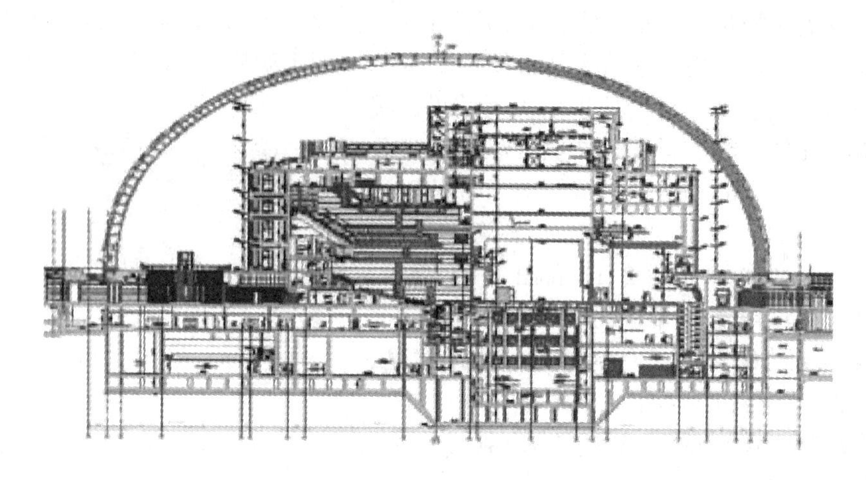

图 2-20　国家大剧院剖面图

3. 膜结构

由于材料的发展和建筑表现形式的多样性，膜结构在建筑中的应用也越来越广泛。膜结构实际上也属于水平分受力体系。膜结构有两种基本形式，一种是张力膜，或称负高斯曲率张力膜，如图 2-21 所示；另一种是充气膜，或称正高斯曲率膜，如图 2-22 所示。水立方是充气膜结构。目前建筑中张力膜结构应用较多。张力膜的承载原理是膜材在拉力作用下能保持平衡和稳定的形态。钢结构与张力膜组合形成的组合结构在各种建筑结构中有广泛的应用，而且具有很强的建筑表现力，如图 2-23、图 2-24 所示。

图 2-21　张力膜结构

图 2-22　充气膜结构

图 2-23　钢结构与张力膜组合(一)

图 2-24　钢结构与张力膜组合(二)

张力膜既是结构材料，也是建筑装饰材料。对于任何建筑屋面，无论采用何种结构形式，其上必须有覆盖材料，如图 2-25 所示。张力膜兼有结构和装饰材料两种功能，如图 2-26 所示。正是由于具有结构和建筑装饰双重功能，所以膜结构在公共建筑中得到了越来越多的应用。

图 2-25　建筑屋面材料

图 2-26　张力膜结构屋面

2.2.2.3　建筑结构分析设计的一般程序

从上述分析可见，建筑工程可采用多种结构体系。在结构设计的初期，首先应根据建筑设计方案，结合材料供应、施工技术以及其他经济技术条件确定合适的结构形式及结构体系。结构形式确定后，就要确定计算简图。计算简图是实体结构的简化。计算简图中的杆件就是实际结构中的梁、板、柱、墙等。杆件与杆件之间相连的部分称连接，根据相连部分的做法及受力形式，可以简化成铰接、固结等几种特定的形式。能表示构件尺寸、位置、承受荷载情况、边界条件的图就称计算简图。如图 2-27(a)所示的框架-剪力墙结构可以用计算简图(图 2-27b)表示。

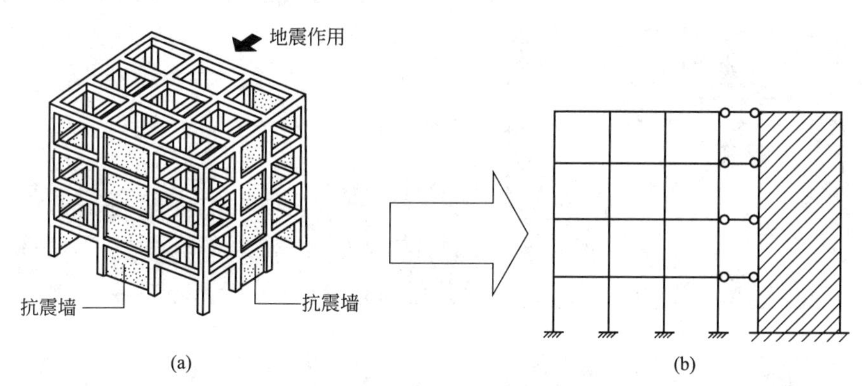

图 2-27　实体结构与计算简图

(a)实体结构；(b)计算简图

有了计算简图，就要确定计算简图上的荷载，荷载确定后，就可以进行结构分析了。结构分析的目的就是求结构构件中的内力，如弯矩、剪力、轴力、扭矩等。对于建筑结构而言，结构分析的基础是结构力学。求出结构构件内力后，才能利用混凝土结构、钢结构等结构设计的知识和理论进行截面设计，再结合构造等方面要求，绘制施工图。结构设计的一般程序与步骤可以用图 2-28 所示的框图表示。

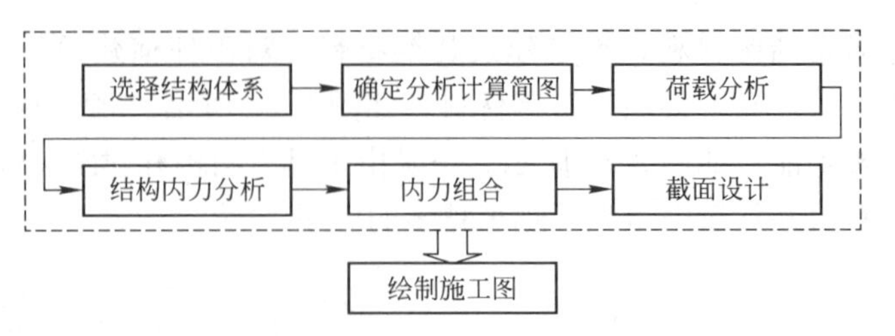

图 2-28 结构设计一般程序

2.2.3 建筑工程的发展

建筑的作用及基本功能决定了建筑工程伴随着经济社会，特别是城市化的发展而发展。一方面，建筑工程的不断发展满足了人类物质和精神的要求，不断推动人类文明和科技进步，另一方面，人类文明和科技进步也不断促进建筑的发展。

2.2.3.1 文化与建筑

建筑具有美观要求，一个建筑要建成什么样，一个城市要建成什么样，除了要考虑功能要求外，还要充分考虑美观因素。如何判别建筑的美，本没有绝对的标准，而是取决于人们的审美要求，因为美与审美是统一的，美来源于审美。审美的内涵和基础是文化。因此，审美的标准又取决于文化。不同国家、不同民族都有自己独特的文化，也就有不同的审美标准，反映到建筑上，我们会看到不同国家和民族有不同风格的建筑。因此，建筑有鲜明的文化烙印。这些烙印可能是民俗的、民族的、宗教的，如图 2-29 所示，而且随着时代的发展、文化的交流、科技的发展，这些特征也会发展和变化。但无论如何发展和变化，一些文化符号总是会体现在建筑中，如图 2-30 所示。

故宫

泰姬陵

布达拉宫

泰国宗庙

图 2-29 不同国家和民族的代表建筑

文化符号的在建筑中的应用和表现可以采用多种形式，如图 2-31 所示。

图 2-30　北京香山饭店

图 2-31　卢浮宫博物馆

2.2.3.2　现代化与建筑

城市的现代化是国家现代化的重要标志之一。城市现代化在基础设施建设及建筑工程建设中得以充分体现。改革开放 30 多年来，我国城乡建设的发展充分证明了建筑及建筑业在现代化及现代化建设中的作用。可以说没有基础设施及建筑工程的大量建设，就没有城乡的现代化；没有建筑业的快速发展，就没有经济与社会的快速发展。建筑及建筑业的发展是现代化发展的重要引擎。当我们置身于任何一个现代化的城市中，都会切身感受到建筑对城市现代化的贡献，以及建筑在城市现代化中的标志作用。世界上任何一个国家，任何一个城市都把城市建设作为现代化建设的一个重要组成部分。基础设施及建筑既是现代化的重要标志，同时也承载着现代化的方方面面，而且还改变着人们的生活方式。看看图 2-32 所示几张照片，我们就不需要为城市

香港夜景

悉尼歌剧院

上海浦东陆家嘴

图 2-32　现代化城市与建筑

的现代化或现代化城市做更多的诠释。每个高楼大厦带给我们的科技、财富、理念、文化、艺术等，又使这些城市更加繁荣、更加灿烂、更加辉煌。

2.2.3.3　生态环境与建筑可持续发展

建筑在为人类提供生活空间的同时，也为人类提供新的环境和生态。任何建设活动都会改变和影响自然生态与环境。在建设活动中，人们总是试图营建和谐自然的生态环境，尽量减少对自然生态与环境的破坏。因此，从微观和局部区域来说，工程建设似乎都使生态环境变得更加完美。但从宏观看，工程建设对生态环境的长期、综合影响却很难以人类的美好愿望和初期规划相吻合。因为人们在营造人工生态环境的同时，必然对自然的生态造成一定的损害和影响，而且工程建设的能源消耗、人类生活等，都会对生态环境造成影响，所以在工程建设中，应特别重视对生态环境的保护与研究。从短期说，保护和营建良好的生态环境，可以为人类提供良好的生存空间；从长期来说，可以实现可持续发展，减轻自然灾害，延长建筑的使用年限。

重视节能减排、生态环境建设，是实现社会的可持续发展的必由之路。为实现可持续发展，国外已经开始建设零能耗建筑。图 2-33 为国外零能耗建筑的理念与技术措施。这种房屋从规划设计理念、建筑做法与构造、建筑采光通风、太阳能及生物能源的利用、建筑产品的开发与利用、建筑生态与环境等多方面综合考虑，最大限度地降低房屋建造与使用过程中的能耗，建设环境与生态友好、低碳排放的建筑与社区。

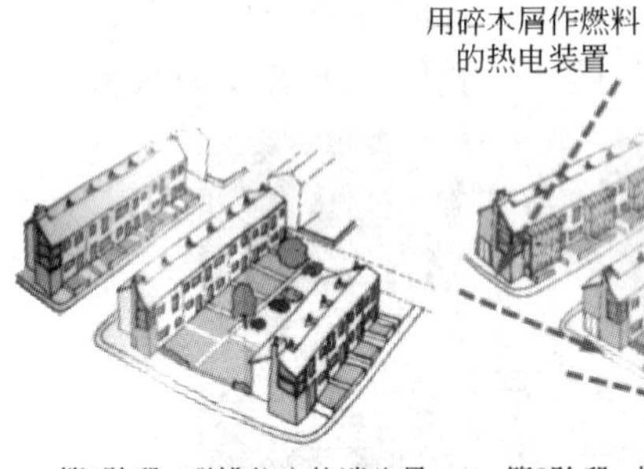

第1阶段　联排住宅的端头是燃木球丸锅炉(服务每一户),三层玻璃窗和增加的保温措施。

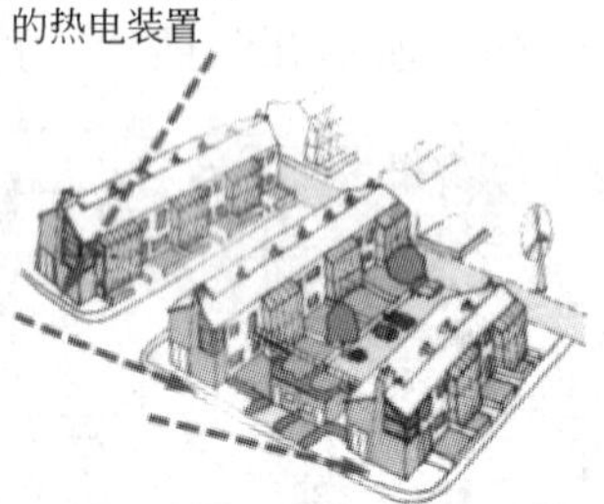

第2阶段　增加阳光室、公共用房和服务整个小区的热电联营装置。

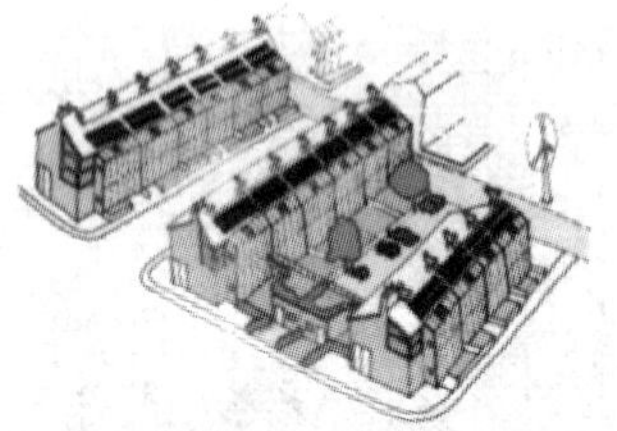

第3阶段　在第1、2阶段的基础上增加光伏电池供电动汽车合用组织运行，并加装热回收风机的通风帽。

零能耗住宅规划方案

零能耗住宅宅顶太阳能及通风

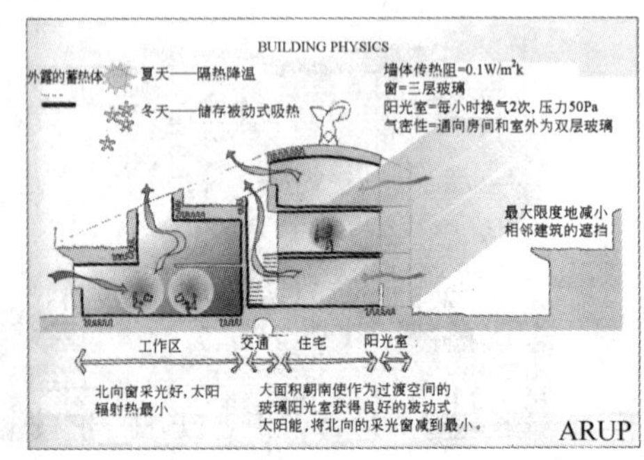

建筑物理分析

图 2-33　零能耗建筑

为了有效控制建筑能耗，我国从20世纪80年代初组织编制建筑节能设计标准，目标是在原有能耗的基础上，通过改善建筑维护结构保温隔热性能，以及提高设备系统能源利用率，使按节能设计标准设计、建造的建筑，与未按标准规定建造的建筑相比，实现节能50%以上。目前我国已建立了比较完善的建筑节能法规体系，建筑节能产品与成套技术的推广与应用，在节能减排中发挥了重要作用。

2.2.3.4　建筑与减灾防灾

地震、洪水、台风、火灾、泥石流等自然灾害，爆炸、火灾等人为灾害，都会对建筑及其他工程造成极大的直接或间接灾害。随着社会的发展和现代化水平的提高，这些灾害所造成的直接或间接后果也越来越严重，因此，建筑的防灾减灾已成为工程建设的重要责任。建筑工程不仅要满足正常使用条件下的安全，也要满足地震、台风等偶然作用下的安全。对于城市及重大工程而言，防灾减灾的意义更为重大，它不仅关系建筑本身的安全，也关系社会的公共安全。

传统的防灾减灾方法，主要是抗的方法，即通过提高结构构件的承载能力与耗能能力，提高结构构件的抗震性能及抵御地震的能力。随着建筑结构防灾减灾理论的发展，各种减振技术及结构振动控制理论不断发展，并在实际工程中广泛地推广应用，越来越成为一种新的防灾减灾方法。图2-34是一个结构阻尼控制减振示意图，通过在结构上设置一些减振装置，可以大幅度减少地震作用，减轻地震破坏。图2-35是一个基础隔振示意，当基础上设置橡胶支座等隔振措施后，可以显著地减轻地振破坏。广州新电视塔在没有振动控制的情况下，一旦遭狂风暴雨，塔楼的最大摇晃幅度可高达1.5m。为了减轻摇晃幅度，采用两个各自重600t的巨大水槽作为减振系统，安装在餐厅上方的84层和85层的滑道上。当塔楼向一个方向摆动，水槽就朝反方向移动，抵消鞭击效应，可以减小风力和地震产生的振幅，最大可达50%。

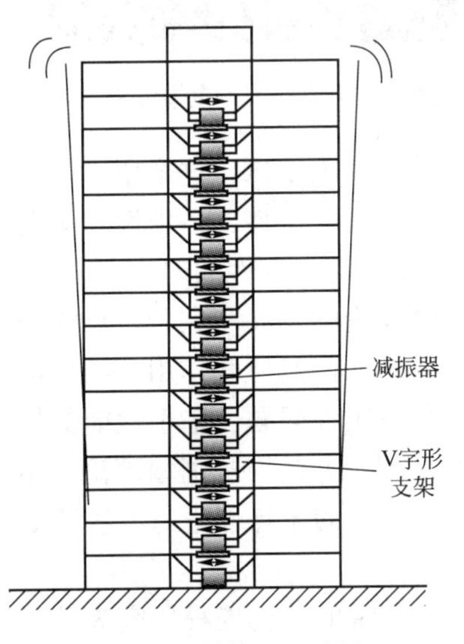

图2-34　结构阻尼减振

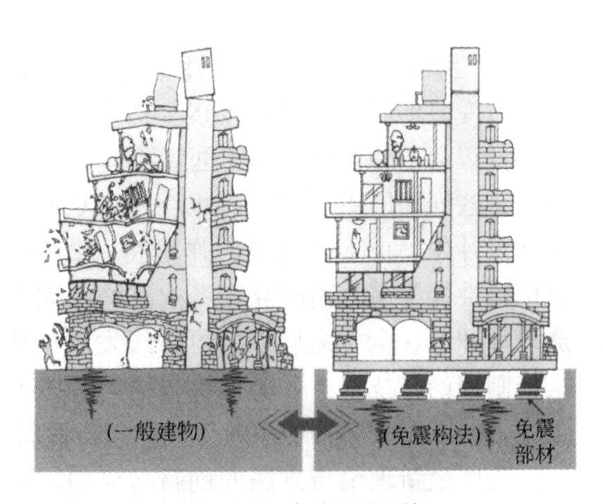

图2-35　建筑基础隔振

可以说，如果没有防灾减灾理论为基础，没有防灾减灾技术做保证，目前建设的超高层建筑结构、大跨建筑结构是很难实现的。从结构安全的角度看，超高层建筑结构、大跨建筑结构的防灾减灾设计理论、防灾减灾技术，永远是建筑结构所要研究和解决的重要课题。

2.2.3.5 建筑与科技

建筑的发展离不开科技的支持，科技对建筑发展的作用越来越显著。具体地说，可以从建筑材料、设计计算理论、施工技术、建筑智能、建筑环境、建筑防灾减灾、建筑质量控制与检测等多方面，分析科技对建筑发展的巨大作用。

1. 建筑材料包括结构材料、装饰材料和功能材料三大类。由于材料科学与技术的发展，不仅钢材、水泥等应用量非常大的结构材料有了很大发展，而且还出现了很多新的轻质、高强、高性能的结构材料，如膜材、纤维增强材料等。除结构材料外，随着社会和人们生活水平的提高，建筑对装饰与功能材料的要求越来越高。建筑装饰与功能材料的发展，为建设多样性的建筑，营造舒适的建筑环境提供了可能。各种各样建筑装饰与功能材料的快速发展，使建筑的“外衣”越来越漂亮，如图2-36、图2-37所示，城市也被装扮得多彩多姿。

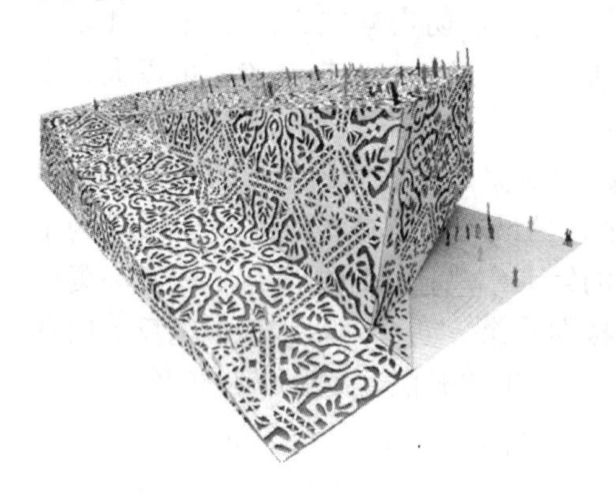

图2-36 2010年上海世博会波兰馆

图2-37 2010年上海世博会英国馆

2. 建筑结构应满足安全性、适用性与耐久性的功能要求，这个要求永远不会改变。但随着工程的发展与需要，工程师对结构安全性、适用性与耐久性的认识会不断深化，不断创新结构安全性、适用性与耐久性的理论和方法，解决这些问题的手段和工具也会不断更新。随着理论的发展和完善，目前的结构设计中，更多从材料的弹塑性、结构的非线性、偶然荷载作用、结构的抗倒塌性能等多方面研究和考虑结构的安全性和适用性问题。基于性能的抗震设计理论、全寿命周期的可持续发展结构设计理论、结构抗倒塌理论、结构控制理论与技术、智能材料与结构等以及一些全新的设计理论与方法不断创新，并在重大工程中不断得到应用与发展。

这些全新理论与方法的创新与应用，除了以大量的结构工程研究为基础外，还依赖于计算机及信息技术的飞速发展。无论是结构工程中的科学研究、实际工程的设计计算，还是实际工程施工，都必须依靠计算机及信息技术。计算机及信息技术的应用为结构工程的发展做出了巨大的贡献。计算机已成为土木工程领域中的重要工具。从计算机辅助设计CAD，科学计算的可视化，计算机模拟、仿真等虚拟现实技术，到多媒体技术、网络技术及人工智能技术，计算机及信息技术的最新成果都能在土木工程中找到广阔的应用空间。正是这些技术及成果在土木工程领域的应用与普及，推动与加速了土木工程技术的发展与管理水平的提高。

3. 工程信息化与智能化技术不断发展，在提高工程项目建设管理水平，减少投资，提高全寿命周期的安全性及综合营运效益方面发挥着重大作用。工程建设信息化水平直接关系设计、施工、维护及监管各个环节的管理水平与管理效益。我国目前各级政府已初步建成了工程建设的信息化管理体系。工程结构在使用过程中其材料与结构性能会不断退化，严重的劣化会直接引发安全事故，为了提高工程结构的长期使用性能，预防和避免重大安全事故，为使用期的维修与维护提供可靠的依据，利用无线传感和数据传输技术、结构诊断和检测系统等建立起的结构智能检测与监控系统，对重大工程的安全性具有重要的意义。

4. 工程管理是工程建设与发展的重要保证。我国工程管理的总体水平与国外有较大差别，在法制、市场及管理体系和机制等方面存在一些弊端与问题。缺乏懂技术、经济、管理与法律的综合工程管理人才，一线工程人员的素质相对比较低；工程建设中的决策科学化、集成化与信息化程度不高。针对这些问题，进入21世纪，我国以可持续发展为原则，以最优综合效益为管理目标，在工程建设领域中，努力提高集成化工程管理水平，引进国外的先进管理理念、模式和技术，极大地提高了工程建设的总体管理水平，特别是重大工程的决策、管理与营运水平。

5. 传统的建筑工程主要以新建工程为主，随着现存工程越来越多，建筑改扩建、维修加固、平移等也越来越多，建筑结构的检测、鉴定、再设计与维修加固的需要也越来越多。从20世纪90年代开始，结构检测、鉴定、再设计与维修加固的理论、检测方法、检测仪器、加固材料与维修加固技术等有了很大发展。

2.3 交通工程

交通工程是土木工程的重要组成部分，主要包括道路工程、铁道工程等。交通工程主要解决人类活动中行的问题。

2.3.1 道路工程

道路是供各种车辆和行人通行的工程设施。道路工程则是以道路为对象而进行的规划、设计、施工、养护与管理工作的全过程及其工程实体的总称。

我国道路的发展可追溯到上古时代。黄帝拓土开疆，统一中华，发明舟

车，开始了我国的道路交通。周朝的道路更发达，“周道如砥，其直如矢”，表明那时道路的平坦和壮观。秦始皇十分重视交通，以“车同轨”与“书同文”列为一统天下之大政，当时的国道以咸阳为中心，有着向各方辐射的道路网。但近代道路建设起步较晚，1912年才修筑第一条汽车公路——湖南长沙至湘潭的公路，全长50km。抗日战争时期(1941年)完成的滇缅公路155km是我国最早建造的沥青表面处理路面的公路，也是我国公路机械化施工的开始。新中国成立初期，全国公路通车里程仅为8.07万km。新中国成立后，从修筑康藏、青藏高原公路开始进行了大规模的公路建设，截至2009年底，全国公路通车总里程达到386.08万km，比新中国成立初期的8万km增长了47倍。其中，高速公路里程达6.51万km，一级公路5.95万km，二级公路30.07万km，三级公路37.90万km，四级公路225.20万km。

2.3.1.1　道路的基本体系

现代交通运输体系由道路、铁路、水运、航空和管道五种运输方式组成，它们共同承担客、货运输的集散与交流，在技术与经济上又各具特点，根据不同的自然地理条件和运输功能发挥各自优势，相互分工、联系和合作，取长补短、协调发展，形成综合的运输能力。

道路运输是交通运输的重要组成部分。根据其所处的位置、交通性质、使用特点等，可分为公路、城市道路、厂矿道路、林区道路和乡村道路等。

公路根据其功能和适应的交通量不同分为高速公路(expressway)、一级公路(arterial highway)、二级公路(secondary road)、三级公路和四级公路五个技术等级。

公路按其在国家政治、经济、国防和区域行政管理中的重要性和使用性质的不同划分为国家干线公路(简称国道 national highway)、省级干线公路(简称省道 provincial highway)、县级公路(简称县道 county roads)、乡级公路(简称乡道 township roads)和专用公路(special-purpose roads)等。其各自的含义如表2-2所示。

公路的行政等级含义　　**表2-2**

行政等级	含　义
国道	指在国家干线公路网中，具有全国性的政治、经济、国防意义，并经确定为国家干线的公路
省道	指在省公路网中，具有全省性(自治区、直辖市)的政治、经济、国防意义，并经确定为省级干线的公路
县道	指具有全县政治、经济意义，并经确定为县级的公路
乡道	指修建在乡村、农场，主要供行人及各种农业运输工具通行的公路
专用公路	由工矿、农业等部门投资修建，主要供部门使用的公路

我国国道网采用放射与网络相结合的布局形式．以北京为中心，由具有重要政治、经济、国防意义的原有各省主要干线公路(省道)连接而成。

国道网在布局上分为三类：一是首都放射线：二是南北纵线；三是东西横线，共有70条国道。第一类的首都放射线是以北京为起点，首位编号是1，以101国道起始，按顺时针方向依次排列，共有12条；第二类的纵线，原则是由北往南的纵线，首位编号是2，以201国道起始，自东往西排列，共28条；第三类的横线，原则是由东往西的横线，首位编号是3，以301国道起始，自北往南排列，共30条，如表2-3所示。

国道网规划路线布设及编号 **表2-3**

路线布设特征	数量	编号范围	总长(km)
首都(北京)放射性	12条	101～112	2.3万
北—南(经)线	28条	201～228	3.7万
东—西(纬)线	30条	301～330	4.7万

城市道路是指在城市范围内供车辆及行人通行的具备一定技术条件和设施的道路。其中，城市系指直辖市、市、镇及未设镇的县城。

现代的城市道路是城市总体规划的主要组成部分，如图2-38所示，它关系到整个城市的活动。在城市中，沿街两侧建筑红线之间的空间范围为城市道路用地。

图2-38　现代城市道路

按照道路在道路网中的地位、交通功能及对沿线建筑物的服务功能等，城市道路可分为四类十级，包括快速路、主干路、次干路和支路等。

除快速路外，每类道路按照所在城市的规模、设计交通量、地形等可分为Ⅰ、Ⅱ、Ⅲ级。大城市应采用各类道路中的Ⅰ级标准，中等城市应采用Ⅱ级标准，小城市应采用Ⅲ级标准。

厂矿道路指主要为工厂、矿山运输车辆通行的道路，通常分为厂内道路、厂外道路和露天矿山道路。厂外道路为厂矿企业与国家道路、城市道路、车站、港口相衔接的道路或是连接厂矿企业分散的车间、居住区之间的道路。

林区道路指修建在林区的主要供各种林业运输工具通行的道路。由于林区地形及运输木材的特征，林区道路的技术要求应按专门制定的林区道路工程技术标准执行。

乡村道路指建在乡村、农场、主要供行人及各种农业运输工具通行的道路。

各类道路由于其位置、交通性质及功能均不相同，在设计时其依据、标准及具体要求也不相同。

2.3.1.2 道路的基本组成

道路由线路、路基、路面和附属设施四部分组成。简单地说，确定道路线路就是确定道路的位置、形状和尺寸。如图2-39所示，路线平面、路线纵、横断面和空间线形组合是道路线路的三个基本参数。

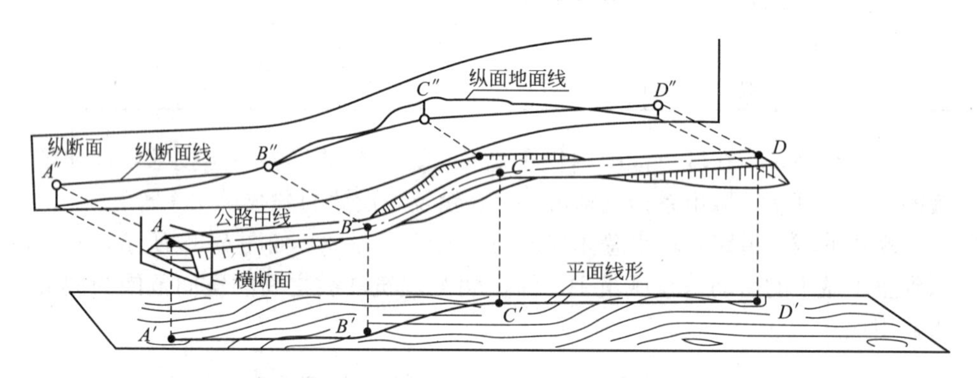

图2-39 道路的平面、纵断面及横断面

线形设计首先从路线规划开始，然后按照选线、平面线形设计、纵断面设计和平纵线形组合设计的过程进行，最终形成良好的平、纵、横三者组合的立体线形。平纵线形组合设计既要满足汽车动力学要求，又要与周围环境协调，有良好的排水条件，还要有舒适的坐驾感受。

道路结构由路基和路面两部分组成。路基是道路行车路面下的基础，是由土、石材料按照一定尺寸、结构与构造要求所构成的带状土工结构物。承受由路面传来的荷载，所以它既是线路的主体，又是路面的基础。其质量好坏，直接影响道路的使用品质。作为路面的支承结构物，路基必须具有足够的强度、稳定性和耐久性。

路面是在路基表面上用各种不同材料或混合料分层铺筑而成的一种层状结构物。为了保证道路行车畅通，提高行车速度，增强安全性和舒适性，降低运输成本，延长使用年限，路面应具有下述性能：强度和刚度好、稳定性好、耐久性好、表面平整度好、表面抗滑性好和少尘性等。

在工程设计中，从路面结构的力学特性出发，可将路面划分为柔性路面、刚性路面和半刚性路面三类。柔性路面主要包括用各种基层（水泥混凝土除外）和各类沥青面层、碎（砾）石面层或块石面层所组成的路面结构；刚性路面主要指用水泥混凝土作面层或基层的路面结构；半刚性路面一般是由半刚性基层和铺筑其上的沥青面层组成的路面结构，也有改善沥青（水泥）混凝土的性能使其呈现半刚性特性的半刚性路面。

按面层的使用品质、材料组成类型以及结构强度和稳定性的不同，将路面分成高级、次高级、中级和低级四个等级。高级路面强度和刚度高，稳定性好，使用寿命长，能适应较繁重的交通量，平整无尘，能保证高速行车。它的养护费用少，运输成本低，但基建投资大，需要质量较高的材料来修筑。次高级路面与高级路面相比，它的强度和刚度稍差，使用寿命较短，所适应的交通量较小，行车速度也较低。它的造价虽较高级路面低些，但要求定期修理，养护费用和运输成本也较高。中级路面强度和刚度低，稳定性差，使用期限短，平整度差，易扬尘，仅能适应较小的交通量，行车速度低，需要经常维修和补充材料，才能延长使用年限，它的造价虽低，但养护工作量大，运输成本也高。低级路面强度和刚度最低，水稳性和平整度均差，易生尘，故只能保证低速行车，所适应的交通量最小，它的造价虽低，但要求经常养护修理，而且运输成本很高。

各级公路应根据当地降水与路面的具体情况设置必要的排水设施，及时将降水排出路面，保证行车安全。高速公路、一级公路的路面排水，一般由路肩排水与中央分隔带排水组成，二级及二级以下公路的路面排水一般由路拱坡度、路肩横坡和边沟排水组成。

2.3.1.3 高速公路

高速公路是一种具有四条以上车道，路中央设有隔离带，分隔双向车辆行驶，互不干扰，全封闭，全立交，控制出入口，严禁产生横向干扰，为汽车专用，设有自动化监控系统，以及沿线设有必要服务设施的道路(图 2-40)。高速公路的造价很高，占地多，但是从其经济效益与成本比较看，高速公路的经济效益还是很显著的。

图 2-40　我国的高速公路

高速公路除具有普通公路的功能外，还具有其自身的特殊功能与特点。

(1) 交通限制、汽车专用

交通限制主要指对车辆和车速加以限制。高速公路规定，凡非机动车和由于车速低可能形成危险和妨碍交通的车辆，均不得使用高速公路。为减少车速相差过大，减少超车次数，在高速公路上还对最高和最低车速加以限制。一般规定 50km/h 以下的车辆不得上路，最高车速不能超过 120km/h。

(2) 分隔行驶

分隔行驶包括两个方面，一是在对向车道间设有中央分隔带，实行往返车道分离，从而避免对向撞车；二是对于同一分向的车辆，至少设有两个以上车行道，并用画线的办法划分车道。对于行驶中需超车行驶的车辆，设有专门的超车道，以减少超车和同向车速差造成的干扰。

(3) 沿线封闭、控制出入

在高速公路的沿线用护栏和路栏把高速公路与外界隔开，以控制车辆出入。所谓控制出入有两个含义，一是只准汽车在规定的一些出入口进出高速公路，不准任何单位或个人将道路接入高速公路；二是在高速公路主线上不允许有平面交叉路口存在。

(4) 高标准线形

高等级公路极大地避免了长直线形路段，采用大半径曲线形，根据地形以圆曲线或缓和曲线为主。增加了路线美感，更有利于行车安全。

(5) 设施完善

采用较高的线形标准和设置完善的交通安全与服务设施，从行车条件和技术上为安全、快速行车提供可靠的保证。

(6) 通行能力大

高速公路路面宽、车道多，可容车流量大，通行能力大，根本上解决了交通拥挤与阻塞问题。据统计，一般双车道公路的通行能力为5000～6000辆/天，而一条四车道高速公路的通行能力可达34000～50000辆/天，六车道和八车道可达70000～100000辆/天。可见高速公路的通行能力比一般公路高出几倍乃至几十倍。

(7) 行车安全

行车安全是反映交通质量的根本标志。因为高速公路有严格的管理系统，全程采用先进的自动化交通监控手段和完善的交通设施，全封闭、全立交、无横向干扰，因此交通事故大幅度下降。据国外资料统计，与普通公路相比，交通事故率美国下降56%，英国下降62%，日本下降89%。另外高速公路的线形标准高，路面坚实平整，行车平稳，乘客不会感到颠簸。

(8) 降低运输成本

高速公路完善的道路设施条件使主要行车消耗——燃油与轮胎消耗、车辆磨损、货损及事故赔偿损失降低，从而使运输成本大幅降低。

(9) 带动沿线经济发展

高速公路的高能、高效、快速通达的多功能作用，使生产与流通、生产与交换周期缩短，速度加快，促进了商品经济的繁荣发展。实践表明，凡在高速公路沿线，都会兴起一大批新兴工业、商贸城市，其经济发展速度远远超过其他地区，这被称为高速公路的“产业经济带”。

1988年10月，沪嘉高速公路建成通车，全长20.4km，实现了中国高速公路建设零的突破。2004年12月17日，国务院审议通过了《国家高速公路网规划》。规划确定，未来20年到30年，我国高速公路网将连接起所有省会级城市、计划单列市、83%的50万以上城镇人口大城市和74%的20万以上城镇人口中等城市，如图2-41所示。

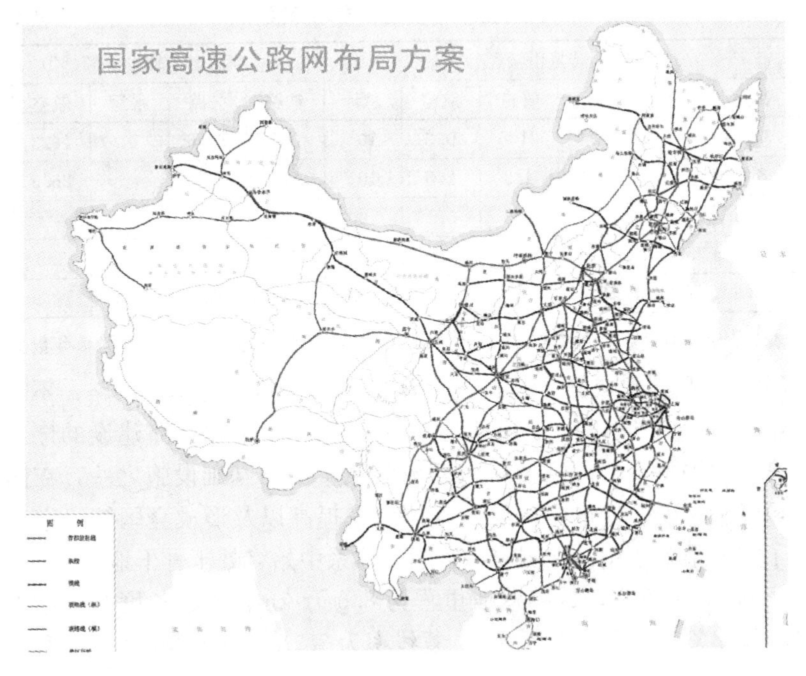

图 2-41 国家高速公路网布局方案

国家高速公路网采用放射线与纵横网格相结合布局的方案，由 7 条首都放射线、9 条南北纵线和 18 条东西横线组成，简称为“7918”网，总规模为 86601km，其中主线 6.8 万 km，地区环线、联络线等其他路线约 1.7 万 km。

截至 2009 年 6 月底，国家高速公路网建成 48896km，占规划里程的 56.5%。其中，“五纵七横”国道主干线已于 2007 年全线贯通。

2.3.2 铁道工程

铁道工程(Railway Engineering)是指铁路上各种土木工程设施和修建铁路各个阶段(勘测、设计、施工、养护、改建等)所运用技术和管理的总称。20 世纪 40 年代后，由于各种运输方式之间的激烈竞争，世界铁路的发展曾一度陷入艰难境地。进入 20 世纪 80 年代后，在全球能源紧张、环境恶化的大背景下，铁路以其独特的技术经济特征，进入了人们的视野。在高新技术的推动下，高速铁路技术与货运重载技术快速发展，铁路运量大、节能、环保、快捷、安全的优势更加突出。按照完成单位运输周转量造成的环境成本测算，航空、公路客运分别是铁路客运的 2.3 倍、3.3 倍，货运分别是铁路的 15.2 倍、4.9 倍。同时，在完成同样运输任务的情况下，铁路的占地和排放二氧化碳、氮氧化物等污染物的数量远小于公路和航空等交通方式。由于铁路具有降耗和减排的显著优势，许多工业发达国家纷纷投入巨额资金，积极发展高速重载铁路和城市轨道交通。发展中国家也投入巨资，修建铁路，扩大铁路网。表 2-4 为世界主要国家客货运输统计资料。从表中可见，铁路运输占有重要的地位。

主要国家客货运输市场份额　　表2-4

国家	货物周转量份额(%)						旅客周转量份额(%)				
	铁路	公路	水运	管道	航空	总计	铁路	公路	水运	航空	总计
美国	34.8	30.3	13.0	21.6	0.3	100	0.1	89.6		10.3	100
英国	8.2	62.4	22.6	4.3	2.5	100	5.8	67.7		26.5	100
德国	17.5	61.0	12.7	3.3	5.1	100					
日本	3.9	57.5	38.4	0	0.2	100	27.2	67.0		5.8	100
中国	23.5	11.2	63.4	1.8	0.1	100	33.4	53.3	0.4	12.9	100

注：表中数据中国为2007年数据，美国、英国、日本为2004年数据，德国为2005年数据。

1881年，我国建成第1条自己设计施工的铁路——唐胥铁路，不久，又制造出第1台蒸汽机车——“龙号”。从此，拉开了中国铁路建设的序幕。一百多年来，我国特定的国情使得铁路成为最重要的基础设施之一，在国土开发、区域经济发展、促进国民经济整体水平提高以及形成全国统一市场等方面发挥了重要推动作用，在国家综合运输体系中始终处于骨干地位。

截止到2009年底，铁路营业里程为8.6万km，里程长度升至世界第二位，其中铁路复线里程3.3万km，复线率为38.8%，铁路电气化里程3.6万km，电化率为41.7%。

目前，铁路覆盖了我国全部省、自治区、直辖市，已形成京哈、沿海、京沪、京九、京广、大湛、包柳、兰昆、京拉、煤运通道、陆桥通道、宁西、沿江通道、沪昆(成)、西南出海通道等“八纵八横”路网主骨架。构成了纵横交错、干支结合的铁路运输网络，初步形成了横贯东西、沟通南北、连接亚欧的路网骨架，路网布局趋于合理，路网质量有所提高。

目前我国大力发展高速铁路，高速铁路的发展处于世界领先水平。高速铁路的最大实验时速已达400多公里。我国建设的青藏铁路、宜万铁路为世界铁路工程建设谱写了新的历史。大秦铁路重载运输线，每年的运煤量已达4亿t。

青藏铁路

2001年2月8日，国务院批准建设青藏铁路。2006年7月1日青藏铁路正式通车。青藏铁路二期为格尔木至拉萨段，全长1118公里，途径多年冻土地段550多km，海拔4000m以上的地段965km，最高点为海拔5072m的唐古拉山口。青藏铁路成为世界上海拔最高和最长的高原铁路，创造了世界高原铁路的建设奇迹，如图2-42所示。

图2-42　青藏铁路

青藏铁路列车的特点：

（1）青藏铁路采用了我国研制的世界首列高原高寒动车。

（2）列车配有高原供氧系统，该系统可根据车内空气中氧气的含量自动控制制氧机的运作，克服旅客的高原反应。

（3）对突发病人，该车还设有医疗急救室，可及时进行诊疗。

（4）为保护青藏高原脆弱的生态环境，该车设有真空集便装置和污水、污物箱，所有废水、污物均统一收集，统一排放。

（5）进气系统为全新结构，可防风雪、风沙的进入。该车还加装了先进的故障诊断、检测系统、GPS电子地图、摄像、影视系统、路轨情况检测装置等。

2.3.2.1 铁道工程的组成

铁路等级是区分铁路在国家铁路网中的作用、性质、旅客列车设计行车速度和客货运量的标志。它是铁路的基本标准，也是确定铁路技术标准和设备类型的依据。《铁路线路设计规范》（GB 50090—2006）（简称《线规》）规定，依据铁路在路网中的作用、性质、旅客列车设计行车速度和近期客货运量，将铁路划分为4个技术等级。

Ⅰ级铁路：铁路网中起骨干作用的铁路，近期年客货运量大于或等于20Mt者；

Ⅱ级铁路：铁路网中起骨干作用的铁路，近期年客货运量小于20Mt且大于或等于10 Mt者；

Ⅲ级铁路：为某一地区或企业服务的铁路，近期年客货运量小于10Mt且大于或等于5Mt者；

Ⅳ级铁路：为某一地区或企业服务的铁路，近期年客货运量小于5Mt者。

铁路轨道是由钢轨、轨枕、道床、道岔、连接零件及防爬设备组成。轨道是铁路的主要技术装备之一，是行车的基础。它的作用是引导机车车辆运行，直接承受由车轮传来的荷载，并把它传布给路基或桥隧建筑物。轨道必须坚固稳定，并具有正确的几何形位，以确保机车车辆的安全运行。

钢轨的类型，以每米长的重量(kg/m)表示。目前，我国铁路钢轨类型有75、60、50、43及38kg/m等五种。随着机车车辆轴重的加大和行车速度的提高，钢轨正在向特重型发展，目前世界上特重型的钢轨已达到77.5kg/m重轨，我国正在铺设75kg/m重轨，以加强运输特别繁忙的干线。

我国标准钢轨长度为12.5m及25m两种。新近生产的还有50m和100m的标准轨，对应于75kg/m的钢轨只有25m一种。另外，还有用于曲线轨道上比12.5m标准轨缩短40、80、120mm和比25m标准轨缩短40、80、160mm的六种标准缩短轨。

轨枕承受来自钢轨的各向压力，并弹性地传布于道床，同时，有效地保持轨道的几何形位，特别是轨距和方向。轨枕应具有必要的坚固性、弹性和耐久性，并能便于固定钢轨，有抵抗纵向和横向位移的能力。轨枕按其使用目的分为用于一般区间的普通轨枕，用于道岔上的岔枕，用于无碴桥梁上的桥枕。轨枕按其材料分主要有木枕、混凝土枕和混凝土宽枕。

混凝土宽枕是一块预制的混凝土板，与混凝土枕外形相似，又称轨枕板。

宽枕长度与普通混凝土枕长度相同，均为2.5m，而宽度约为后者的两倍。宽枕由于宽度较大，可直接铺设在预先压实的道床面上。

混凝土宽枕宽55cm，支承面积较混凝土枕大一倍，可使道床的应力大为减少。同时，每块宽枕的质量为500kg左右，可以减小道床的振动加速度，使道床的变形减小，残余变形积累过程延缓，轨道几何形位易于保持，整个轨道结构得到加强；轨枕与道床接触面上的摩阻力增大，提高了轨道的横向稳定性，道床阻力增加约80%，有利于铺设无缝线路；宽轨枕密排铺设，枕间空隙用沥青混凝土封塞，把道床顶面全部覆盖起来，防止雨水及脏污侵入道床内部，从而有效地保持道床的整洁，延长道床的清筛周期；宽轨枕轨道的维修养护工作量很少，仅为混凝土枕轨道的1/4～1/2，从而减轻和改善了养护工作条件，减少作业次数，节省养护费用。混凝土宽枕轨道是一种很有发展前景的轨道结构形式，它可适用于运输繁忙、行车密度大的线路，线路维修条件差的长大隧道以及大型客货站场。

常规铁路都在道砟的基础上（“砟”的意思是小块的石头）再铺设枕木或混凝土轨枕，最后铺设钢轨，但这种线路不适于列车高速行驶。高速铁路的发展史证明，其基础工程如果使用常规的轨道系统，会造成道砟粉化严重、线路维修频繁，安全性、舒适性、经济性相对较差。无砟轨道具有轨道稳定性高、刚度均匀性好、结构耐久性强、维修工作量显著减少和技术相对成熟的突出优点。从20世纪60年代，世界各国开始研究使用无砟轨道，目前各国的高速铁路已普遍采用无砟轨道，图2-43为无砟轨道结构示意图。

(a)　(b)　(c)　(d)

图2-43　无砟轨道结构示意图

(a)支承层施工；(b)道床板施工；(c)双块式无砟道床；(d)铺轨后的无砟轨道

2.3.2.2 高速铁路工程

铁路现代化的一个重要标志是大幅度地提高列车的运行速度。高速铁路是发达国家于20世纪60～70年代逐步发展起来的一种城市与城市之间的运输工具。一般地讲，铁路速度的分档为：速度100～120km/h称为常速；速度120～160km/h称为中速；速度160～200km/h称为准高速或快速；速度200～400km/h称为高速；速度400km/h以上称为特高速。高速铁路具有速度快、客运量大、全天候、安全可靠、占地少、能耗低、污染少、效益高等显著特点。

1964年10月1日，世界上第一条高速铁路——日本的东海道新干线正式投入运营，速度达210km/h，突破了保持多年的铁路运行速度的世界纪录，从东京到大阪运行3小时10分钟(后来又缩短为2小时56分钟)。出入速度比原来提高一倍，票价比飞机票便宜，因而吸引了大量旅客，使得东京至大阪的飞机不得不停运，这是世界上铁路与航空竞争中首次获胜的实例。

国外高速铁路建设的主要模式有：日本新干线模式：全部修建新线，旅客列车专用(图2-44a)；德国ICE模式：全部修建新线，旅客列车及货物列车混用(图2-44b)；英国APT模式：既不修建新线，也不大量改造旧线，主要采用由摆式车体的车辆组成的动车组，旅客列车及货物列车混用(图2-44c)；法国TGV模式：部分修建新线，部分旧线改造，旅客列车专用(图2-44d)。

(a)

(b)

(c)

(d)

图2-44 世界各国高速铁路

(a)日本高速铁路；(b)德国高速铁路；(c)英国高速铁路；(d)法国高速铁路

2008年8月1日，投入运营的京津城际铁路是中国首条高速铁路客运专线，全长120km，试运行的最高速度是398.4km/h，正常运行速度350km/h，是中国进入高铁时代的标志。

2010年9月28日，中国国产“和谐号”动车组在沪杭高铁试运行期间最高速度达到416.6km/h，再次刷新世界铁路运营试验最高速。这一速度又一次证明中国高速铁路已全面领先世界。

目前，中国已有6920营业km高速铁路投入运营。正在建设的高速铁路有1万多km。到2012年新建高速铁路将达到1.3万km。中国已成为世界上高速铁路发展最快、系统技术最全、集成能力最强、运营里程最长、运营速度最快、在建规模最大的国家。图2-45是现代化的中国高速铁路。

(a)

(b)

图2-45　我国高速铁路
(a)京津城际高速；(b)武广高速铁路

京沪高速铁路是《中长期铁路网规划》中投资规模最大，技术含量最高的一项工程，也是我国第一条具有世界先进水平的高速铁路。采用双线电气化，无砟轨道，无缝钢轨，全程1318km，运行时间5h，总投资概算2209.4亿元，年设计单向输送乘客8000余万人次。

把动力装置分散安装在每节车厢上，使其既具有牵引动力，又可以载客，这样的客车车辆便叫做动车。而动车组就是几节自带动力的车辆加几节不带动力的车辆编成一组。动车组的优点：根据某条线路的客流量变化进行灵活编组，实现高密度、小编组发车，安全性能好、运量大、往返不需要调转车头，污染小，节能环保，自带动力。

中国铁路开行的CRH动车组已知有CRH1、CRH2、CRH3、CRH5。铁道部将所有引进国外技术、联合设计生产的CRH动车组车辆均命名为“和谐号”。其中CRH1、CRH2、CRH5为200km级别(营运速度200km/h，最高速度250km/h)，CRH3为300km级别(营运速度330km/h，最高速度380km/h)，如图2-46所示。

截至2010年8月，全国铁路共投入运用动车组355组，其中时速250km 234组、时速350km 121组，累计安全走行2.8亿km，运送旅客5亿多人次。

高速运行的列车要求线路具有高平顺性、高稳定性、高精度、小残变、少维修以及良好的环境保护等。高速铁路主要是以“变形”控制路基的设计、施工，而普速铁路则主要是以“强度”控制路基的设计与施工。

高速列车的牵引动力是实现高速行车的重要关键技术之一，它又涉及许多新技术，如新型动力装置与传动装置、新的列车制动技术、高速电力牵引

(a)

(b)

(c)

(d)

图 2-46　我国的动车组

(a)CRH1 动车组；(b)CRH2 动车组；(c)CRH3 动车组；(d)CRH5 动车组

时的受电技术、适应高速行车要求的车体及行走部分的结构以及减少空气阻力的新外形设计等。

高速铁路的信号与控制系统是高速列车安全、高密度运行的基本保证。它是集微机控制与数据传输于一体的综合控制与管理系统，也是铁路适应高速运行、控制与管理而采用的最新综合性高技术，一般统称为先进列车控制系统，如列车自动防护系统、卫星定位系统、车载智能控制系统、列车调度决策支持系统、列车微机自动监测与诊断系统等。

我国《中长期铁路网规划》的目标是，到 2020 年全国铁路营业里程达到 12 万 km，其中客运专线 1.6 万 km，复线率达到 50%，电化率达到 60%，主要繁忙干线实现客货分线，基本形成布局合理、结构清晰、功能完善、衔接顺畅的铁路网络，运输能力满足国民经济和社会发展需要，主要技术装备达到或接近国际先进水平。中长期铁路网规划图如图 2-47 所示。

2.3.2.3　城市轻轨

城市轻轨是城市轨道建设的一种重要形式，也是当今世界发展最为迅猛的轨道交通形式。近年来，随着城市化步伐的加快，我国重庆、上海、北京等城市纷纷兴建城市轻轨。城市轻轨的机车重量和载客量比起一般列车要小，所使用的钢轨质量较轻，每米只有 50kg。它一般有较大比例的专用行车道，常采用浅埋隧道或高架桥的方式，机车车辆和通信信号设备也是专门化的。

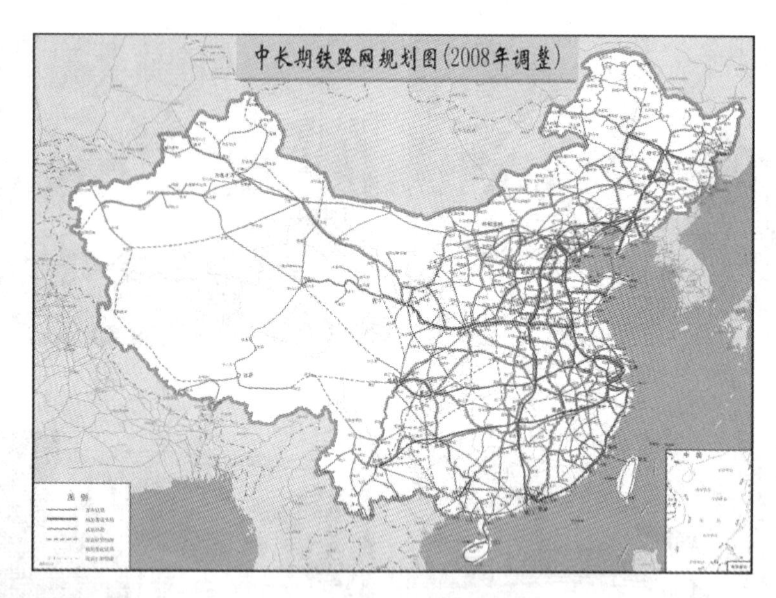

图 2-47　中长期铁路网规划图

它与公交车相比，具有速度快、效率高、省能源、无污染等特点。相比地铁，轻轨造价更低，见效更快。

2000 年 12 月，上海建成了我国第一条轻轨铁路——明珠线(图 2-48)，明珠线轻轨一期工程全长 24.975km，自上海市西南角的徐汇区开始，贯穿长宁区、普陀区、闸北区、虹口区，直到东北角的宝山区，沿线共设 19 个车站，全线采用无缝线路，除了与上海火车站连接的轻轨车站外，其余全部采用高架桥形式。

图 2-48　城市轻轨(上海明珠线)

城市轻轨一般具有如下特点：

(1) 行车线路多经过居民区，对噪声和振动的控制较严，除了对车辆结构采取减振措施及建筑声障屏以外，对轨道结构也要求采取相应的措施。

(2) 运营时间长，行车密度大，留给轨道的作业时间短，因而须采用较强的轨道部件，一般用混凝土道床等少维修轨道结构。

(3) 机车一般采用直流电机牵引，以轨道作为供电回路。为了减少泄漏电流的电解腐蚀，要求钢轨与基础间有较高的绝缘性能。

(4) 线路中曲线段所占的比例较大，曲线半径比常规铁路小得多，一般为

100 m左右，因此要解决好曲线轨道构造问题。

轻轨可建于地下、地面、高架(如建于地面上的高架地铁也可称之为轨道交通)，而地铁同样可建于地下、地面、高架。两者区分主要视其单向最大高峰小时客流量。

建设城际快速轨道交通网，是一个地区综合运输系统现代化的重要标志，快速轨道交通以其输送能力大、快速准时、全天候、节省能源和土地、污染少等特点，将开拓城市未来可持续发展的新空间。

2.3.2.4 磁悬浮铁路

磁悬浮铁路是一种新型的交通运输系统，它是利用电磁系统产生的排斥力将车辆托起，使整个列车悬浮在导轨上，利用电磁力进行导向，利用直线电机将电能直接转换成推动列车前进的动力。它消除了轮轨之间的接触，无摩擦阻力，线路垂直负荷小，时速高，无污染，安全，可靠，舒适，其应用仍具有广泛前景。如图2-49所示为上海磁悬浮列车。

图2-49 上海磁悬浮列车

磁悬浮铁路的主要特点是：

(1) 由于磁悬浮列车虽是轨道上行驶，但导轨与机车之间不存在任何实际的接触，成为“无轮”状态，故其几乎没有轮、轨之间的摩擦，时速高达几百公里。

(2) 磁悬浮列车可靠性大、维修简便、成本低，其能源消耗仅是汽车的一半、飞机的四分之一。

(3) 由于它以电为动力，在轨道沿线不会排放废气，无污染，是一种名副其实的绿色交通工具。

(4) 磁悬浮有一大缺点，它的车厢不能变轨，不像轨道列车可以从一条铁轨借助道岔进入另一铁轨。因此，一条轨道只能容纳一列列车往返运行，造成浪费。磁悬浮轨道越长，使用效率越低。

(5) 由于磁悬浮系统是凭借电磁力来进行悬浮、导向和驱动的，一旦断电，磁悬浮列车将发生严重的安全事故，因此断电后磁悬浮的安全保障措施仍然没有得到完全解决。

(6) 强磁场对人的健康、生态环境的平衡与电子产品的运行也会产生不良影响。

(7) 无法利用既有铁路线路，必须全部重新建设，因此，磁悬浮铁路的造价十分昂贵。

2.4　桥梁工程

在公路、铁路、城市和农村道路以及水利建设中，为跨越各种障碍(如江河、沟谷或其他路线等)而修建的构造物，我们称之为桥梁。

桥梁既是交通线上重要的工程实体，又是一种空间艺术。桥梁是交通线路的重要组成部分，而且往往是保证全线早日通车的关键。在经济上，桥梁的造价一般说来平均占公路总造价的 10%～20%。在国防上，桥梁是交通运输的咽喉。在需要高度快速、机动的现代战争中，它具有非常重要的地位。此外，为了保证已有公路的正常运营，桥梁的养护与维修工作也十分重要。纵观世界各国的大城市，常以工程雄伟的大桥作为城市的标志与骄傲。因而桥梁建筑已不单纯作为交通线上重要的工程实体，而是常作为一种空间艺术结构物存在于社会之中。

2.4.1　桥梁的组成

桥梁一般由四个部分组成，即上部结构、下部结构、支座以及附属设施。图 2-50 是一座公路桥梁的立面图，图中示出桥梁各组成部分的名称。

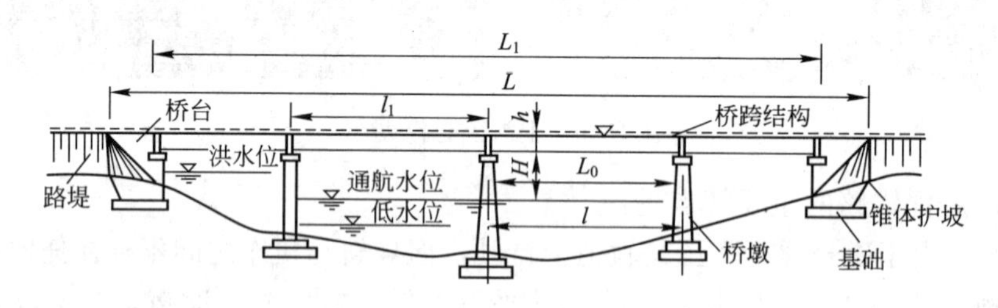

图 2-50　桥梁组成示意图

(1) 上部结构

上部结构又称桥跨结构或桥孔结构，是线路遇到障碍(如江河、山谷或其他线路等)中断时，跨越障碍的结构物，桥跨结构直接承受各种荷载，是桥梁支座以上跨越桥孔的总称。

(2) 下部结构

下部结构包括桥墩、桥台及基础。桥墩一般位于河谷中间或岸上，其作用是支承上部结构并将荷载传递给基础；桥台一般位于桥梁的两端，一端与路堤相接，另一端与上部结构相连并支撑上部结构。墩台基础是保证桥梁墩台安全并将荷载传至地基的结构，其作用是将上部结构和下部结构传递下来的全部荷载传给地基。

(3) 支座

支座设置在桥墩和桥台顶部，其作用是支承上部结构并将上部结构的荷载传递给墩台，同时应保证上部结构在荷载、温度变化或其他因素作用下产生相应位移时的安全。

(4) 附属设施

附属设施包括桥面铺装、排水防水系统、伸缩缝、栏杆等。附属设施对保证桥梁功能的正常发挥有重要作用。

2.4.2 桥梁的分类

桥梁的分类方法很多，常用的主要有以下几种：

(1) 桥梁按跨径大小分为特大桥、大桥、中桥、小桥。桥梁的跨径反映了桥梁的建设规模。我国《公路工程技术标准》(JTJ B01—2003)规定特大桥、大桥、中桥、小桥的跨径划分依据见表 2-5。

桥梁按总长和跨径分类 **表 2-5**

桥梁分类	多孔桥全长 L(m)	单孔跨径 l(m)
特大桥	$L\geqslant1000$	$l\geqslant150$
大 桥	$100\leqslant L<1000$	$40\leqslant l<150$
中 桥	$30\leqslant L<100$	$20\leqslant l<40$
小 桥	$8\leqslant L<30$	$5\leqslant l<20$

(2) 按桥面系和上部结构的相对位置分为：上承式、中承式、下承式。

(3) 按桥梁的主要用途分为：公路桥、铁路桥、公路铁路两用桥、农桥、人行桥、军用桥、运水桥及其他专用桥梁。

(4) 按结构体系分为：梁式桥、拱桥、缆索承重体系以及组合体系桥梁等。

(5) 按跨越方式分为：固定式桥梁、开启桥、浮桥、漫水桥等。

(6) 按施工方法分为：整体施工桥梁——上部结构一次浇筑而成；节段施工桥梁——上部结构分节段组拼而成；预制安装桥梁等。

(7) 按建筑材料分为：木桥、钢桥、圬工桥(包括砖、石、混凝土桥)、钢筋混凝土桥和预应力混凝土桥、组合桥等。

2.4.3 桥梁的主要类型

1. 梁式桥

梁式桥是以承受弯矩和剪力为主的梁作为承重构件的桥梁。梁式桥按照主梁的静力体系，分为简支梁桥、连续梁桥和悬臂梁桥。

(1) 简支梁桥

一般适用于中小跨度的桥梁，其结构简单，制造运输和架设均比较方便，如图 2-51 所示。由于其各跨独立受力，多设计成各种标准跨径的装配式结构，以便于构件生产工艺工业标准化、施工机械化，提高工程质量，降低工程造价。

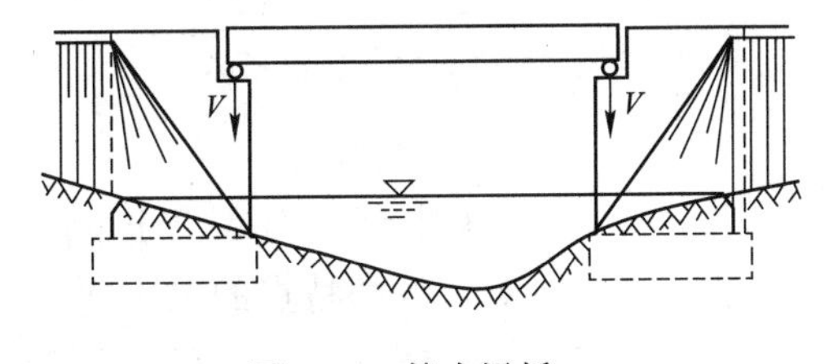

图 2-51 简支梁桥

桥梁工程中广泛采用的简支梁桥按截面形式来分主要有三种类型：简支板桥(图 2-52)、简支肋梁桥(图 2-53)、简支箱形梁桥(图 2-54)。

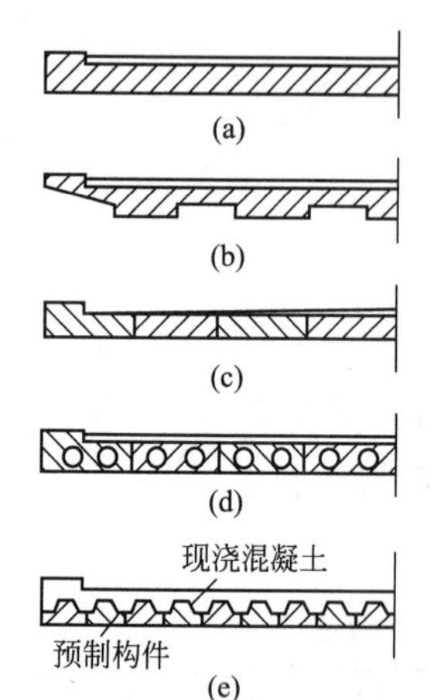

图 2-52　公路简支板桥截面
(a)板梁；(b)矮肋式板；
(c)预制实心板；(d)空心板；
(e)装配整体组合式

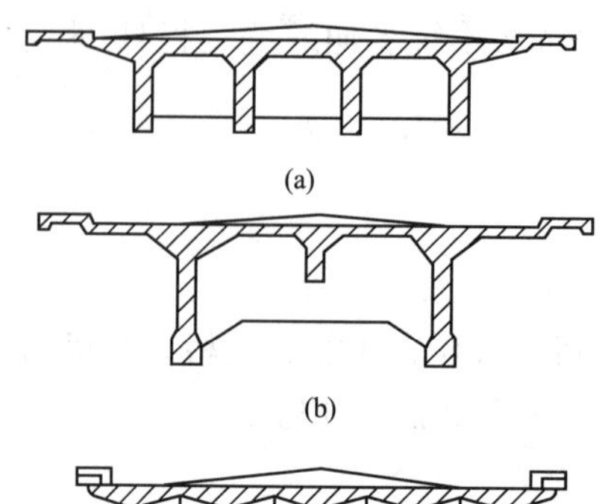

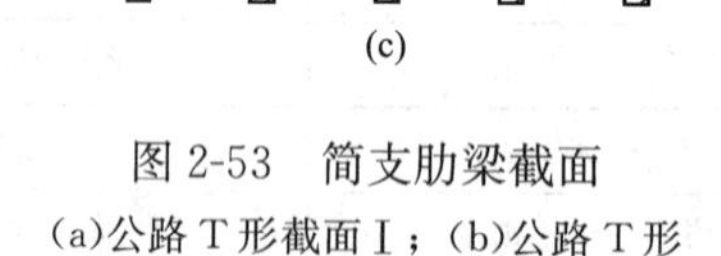

图 2-53　简支肋梁截面
(a)公路 T 形截面Ⅰ；(b)公路 T 形截面Ⅱ；(c)公路 T 形截面Ⅲ

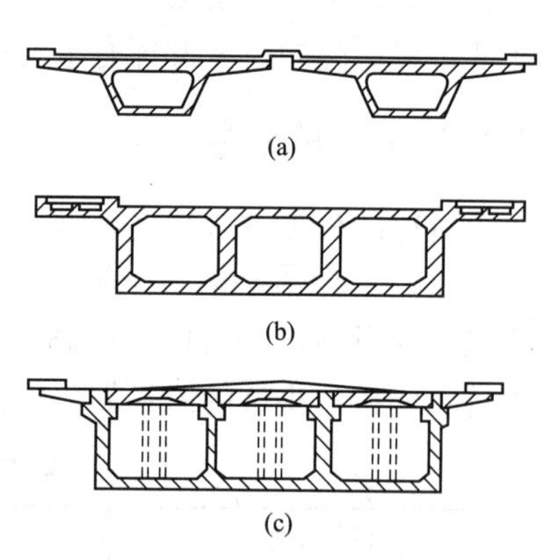

图 2-54　简支箱形梁截面
(a)公路箱形截面Ⅰ；(b)公路箱形截面Ⅱ；(c)公路箱形截面Ⅲ

(2) 连续梁桥

连续梁桥是多跨简支梁桥在中间支座处梁体连接贯通，形成整体的、连续的、多跨的桥梁结构。连续梁按其截面变化可分为等截面连续梁和变截面连续梁；按其各跨的跨长可分为等跨连续梁和不等跨连续梁，不等跨连续梁桥一般采用变截面形式，如图 2-55 所示。

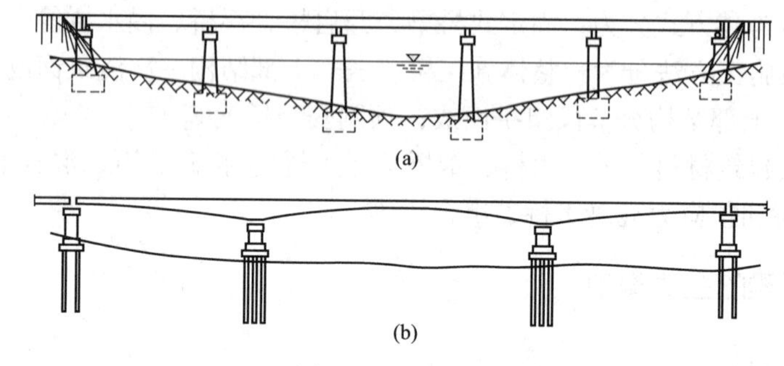

图 2-55　连续梁桥
(a)等跨连续梁桥；(b)不等跨连续梁桥

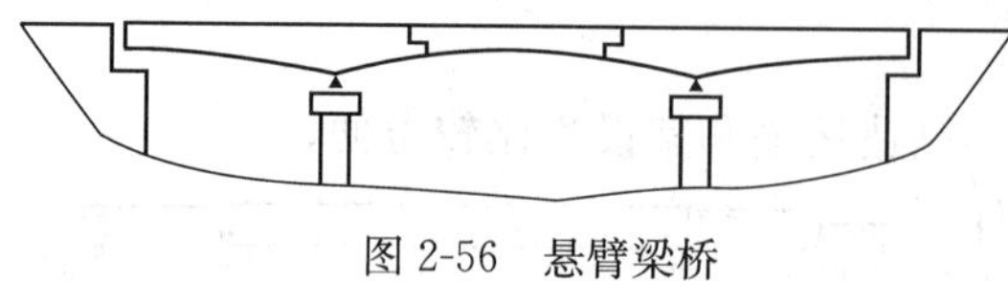

图 2-56　悬臂梁桥

(3) 悬臂梁桥

悬臂梁桥是简支梁桥的梁体向一端或两端伸过其支点所形成的梁式桥，如图 2-56 所示。

2. 刚构桥

刚构桥可分为 T 形刚构、连续刚构两种。T 形刚构是一种墩梁固接、具有悬臂受力特点的梁式桥。T 形刚构在自重作用下的弯矩类似于悬臂梁，适合于悬臂施工，一般为静定结构(图 2-57a)。连续刚构桥是预应力混凝土大跨梁式桥的主要桥型之一，它综合了连续梁和 T 形刚构桥的受力特点，将主梁做成连续梁体，与薄壁桥墩固接而成(图 2-57b)。

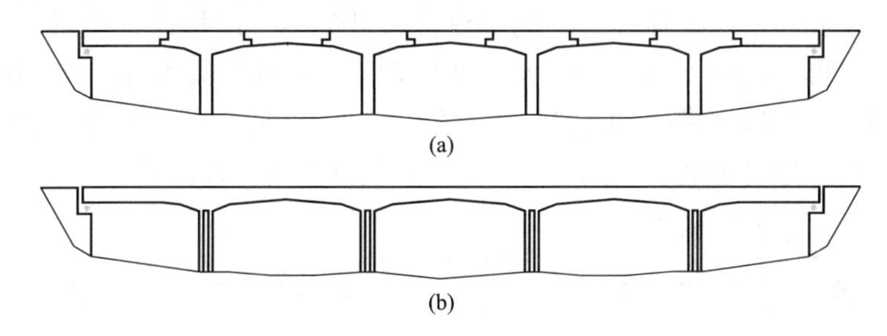

图 2-57　T 形刚构和连续刚构
(a)T 形刚构；(b)连续刚构

3. 拱桥

拱桥主要由桥跨结构、下部结构及附属设施组成(图 2-58)。拱桥的桥跨结构由主拱圈、传力结构和桥面系组成。拱桥是桥梁工程中使用广泛且历史悠久的一种桥梁结构类型。拱桥与梁桥的受力性能有着本质区别，拱桥可以利用钢筋混凝土材料来修建，也可以利用抗压性能较好而抗拉性能较差的圬工材料来修建。

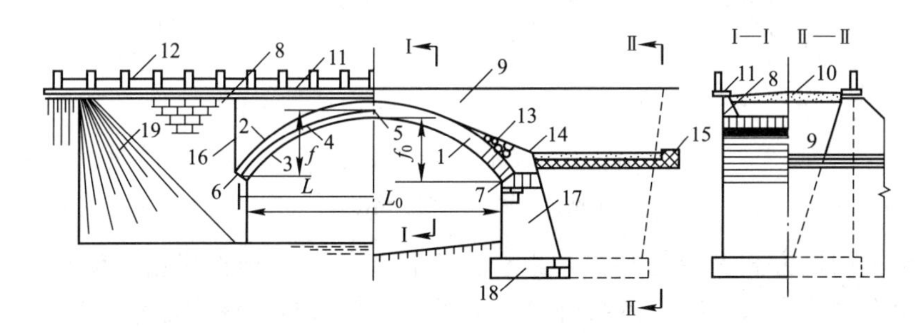

图 2-58　实腹式拱桥的组成
1—主拱圈；2—拱背；3—拱腹；4—拱轴线；5—拱顶；6—拱脚；7—起拱线；8—侧墙；9—拱腔填料；10—桥面铺装；11—人行道；12—栏杆；13—护拱；14—防水层；15—盲沟；16—伸缩缝；17—桥台；18—桥台基础；19—锥坡；L_0—净跨径；L—计算跨径；f_0—净矢高；f—计算矢高；f/L—矢跨比

按结构体系，拱桥可分为简单体系拱桥和组合体系拱桥。简单体系拱桥是指拱上全部荷载由主拱圈(肋)单独承担，拱的传力结构不参与受力，只作为荷载来对待的拱桥结构体系。简单体系拱桥可以做成上承式、中承式、下承式，但均为有推力拱。常见的有三铰拱，如图 2-59(a)所示；两铰拱，如图 2-59(b)所示；无铰拱，如图 2-59(c)所示。

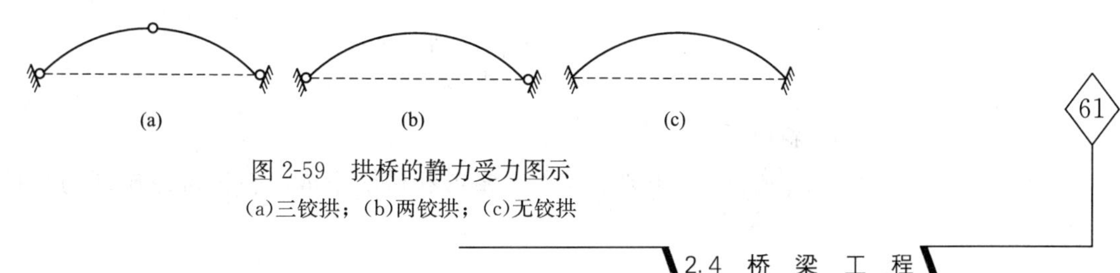

图 2-59　拱桥的静力受力图示
(a)三铰拱；(b)两铰拱；(c)无铰拱

组合体系拱桥一般由拱和梁、桁架或刚架等两种以上的基本结构体系组合而成。组合体系与主拱按不同的构造方式形成整体结构，以共同承受荷载，其力学性能和经济指标往往优于同等设计条件的单一结构体系拱桥。组合体系拱桥同样可以做成上承式、中承式和下承式，如图 2-60 所示。常用的有以下几种形式：有推力拱(使用较广泛)(图 2-61)和无推力拱。无推力拱的推力由系杆承受，墩台不受水平推力。有推力拱的水平推力任由墩台承受。

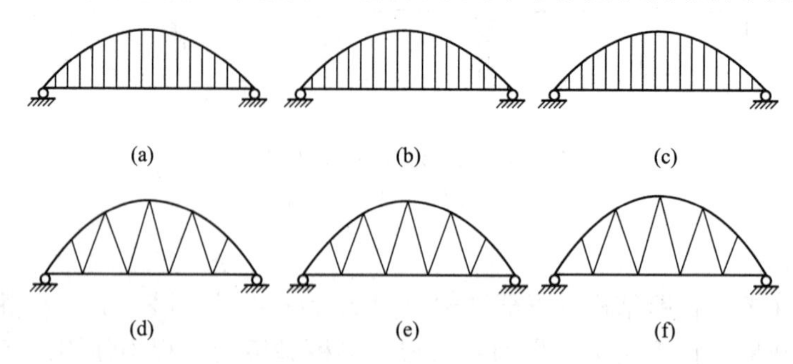

图 2-60　无推力组合体系拱桥
(a)系杆拱；(b)蓝格尔；(c)拱洛泽拱；(d)、(e)、(f)尼尔森拱

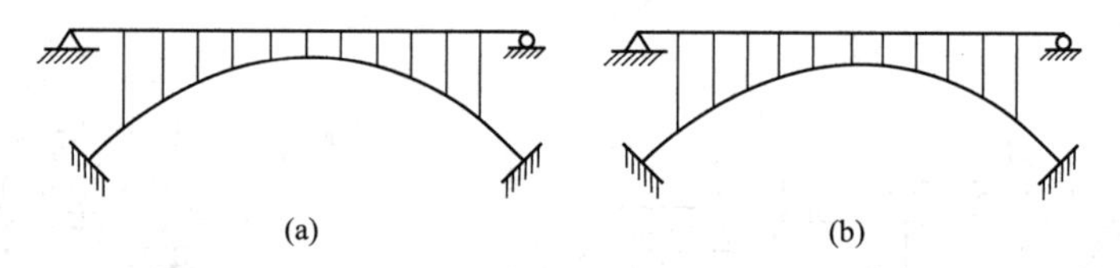

图 2-61　有推力组合体系拱桥
(a)倒蓝格尔；(b)倒拱洛泽拱

根据构造方式及受力特点，组合体系拱桥可分为桁架拱桥、刚架拱桥、桁式组合拱桥和拱式组合体系桥等四大类。桁架拱桥又称拱形桁架桥，由拱和桁架两种结构体系组合而成(图 2-62a)。其结构整体性强，受力合理。刚架拱桥也是一种有推力的拱桥，其外形与桁架拱桥相似，但构造比桁架拱桥简单(图 2-62b)。刚架拱桥结构整体好，刚度大，整体受力合理，自重轻，用钢量少，可预制安装，施工简便，工期短，对地基承载力要求低。刚架拱桥还具有适用性强，结构线条简单，造型美观，经济效益好等优点，已在我国得到了广泛应用。

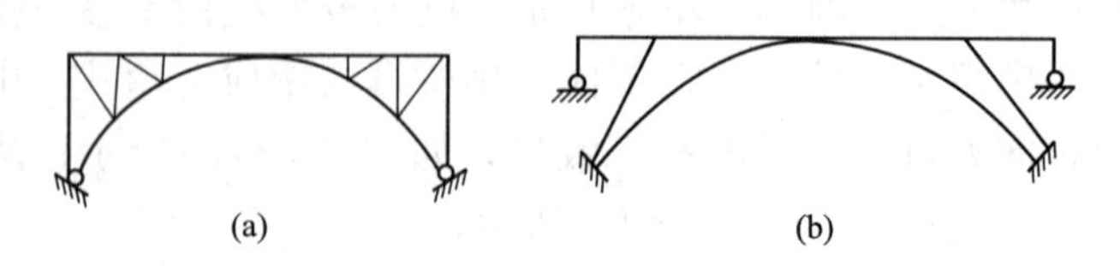

图 2-62　组合体系拱桥
(a)桁架拱；(b)刚架拱

4. 斜拉桥

斜拉桥主要由主梁、拉索、索塔和桥墩组成。斜拉桥最典型的跨径布置

有两种：双塔三跨和独塔双跨，特殊情况下也可以布置成独塔单跨式、双塔单跨式及多塔多跨式，如图 2-63 所示。

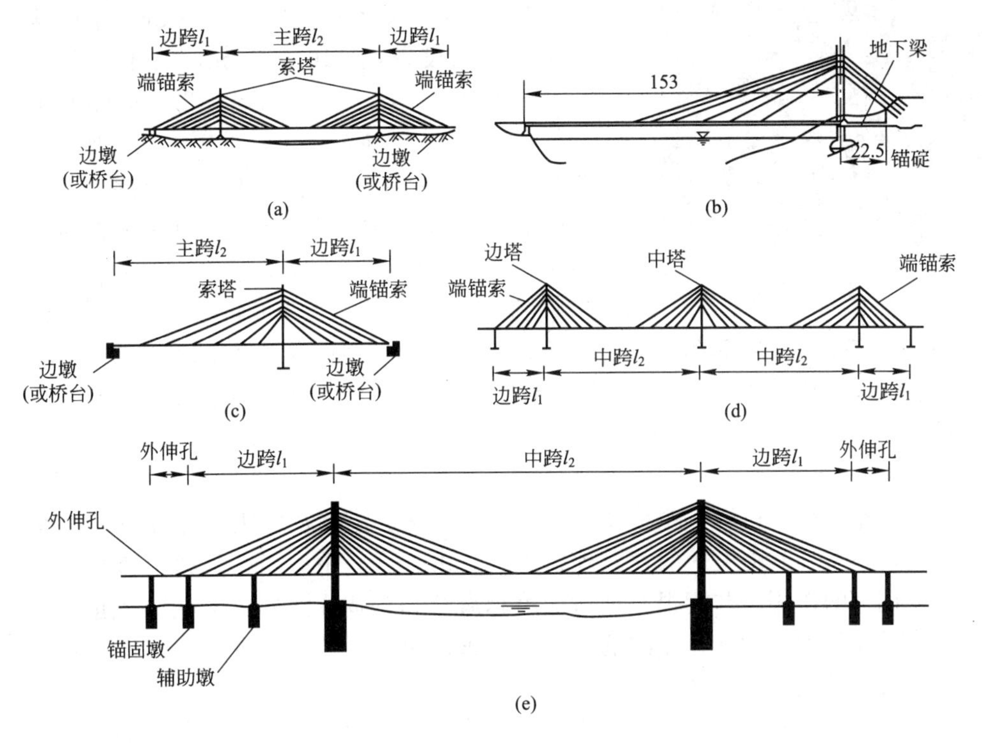

图 2-63　斜拉桥的结构布置形式

(a)双塔三跨式；(b)独塔单跨式；(c)独塔双跨式；(d)多塔多跨式；(e)辅助墩的设置

苏通大桥为目前世界上最大跨度的斜拉桥（图 2-64）。大桥主跨 1088m，总长 8206m，两岸连接线共长 24.2km，其中主桥采用长约 1088m 的双塔双索面钢箱梁斜拉桥。斜拉桥主孔跨度比目前世界上最大跨径的日本多多罗大桥和法国诺曼底大桥长 200m 左右，位列世界第一。大桥采用高 300.4m 的混凝土塔，比日本明石海峡大桥桥塔高近 20m，为世界第一高桥塔；大桥最长拉索长达 577m，比日本多多罗大桥斜拉索长 100m，为世界上最长的斜拉索。通航净空高度为 62m，比国内通航净空最高的大桥高出 10m，可满足 5 万 t 集装箱货轮通过。桥面设计最大风速为每秒 47m，相当于 12 级台风的 2 倍。专用航道桥采用 140＋268＋140＝548m 的 T 形刚构梁桥，为同类桥梁工程世界第二；南北引桥采用 30、50、75m 预应力混凝土连续梁桥。苏通大桥主墩基础由 131 根长约 120m、直径 2.5～2.8m 的群桩组成，承台长 114m、宽 48m，面积有一个足球场大，是在 40m 水深以下厚达 300m 的软土地基上建起来的，是世界上规模最大、入土最深的群桩基础。苏通大桥是目前世界上规模最大、技术难度最高的斜拉桥。

图 2-64　苏通大桥

图2-65　武汉天兴洲长江大桥

武汉天兴洲长江大桥(图2-65)位于武汉长江二桥下游10km处，主桥长4657m，主跨504m，公路引线全长8043m，铁路引线全长60.3km，全桥共91个桥墩，总投资约110亿余元，其中主跨为504m，超越丹麦海峡大桥成为当今世界公铁两用斜拉桥中跨度最大的桥梁。也是世界上第一座按4线铁路修建的大跨度客货公铁两用斜拉桥，可以同时承载2万t的荷载，为世界上荷载量最大的公铁两用桥。同时武汉天兴洲大桥也是中国第一座能够满足高速铁路运营的大跨度斜拉桥，其4线铁路为京广高速铁路和沪汉蓉客运专线，其中沪汉蓉客运专线设计时速250km/h。上层为6车道公路，设计时速80km；下层为可并列行驶四列火车的铁道，设计时速200km/h。公路引桥长5.1km；新建铁路线长22.6km。

5. 悬索桥

悬索桥是由桥塔、主缆索、吊索、加劲梁、锚碇及鞍座等部分组成的承载结构体系，其跨度一般比其他桥型大。由于这一桥型能充分利用和发挥高强度钢材的作用，并能很好地适应跨越海峡和宽阔江河的要求，加之近年来悬索桥设计理论和计算方法的发展和完善以及施工技术的进步，使其成为近年来发展较快的桥型之一。

现代悬索桥一般由桥塔、主缆索、锚碇、吊索、加劲梁、吊索及索鞍等主要部分组成(图2-66)。其形式有很多种，如美国式悬索桥、英国式悬索桥、混合式悬索桥、带斜拉索的悬索桥等，如图2-67所示。

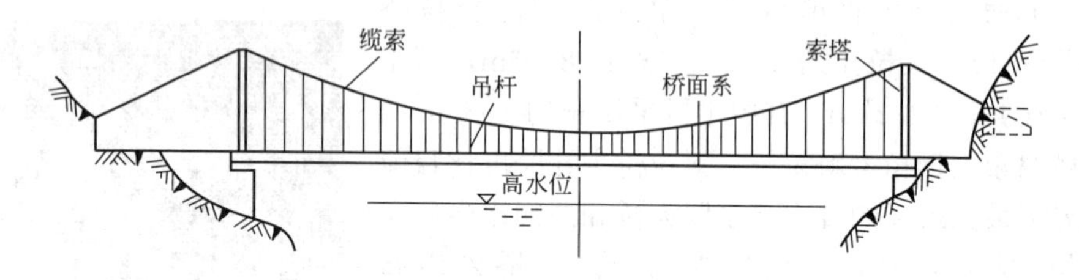

图2-66　悬索桥的组成

美国式悬索桥发展历史接近百年，其建桥技术相当成熟，并积累了丰富的设计和施工经验，是目前采用较广泛的一种形式(图2-67a)。

英国式悬索桥的基本特征是采用三角形排列的斜吊索和流线型扁平翼状钢箱梁作为加劲梁(图2-67b)。这种形式的悬索桥加劲梁采用连续的钢箱梁，桥塔处没有伸缩缝，并采用了钢筋混凝土桥塔；有时还将主缆与加劲梁在主跨中点处固接。

混合式悬索桥是综合了上述两类悬索桥的特点形成的、目前广泛采用的悬索桥。其特征是采用竖直吊索和流线型钢箱梁作为加劲梁(图2-67c)，一般采用钢筋混凝土桥塔。

为了有效地提高大跨度悬索桥结构的整体刚度和抗风稳定性，在悬索桥设

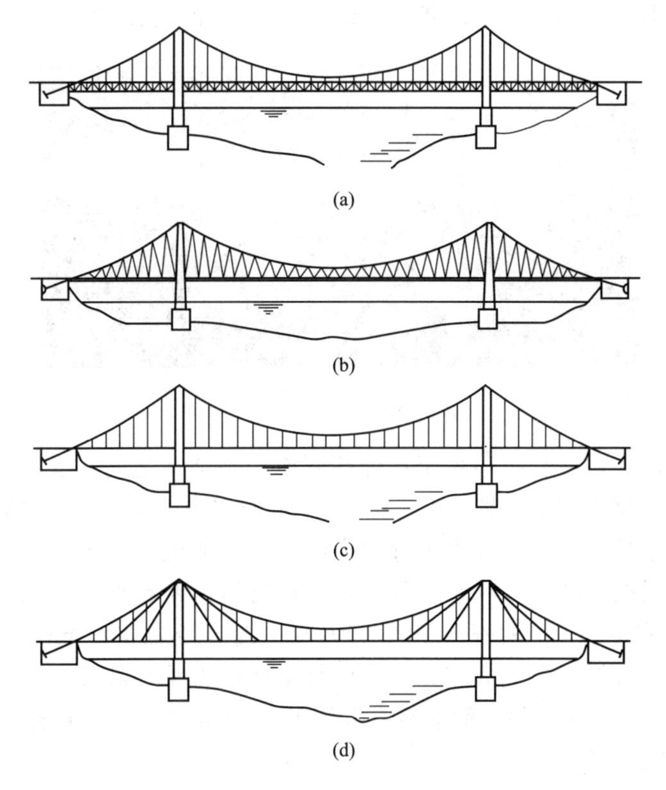

图 2-67　悬索桥的类型

(a)美国式悬索桥；(b)英国式悬索桥；(c)混合式悬索桥；(d)带斜拉索的悬索桥

计中除设置悬索体系外，还可考虑同时设置斜拉索，以适应大跨度悬索桥的变形控制和动力稳定性的要求，这就构成了带斜拉索的悬索桥图，如图 2-67(d)所示。

悬索桥按照其加劲梁的支承条件还可分为单跨铰支加劲梁悬索桥(图 2-68a)、三跨铰支加劲梁悬索桥(图 2-68b)和三跨连续加劲梁悬索桥(图 2-68c)。这些都是现代大跨度悬索桥经常采用的形式。

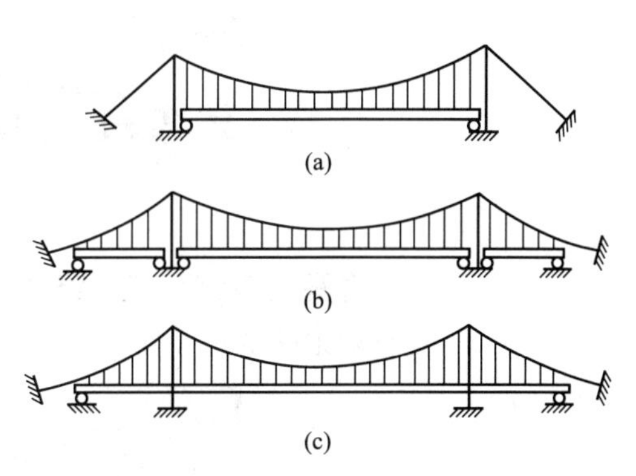

图 2-68　悬索桥的支承方式

明石海峡大桥(图 2-69)建于 1998 年，大桥坐落在日本神户市与淡路岛之间，全长 3911m，主桥设计跨度为 1990m，是世界上最大跨度的悬索桥。明石海峡大桥设计荷载可承受里氏 8.5 级地震，该桥在阪神地震中仅有微小损坏，由于地面运动两塔基础之间的距离增加了 80cm，桥塔顶倾斜了 10cm，使主跨增加了近 80cm，从而接近于 1991m，主缆垂度因此减少了 130cm。日本明石海峡大桥本桥桥面设有 6 车道，通航净空高为 65m。两座主桥墩海拔 297m，基础直径 80m，水中部分高 60m，钢桥塔高为 297m，是世界上最高的桥塔。采用钢桁式加劲梁。两条主钢缆每条约 4000m，直径 1.12m，由 290 根细钢缆组

成，重约5万t。大桥于1988年5月动工，1998年3月竣工。

图2-69　明石海峡大桥

江阴长江大桥(图2-70)位于江苏江阴市与靖江市之间，是我国首座跨径超千米的特大型钢箱梁悬索桥梁，也是20世纪“中国第一、世界第四”的大型钢箱梁悬索桥，是国家公路主骨架中同江至三亚国道主干线以及北京至上海国道主干线的跨江“咽喉”工程，是江苏省境内跨越长江南北的第二座大桥。大桥全长3071m，索塔高197m，两根主缆直径为0.870m，桥面按六车道高速公路标准设计，宽33.8m，设计行车速度为100km/h；桥下通航净高为50m，可满足5万t级轮船通航。大桥于1994年11月22日开工，1999年9月28日竣工通车。

图2-70　江阴长江大桥

青马大桥(图2-71)跨越马湾海峡，将青衣岛和马湾连接起来。青马大桥是香港道路的一个重要的部分，是香港国际机场与市区的唯一行车通道。青

图2-71　香港青马大桥

马大桥是一座公铁两用悬索桥，桥梁主跨 1377m，桥梁总长 2200m，桥塔高 131m，桥下通航净空高 62m，在青衣岛侧采用隧道式锚碇，在马湾侧采用重力式锚碇，加劲桁梁高 7.54m，高跨比 1/185，加劲梁采用双层式设计。大桥于 1992 年 5 月开始兴建，历时五年竣工，造价 71.44 亿港元，青马大桥创造了世界最长公铁两用悬索桥纪录。

2.5 地下工程与隧道工程

地球表面下是很厚的岩石圈层，岩层表面风化成土壤，形成厚度不同的土层。在岩层和土层中天然形成或人工开发形成的空间称为地下空间。隧道是修筑在地面下的通路或空间。1970 年经合组织(OECD)的隧道会议对隧道所下的定义为：以某种用途，在地面下用任何方法按规定形状和尺寸，修筑的横断面积大于 $2m^2$ 的洞室。隧道与地下空间的设计与施工涉及结构、防水排水、岩土、地质、地下水、空气动力、光学、消防、交通工程、自动控制、环境保护、工程机械等多学科的理论与技术，需要多学科进行联合研究与攻关。

20 世纪 80 年代国际隧道协会(ITA)提出“大力开发地下空间，开始人类新的穴居时代”的口号。许多国家更是将地下开发作为一种国策，如日本提出了向地下发展，将国土扩大十倍的设想。从某种意义上来讲，地下空间的利用历史是与人类文明史相对应的，它大致可以分为四个阶段。

第一阶段，从出现人类至公元前 3000 年的远古时期。人类原始穴居，天然洞窟成为人类防寒暑、避风雨、躲野兽的处所。

第二阶段，从公元前 3000 年至 5 世纪的古代时期。埃及的金字塔、古代巴比伦的引水隧道、我国秦汉时期的陵墓和地下粮仓等，均为这段时间地下工程建筑的典范。

第三阶段，从 5 世纪至 14 世纪的中世纪时代。世界范围内的矿石开采技术出现，推进了地下工程的进一步发展。

第四阶段，从 15 世纪开始至今的近代。欧美的产业革命，诺贝尔发明了黄色炸药，成为开发地下空间的有力武器。日本明治维新时代，隧道及铁路技术开始引进日本并得到大力发展。

现代地下工程发展迅速，各种典型工程成功建造。世界已有数百个城市修建了地下铁路。我国大瑶山铁路隧道，长 14295m，历时 6 年建成；日本青函隧道，长 53850m，从规划到建成，历时半个世纪；英法海峡隧道，长 50km，海底长度 37km，历时 7 年建成；日韩隧道，长 250km，采用分段施工方案，其调查斜井已于 1986 年底动工。著名的公路隧道，如穿越阿尔卑斯山、连接法国和意大利的勃朗峰隧道和连通日本群马县和新潟县的关越隧道，隧道长度均超过 10km。各类地下电站数量迅速增长，全世界已超过 400 座，其发电总量达 45 亿 W 以上。地下电站的建设是个十分庞大的地下工程。前苏联的罗戈水电站，土石方量 510 万 m^3，混凝土用量 160 万 m^3，开凿的隧

道、硐室294个，总长度达62km。世界各国修建了大量的地下贮藏室，其建造技术得到不断革新。目前城市地下空间的开发利用，已经成为城市建设的一项重要内容。一些工业发达国家，逐渐将地下商业街、地下停车场、地下铁道及地下管线等融为一体，成为多功能的地下综合体。

到2000年底，我国公路隧道已有1684座，总长有628km。其中有首座半横向通风自动化最高的深圳梧桐山隧道、板樟山隧道等一批城市公路隧道；有广州白云山双向三车道、大跨度、扁平率为0.6左右的隧道；有福州多连体四连拱象山隧道(宽35.4m高8.9m)；有近距离四连拱宽45.6m的科苑立交隧道；有应用最多、大跨(32～35m)双连拱，具有代表性的京珠高速公路五龙岭隧道；有首次采用竖井和纵向射流运营通风技术的中梁山隧道；有逆光照明不在洞口设光过渡段的猫狸岭隧道；有处于3800m高海拔、高寒(平均－7℃，最低达－35℃)地区施工的青海大坂山隧道；有处于高地应力区的川藏公路二郎山隧道；有穿越高浓度、高压力煤层的华蓥山隧道(长4705m)；有双向分离式四车道国内最长18.4km终南山隧道和长度大于6km即将开工的鹧鸪山隧道、泥巴山隧道、雪峰山隧道等。总之随着技术的不断发展和运营的需要，公路隧道趋势是隧道越修越长，隧道越修越宽、技术越来越难、越复杂。

2.5.1 地下工程

地下空间资源的开发与综合利用，为人类生存空间的扩展提供了一个方向。地下空间具有热稳定性和密闭性好、抗灾能力强、防护性能高等优点，具有良好的社会、经济与环境综合效益，是城市发展的必然选择。开发与利用地下空间的工程为地下工程。

地下工程有许多分类方法，如按使用功能、周围围岩介质、设计施工方法、建筑材料和断面构造形式分类；或按其重要程度、防护等级、抗震等级分类。按使用功能分类，可分为交通工程、市政管道工程、地下工业建筑、地下民用建筑、地下军事工程、地下仓储工程、地下娱乐体育设施等；按四周围岩介质分类，可分为软土地下工程、硬土(岩石)地下工程、海(河、湖)底或悬浮工程；按照地下工程所处围岩介质的覆盖层厚度，可分为深埋、浅埋、中埋等不同埋深工程；按施工方法分类，可分为浅埋明挖法地下工程、盖挖逆作法地下工程、矿山法隧道、盾构法隧道、顶管法隧道、沉管法隧道、沉井(箱)基础工程等；按结构形式分类，可分为附建式和单建式(图2-72)；按衬砌材料和构造分类，可分为砌体、混凝土；按现场浇筑施工方法及衬砌构造形式分类，可分为模筑式衬砌、离壁式衬砌、装配式衬砌、锚喷支护衬砌等。

2.5.1.1 地下工程设计

地下结构与地面结构虽然都是一种结构体系，但两者在环境、力学作用机理等方面存在比较大的差异。地下结构体系由地层和支护结构组成，一般承受来自地层本身产生的荷载，即地层压力或围岩压力。因此，地下结构的

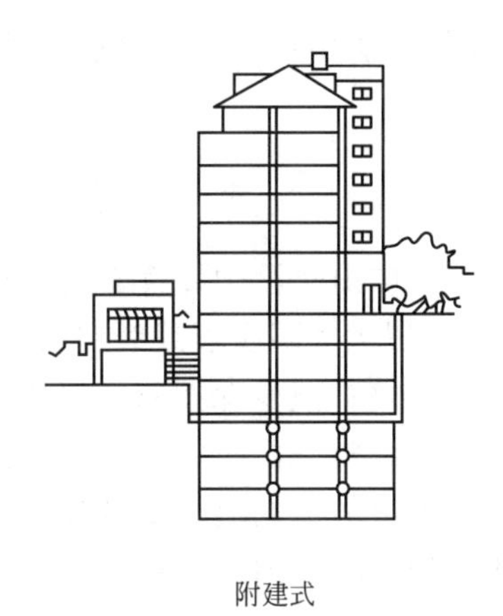

附建式

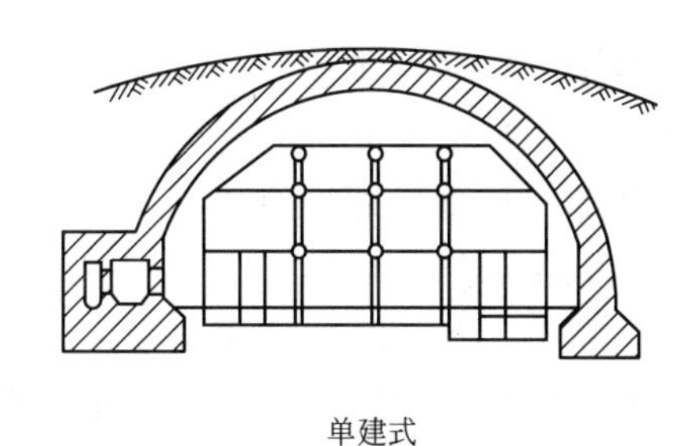

单建式

图 2-72　附建式和单建式地下建筑

稳定与其所处的环境密切相关。正确的勘测、设计和施工是确保地下工程安全的前提。

地下工程围岩是指地层中受开挖作用影响的那一部分岩体。从力学分析的角度看，围岩的边界应划在因开挖而引起的应力变化可以忽略不计的地方，或者说在围岩的边界上因开挖而产生的位移应该为零的地方，这个范围一般为洞径的 6～10 倍。围岩的强度与变形等工程性质，与岩体结构、岩石的物理力学特性、原始地应力和地下水条件有关。按照结构对岩体力学性质和围岩稳定性的影响，工程地质学将岩体划分为：整体结构、层状结构、碎裂结构和散体结构。地下工程围岩的破坏形态有：脆性破坏、块状运动、弯曲折断破坏、松动解脱、塑性变形和剪切破坏。常用的地下工程按照构造形式有拱形结构、圆形和矩形管状、框架结构、簿壳结构、异形结构等。

地下结构设计的目的是通过对结构本身和周围介质的全面考察，协调结构可靠与结构经济这一矛盾，合理选择结构的参数，达到安全、适用、耐久和经济等目的。地下结构的设计内容包括选择结构的轴线、内轮廓尺寸、结构尺寸、材料和构造等。

2.5.1.2　地下工程防水

地下工程是在岩土中修建的结构物，时刻受地下水的影响。在地下水的侵蚀和渗透作用下，工程不可避免地受到病害的影响，轻者影响地下结构使用功能，严重时会使结构整体破坏，造成巨大的经济损失和严重的社会影响。因此，地下工程的防水要求极为严格。

地下工程中常遇到的地下水有上层滞水、潜水、毛细管水和层间水。《地下工程防水技术规范》(GB 50108—2008)规定：地下工程的防水设计和施工应该遵循“防、排、截、堵相结合，刚柔相济，因地制宜，综合治理”的原则。“防”即要求地下工程结构具有一定的防水能力，能防止地下水渗入；“排”即地下工程应有排水设施并充分利用，以减少渗水压力和渗水量；“截”是指在地下工程的顶部有地表水或积水，应设置截、排水沟和采取消除积水的措施；“堵”是采用注浆、喷涂、嵌补、抹面等方法堵住渗水裂隙、孔隙、裂缝。

2.5.2　隧道工程

隧道工程在交通建设、水利建设、市政建设和矿山建设中发挥着重要的作用。在山岭地区道路和铁路工程中修建隧道，可以大大减少展线线路长度，缩短线路总长度；减少对植被的破坏，保护生态环境；减少深挖路堑，避免过多高架桥和挡土墙；减少线路受自然因素，如风、沙、雨、雪、塌方及冻害等的影响，延长线路使用寿命，减少阻碍行车的事故。在城市基础设施建设中修建隧道，可以减少交通占地，形成立体交通。在江河、海峡及港湾地区修建隧道可不影响水路通航。

隧道的种类繁多。按地质条件，可分为土质隧道和石质隧道；按埋深，可分为浅埋隧道和深埋隧道；按所处的位置，可分为山岭隧道、水底隧道和城市隧道；按用途，可分为交通隧道、水工隧道、市政隧道和矿山隧道；按长度，可分为特长隧道(长度大于10km)、长隧道(长度3～10km)、中长隧道(长度0.5～3km)和短隧道(长度小于500m)；按平面布置，可分为直线隧道和曲线隧道；按纵断面布置，可分为水平隧道和斜坡隧道等。

2.5.2.1　隧道工程设计

隧道属于地下工程结构，通常包括主体工程和附属工程两部分。前者包括洞身衬砌和洞门，后者包括通风、照明、防排水和安全设备等。由于地层内结构受力以及地质环境的复杂性，施工场地空间有限、光线暗、劳动条件差等，隧道衬砌的结构设计和施工与地上结构相比有很多特殊性和困难。

隧道最主要的特点是较地上结构更易受地质条件的影响，其影响贯穿规划、设计、施工、养护全寿命周期。所以获取准确的地质资料就成为设计的前提。从目前的地质勘察技术水平来看，做到地质资料完全准确比较困难。为了弥补预先提供资料的不充分、不准确的缺点，就需要在施工中根据实际地质情况做某些局部的变更，必要时甚至可做很大改变。设计中，线形、纵坡及净空断面之间有密切的关系，净空断面还直接受地质条件及施工方法的影响。

隧道工程的另一特点是受施工方法影响大，如钻爆法开挖能造成围岩的松动，先墙后拱法与先拱后墙法施工衬砌的构造不同等。

(1) 隧道的几何设计

隧道的几何设计的主要内容包括平面线形、纵断面线形、与平行隧道或其他结构物的间距、引线、隧道横断面设计等。几何设计的主要任务是确定隧道的空间位置。几何设计中要综合考虑地形、地质等工程因素和行车的安全因素。

图2-73是公路隧道限界示意图。各级公路隧道建筑限界基本宽度规定见表2-6所示。

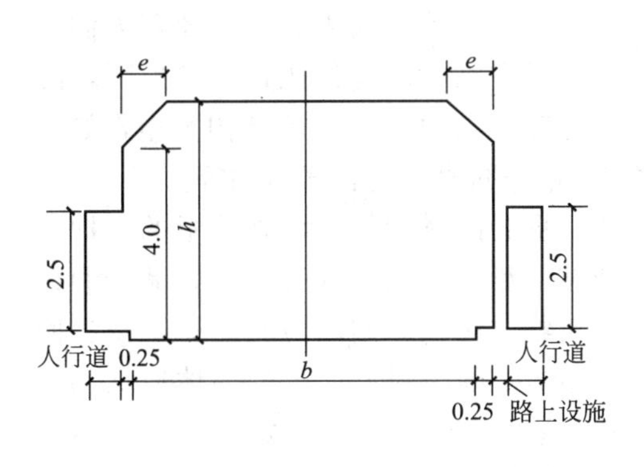

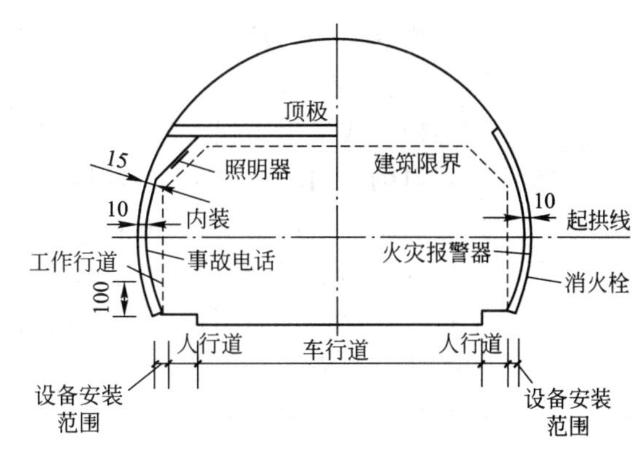

图 2-73　公路隧道限界示意图

公路隧道建筑限界横断面组成最小宽度　单位：m　　表 2-6

公路等级	设计速度(km/h)	车道宽度	侧向宽度 L		余宽 C	人行道 R	检修道 J		隧道建筑限界净宽		
			左侧 L_L	右侧 L_R			右侧	左侧	设检修道	设人行道	不设检修道人行道
高速公路 一级公路	120	3.75×2	0.75	1.25			0.75	0.75	11.0		
	100	3.75×2	0.50	1.00			0.75	0.75	10.50		
	80	3.75×2	0.50	0.75			0.75	0.75	10.25		
	60	3.50×2	0.50	0.75			0.75	0.75	9.75		
二级公路 三级公路 四级公路	80	3.50×2	0.75	0.75		1.00				11.0	
	60	3.50×2	0.50	0.50		1.00				10.0	
	40	3.50×2	0.25	0.25		0.75				9.00	
	30	3.25×2	0.25	0.25	0.25						7.50
	20	3.00×2	0.25	0.25	0.25						7.00

表 2-6 中各栏数值，除检修道外，都采用《公路工程技术标准》(JTGB 01—2003)有关条文规定。检修道的宽度是考虑小型检修工具车通行的需要。为了消除或减少隧道边墙给驾驶员带来与之冲撞的心理影响(墙效应)，保证一定车速的安全通行，应于行车道两侧设置一定宽度的路缘带、余宽或人行道，以满足侧向净空的需要。

(2) 隧道结构构造

隧道结构构造由主体构造物和附属构造物两大类组成。主体构造物是为了保持岩体的稳定和行车安全而修建的人工永久建筑物，通常有洞身衬砌和洞门构造物。洞身衬砌的平、纵、横断面的形状由道路隧道的几何设计确定，衬砌断面的轴线形状和厚度由衬砌计算决定。在山体坡面有发生崩坍和落石可能时，往往需要接长洞身或修筑明洞。洞门的构造形式由多方面的因素决定，如岩体的稳定性、通风方式、照明状况、地形地貌以及环境条件等。附属构造物是主体构造物以外的其他建筑物，是为了运营管理、维修养护、给水排水、供蓄发电、通风、照明、通信、安全等而修建的构造物。

山岭隧道的衬砌结构形式，主要根据隧道所处的地质、地形条件，考虑

其结构受力的合理性、施工方法和施工技术水平等因素来确定。随着人们对隧道工程实践经验的积累，对围岩压力和衬砌结构所起作用认识的发展，隧道结构形式发生了很大变化，出现各种适应不同地质条件的结构类型，如直墙式衬砌、曲墙式衬砌、喷混凝土衬砌、锚喷衬砌及复合式衬砌等。

洞门是隧道两端的外露部分，也是联系洞内衬砌与洞口外路堑的支护结构，其作用是保证洞口边坡的安全和仰坡的稳定，引离地表流水，减少洞口土石方开挖量。洞门也是标志隧道的建筑物，因此，洞门应与隧道规模、使用特性以及周围建筑物、地形条件等相协调。洞门附近的岩(土)体通常都比较破碎松软，易于失稳，形成崩塌。为了保护岩(土)体的稳定和使车辆不受崩塌、落石等威胁，确保行车安全，应该根据实际情况，选择合理的洞门形式。洞门是各类隧道的咽喉，在保障安全的同时，还应适当地进行洞门和环境的美化。

道路隧道在照明上有相当高的要求，为了处理好司机在通过隧道时的一系列视觉上的变化，有时考虑在入口一侧设置减光棚等减光构造物，对洞外环境作某些减光处理。这样洞门位置上就不再设置洞门建筑，而是用明洞和减光建筑将衬砌接长，直至减光建筑物的端部，构成新的入口。

当隧道埋深较浅，上覆岩(土)体较薄，难以采用暗挖法时，应采用明挖法来开挖隧道。用明挖法修筑的隧道结构，通常称明洞。明洞具有地面、地下建筑物的双重特点，既作为地面建筑物用以抵御边坡、仰坡的坍方、落石、滑坡、泥石流等危害，又作为地下建筑物用于在深路堑、浅埋地段不适宜暗挖隧道时，取代隧道的作用。

明洞的结构形式应根据地形、地质、经济、运营安全及施工难易等条件进行选择，采用最多的是拱式明洞和棚式明洞，具体见图2-74和图2-75。拱式明

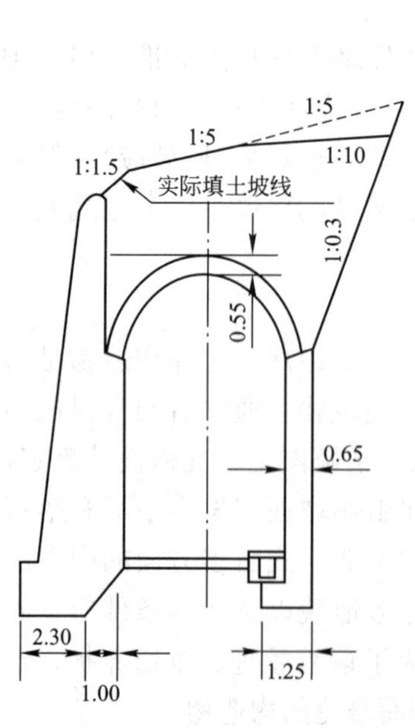

图2-74　拱式明洞示意图

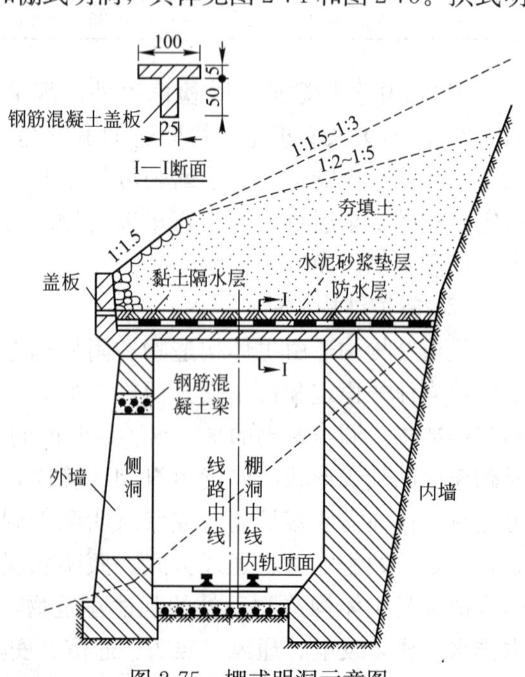

图2-75　棚式明洞示意图

洞由拱圈、边墙和仰拱(或铺底)组成，它的内轮廓与隧道相一致，但结构截面的厚度要比隧道大一些。有些傍山隧道，地形的自然横坡比较陡，外侧没有足够的场地设置外墙及基础以确保其稳定，这时可考虑采用另一种建筑物——棚式明洞。棚式明洞常见的结构形式有盖板式、刚架式和悬臂式三种。

(3) 附属设施

为了使隧道正常使用，除了上述主体建筑物外，还要修建一些附属设施，其中包括防排水设施、电力、通风以及通信设施等。当然，不同用途的隧道在附属设施上有一定的差异，如铁路隧道需要为保障洞内行人、维修人员及维修设备的安全在两侧边墙上交错均匀修建人员躲避和设备存放的洞室即避车洞。

为了保障行车安全，公路隧道内的环境，如亮度必须要保持在合适的水平上。因此，需要对墙面和顶棚进行合理的处理。通过内装改善隧道内的环境条件，增强能见度，吸收噪声等(图 2-76)。

图 2-76　公路隧道内部装修效果图

2.5.3　地下工程与隧道工程发展趋势

近 30 年来，中国经济高速发展，促进了城市化水平的迅速提高。我国人多地少，人均耕地占有面积只有世界平均水平的 1/4，城市不能无限制地蔓延扩张，只能着眼于走内涵式集约发展的道路。充分利用城市地下资源，建设各类地下工程是城市经济高速发展的客观需要。另外，设计与施工技术的发展也为其提供了充分的技术保障。

随着我国经济的持续发展，综合国力不断增强，高新技术不断发展，我国隧道发展前景非常广阔，同时隧道的发展也是我国国民经济发展、国家西部大开发战略、开边通海战略的迫切需要。在交通隧道方面，随着我国高速公路干线网的不断完善，特别是向我国西部多山地区的不断延伸，海南岛与陆地的跨海延伸，以及辽东半岛、胶东半岛之间的跨海连接，崇明岛与上海之间等长江沿线的地下连接都需要巨大的隧道工程来支撑，随着西部的开发，我国铁路隧道、公路隧道的单体长度及数量纪录，都将不断被刷新。在水电隧道方面，随着以世纪工程三峡水利水电工程等一大批大型、超大型水电工程项目的实施与完成，我国在深埋、长大隧道及大跨度地下厂房的设计与施工能力上，都已经或将要达到或接近世界先进水平，随着我国西部大开发的进行，雅鲁藏布江、金沙江等水力资源丰富的江河上梯级电站建设，我国水利水电隧道的建设也将进入一个全新的发展时期。

围绕着隧道及地下工程建设所形成的产业规模巨大，前景诱人。铁路和公路大建设的高潮已经到来，如 2020 年我国大陆铁路干线将达到 10 万 km，从现在起每年平均应新修铁路干线 2000km，而且有半数分布在中西部山岭重丘和高山地区，按照以往的隧道含量比例统计计算，平均每年应建隧道在

300km以上。国家公路建设也一直保持着较高的速度，这些年来平均新建等级公路在50000km，其中建成公路隧道每年也在150km左右。这个速度近期内不会放缓。城市轨道交通发展迅速，我国已有和正在修筑轨道交通的大城市近10个，正在规划和设计轨道交通的大城市有7个，在未来几十年内有修建城市轨道交通的愿望和打算的城市则更多，初步估计到2020年我国城市轨道交通将会达到2500～3000km，其中半数以上为地铁。正在不断推进和已部分实施的"南水北调"工程将会开创隧道及地下工程建设史上的新篇章，规划中的西线方案可能会有多条数十公里长的输水隧洞以及出现单座上百公里长的输水隧洞。加上其他水利电力开发、输送和储存油气、煤炭和矿山开采及市政工程，隧道及地下工程的规模非常可观，堪称世界第一。由此可见，我国快速持久的经济发展将会给隧道及地下工程建设事业带来空前的发展机遇。

2.6 水利水电工程

水利水电工程是重要的基础设施工程，在除害兴利、防灾减灾、保护环境、合理开发与利用资源等方面发挥着重要的作用。我国的水资源匮乏，但洪涝灾害频发，引起的经济损失巨大，因此发展水利水电具有重要的意义。

2.6.1 水利工程

水利工程(Hydraulic Engineering)是用于控制和调配自然界的地表水和地下水，为达到除害兴利目的而修建的各项工程的总称。

我国大小河流总长度约为42万km，流域面积在1000km^{2}以上的河流有1600多条，大小湖泊2000多个，年平均径流量为2.78万亿m^3，居世界第六位。由于我国人口众多，人均水资源量仅为世界人均水资源占有量的1/4，列世界第109位，是世界上水资源贫乏的国家之一。但是我国水能资源的蕴藏量居世界第一。我国有大中型水电站约2000座，其中百万千瓦级大型水电站约100座，25万kW以上中型水电站约200座。据1998年完成的全国第3次水能资源普查，包括台湾省在内，我国水能资源理论蕴藏量约为6.91亿kW，其中可开发的装机容量为3.83亿kW，均占世界首位。按流域(区域)统计的水能资源理论蕴藏量及可开发量见表2-7所示。

我国水能资源理论蕴藏量及可开发量　　表2-7

流域或区域	水能资源理论蕴藏量		可开发量			
	蕴藏量(万kW)	占全国比重(%)	装机容量(万kW)	占全国比重(%)	年发电量(亿kWh)	占全国比重(%)
长江	26801.8	38.8	19724.3	51.6	10275.0	53.1
黄河	4054.8	5.9	2800.4	7.3	1169.9	6.0
珠江	3348.4	4.8	2485.0	6.5	1124.8	5.8
海滦河	294.3	0.4	213.5	0.6	51.7	0.3

续表

流域或区域	水能资源理论蕴藏量		可开发量			
	蕴藏量（万 kW）	占全国比重（%）	装机容量（万 kW）	占全国比重（%）	年发电量（亿 kWh）	占全国比重（%）
淮河	114.9	0.2	66.0	0.2	18.9	0.1
东北诸河	1530.6	2.2	1307.8	3.6	439.4	2.3
东南沿海诸河	2066.8	3.0	1389.7	3.6	547.4	2.8
西南国际河流	9690.2	14.0	3768.4	9.8	2098.7	10.8
西藏诸河	15974.3	23.1	5038.2	13.2	2968.6	15.3
内陆及新疆诸河	3698.6	5.4	996.9	2.6	538.7	2.8
台湾诸河	1500.0	2.2	400.0	1.0	130.0	0.7
全国合计	69074.7	100.0	38190.2	100.0	19363.1	100.0

我国水资源在时间和空间上分布很不合理。径流量在汛期和枯水期相差较大，在汛期(一年中的7～9月)内可集中全年雨量的60%～80%，而枯水期雨量又很小，雨量的偏多或偏少往往造成洪涝或干旱等自然灾害。我国幅员辽阔，自然条件相差悬殊。东南沿海七省区(广东、广西、福建、海南、台湾、江苏、上海)年均水资源量占全国水资源量的25.2%，雨水充沛。而西北五省区年均水资源仅为全国年均水资源量的7.9%，地区内干旱少雨。因此，加强对水资源的合理开发、利用和保护，实现水资源的可持续发展，已成为我国经济和社会发展的战略问题。

水利工程的建设目的是控制和调整水资源在时间和空间上的分布，防止或减少洪涝灾害，为人们生活和工农业生产提供良好的环境和物质条件。水利工程原本是土木工程的一个分支，随着其自身的发展，现在已经成为一门相对独立的学科，但它与土木工程仍然有着千丝万缕的联系。水利工程包括：水力发电工程、防洪工程、治河工程、农田水利工程(排水灌溉工程)、内河航道工程、跨流域调水工程。

水利工程与其他工程相比，具有如下特点：

(1) 有很强的系统性和综合性。规划设计水利工程必须从全局出发，系统地、综合地进行分析研究，才能得到最为经济合理的优化方案。

(2) 对环境有很大影响。水利工程不仅通过其建设任务对所在地区的经济和社会发生影响，而且对江河、湖泊以及附近地区的自然面貌、生态环境、自然景观，甚至对区域气候，都将产生不同程度的影响。规划设计时必须对这种影响进行充分估计，努力发挥水利工程的积极作用，消除其负面影响。

(3) 工作条件复杂。水利工程中各种水工建筑物都是在难以确切把握的气象、水文、地质等自然条件下进行施工和运行的，它们又多承受水的推力、浮力、渗透力、冲刷力等的作用，工作条件较其他建筑物更为复杂。

(4) 水利工程的效益具有随机性，根据每年水文状况不同而效益不同，农

田水利工程还与气象条件的变化有密切联系，影响面广。水利工程规划是流域规划或地区水利规划的组成部分，而一项水利工程的兴建，对其周围地区的环境将产生很大的影响，既有兴利除害有利的一面，又有淹没、浸没、移民、迁建等不利的一面。为此，制定水利工程规划，必须从流域或地区的全局出发，统筹兼顾，以期减免不利影响，收到经济、社会和环境的最佳效果。

(5) 水利工程一般规模大，技术复杂，工期较长，投资多，兴建时必须按照基本建设程序和有关标准进行。

2.6.2 水电工程

我国水能资源理论蕴藏量为6.91亿kW，其中可开发量3.83亿kW，年发电量19363亿kW，居世界第一位。水电资源在我国能源结构中的地位非常重要，是我国现有能源中唯一可以大规模开发的可再生能源。

2.6.2.1 水电站开发方式和主要类型

水力发电除了需要流量之外，还需要集中落差(水头)。根据落差的方式不同，水电站可分为以下几种方式：坝式水电站、引水式水电站、抽水蓄能电站、潮汐电站。其中坝式和引水式是水电站最基本的开发方式。

(1) 坝式水电站

主要是用坝来集中落差。坝不仅可以集中落差，而且还可以利用坝所形成的水库，调节流量。坝式开发方式需要修建工程量庞大的水库。如图2-77所示的三峡水利枢纽工程就是这种形式。

图2-77 三峡水利枢纽

(2) 引水式水电站

引水式开发主要或全部是用引水道(明渠、隧洞、水管)来集中水头。但严格地从集中水头的方式来说，大多数水电站是混合式开发，即部分水头由坝集中，部分水头由引水道集中。

(3) 抽水蓄能电站

抽水蓄能电站可以说是一种特殊作用的水电站，它并不利用河流水能来发电，而仅仅是在时间上把能量重新分配，一般在后半夜当电力系统负荷处于低谷时，利用火电站，特别是原子能电站富裕(多余)的电能，以抽水蓄能的方式把能量蓄存在水库中，即机组以水泵方式运行，将水自下游抽入水库。在电力系统高峰负荷时将蓄存的水量进行发电，即机组以水轮机方式运行，将蓄存的水能转化为电能。由于能量转换有损耗，大体上用 4 度电抽水可发出 3 度电。

随着原子能电站的出现以及消费性负荷增多，抽水蓄能电站建造愈来愈多。近十几年来，中国抽水蓄能电站的迅速发展，2004 年底全国已建成投产的抽水蓄能电站 10 座，装机容量达到 570.1 万 kW(其中 60 万 kW 供香港)。

(4) 潮汐电站

潮汐电站是利用涨潮落潮时的潮位差(水头)将海洋潮汐的能量转换成电能的电站，是唯一实际应用的海洋能电站。在海湾或有潮汐的河口筑起水坝，形成水库。涨潮时水库蓄水，落潮时海洋水位降低，水库放水，以驱动水轮发电机组发电。

2.6.2.2 水电站建筑物

建设水电站主要是为了水力发电，但也考虑了其他国民经济部门的需要，如防洪、灌溉、航运等，以贯彻综合利用的原则，充分发挥水资源的作用。水电站建筑物的种类和作用很多，主要有：

(1) 挡水建筑物。一般为坝或闸，用以截断河流，集中落差，形成水库。

(2) 泄水建筑物。用来下泄多余的洪水或放水以降低水库水位，如溢洪道孔或泄水孔等。

(3) 水电站进水建筑物。又称进水口或取水口，是将水引入引水道的进口。

(4) 水电站引水建筑物。用来把水库的水引入水轮机。根据水电站地形、地质、水文气象等条件和水电站类型的不同，可以采用明渠、隧洞、管道。有时引水道中还包括沉砂池、渡槽、涵洞倒虹吸管和桥梁等交叉建筑物及将水流自水轮机泄向下游的尾水建筑物。

(5) 水电站平水建筑物。当水电站负荷变化时，用来平衡引水建筑物(引水道或尾水道)中的压力和流速的变化，如有压引水道中的调压室及无压引水道中的压力前池等。

(6) 发电、变电和配电建筑物。包括安装水轮发电机组及其控制设备的厂房，安装变压器的变压器场和安装高压开关的开关站。它们集中在一起，常称为厂房枢纽。

水电站建筑物的布置也有多种类型，主要有：河床式水电站建筑物的布置、坝后式水电站建筑物的布置、引水式水电站建筑物的布置和引水式地下水电站建筑物的布置。

2.6.3 防洪工程

洪水是一种自然现象，常造成江河沿岸河谷、冲积平原、河口三角洲和海岸地带的淹没。由于洪水现象的周期性和随机性特点以及自然环境的变化和人类活动的影响，这些地带被淹没的范围和时间既有一定的规律性，又有不固定性和偶然性。然而这些受洪水泛滥威胁的地带，大多仍可被人类开发利用，从而出现了防洪问题。

防洪包括防御洪水危害人类的对策、措施和方法。它是水利科学的一个分支，主要研究对象包括洪水自然规律，河道、洪泛区状况及其演变。防洪工作的基本内容可分为建设、管理、防汛和科学研究。

防洪工程，为控制、防御洪水以减免洪灾损失所修建的工程。按兴建目的主要有堤坝、河道整治工程、分洪工程和水库等。按功能可分为挡、泄(排)和蓄(滞)几类。

2.6.3.1 功能分类

(1) 挡，主要是运用工程措施"挡"住洪水对保护对象的侵袭。如用河堤、湖堤防御河、湖的洪水泛滥；用海堤和挡潮闸防御海潮；用围堤保护低洼地区不受洪水侵袭等。

(2) 泄(排)，主要是增加泄洪能力。常用的措施有修筑河堤、整治河道(如扩大河槽、裁弯取直)、开辟分洪道等，是平原地区河道较为广泛采用的措施。

(3) 蓄(滞)，主要作用是拦蓄(滞)调节洪水，削减洪峰，减轻下游防洪负担。如利用水库、分洪区(含改造利用湖、洼、淀等)工程等。

2.6.3.2 项目类型分类

一条河流或一个地区的防洪任务，通常由多种措施相结合构成的工程系统来承担。工程的布局是根据自然地理条件，洪水、泥砂特性，社会经济，洪灾情况，本着除害与兴利相结合，局部与整体统筹兼顾，蓄泄兼筹，综合治理等原则，统一规划。一般是在上中游干支流山谷区修建水库拦蓄洪水，调节径流；山丘地区广泛开展水土保持，蓄水保土，发展农林牧业，改善生态环境；在中下游平原地区，修筑堤防，整治河道，治理河口，并因地制宜修建分蓄(滞)洪工程，以达到减免洪灾的目的。

(1) 堤坝

堤坝是沿河、渠、湖、海岸边或行洪区、分洪区(蓄洪区)、围垦区边缘修筑的挡水建筑物。其作用为：防御洪水泛滥、保护居民田庐和各种建设；限制分洪区(蓄洪区)、行洪区的淹没范围；围垦洪泛区或海滩，增加土地开发利用的面积；抵挡风浪或抗御海潮；约束河道水流，控制流势，加大流速，以利于泄洪排砂。在河流水系较多地区，把沿干流修的堤称为干堤，沿支流修的堤称为支堤，形成围垸的堤称垸堤、圩堤或围堤，沿海岸修建的堤称海堤或海塘。

(2) 河道整治

按照河道演变规律，因势利导，调整、稳定河道主流位置，改善水流、泥砂运动和河床冲淤部位，以适应防洪、航运、供水、排水等国民经济建设要求的工程措施。河道整治包括控制和调整河势，裁弯取直，河道展宽和疏浚等。

(3) 分洪工程

分洪是当河道洪水位将超过保证水位或流量将超过安全泄量时，为保障保护区安全，而采取的分泄超额洪水的措施。分洪工程是牺牲局部、保存全局的措施。

分洪工程一般由进洪设施与分洪道、蓄滞洪区、避洪措施、泄洪排水设施等部分组成。以分洪道为主的亦称分洪道工程，在我国又称减河；以蓄滞洪区为主的亦称分洪区或蓄洪区工程。

(4) 水库

水库是用坝、堤、水闸、堰等工程，于山谷、河道或低洼地区形成的人工水域。水库的作用有防洪、水力发电、灌溉、航运、城镇供水、水产养殖、旅游、改善环境等。同时要防止水库的淤积、渗漏、塌岸、浸没、水质变化和对当地气候的影响。

2.6.4 水利水电发展前景展望

我国是一个干旱、缺水严重的国家。淡水资源总量为28000亿m^3，占全球水资源的6%；仅次于巴西、俄罗斯和加拿大，居世界第4位，但人均不足2200m^3，人均只有约2200m^3，仅为世界平均水平的1/4，为世界第109位，是全球13个人均水资源最贫乏的国家之一。全国有9个省、市、自治区的人均占水量仅为500m^3，全国约670个城市中，一半以上存在着不同程度的缺水现象，其中108个为严重缺水。2006年，我国万元GDP用水量为281m^3，是世界平均水平的2.4倍。目前我国在污水处理回用，海水、雨水利用方面还处于较低水平，粗放型的水资源利用方式存在严重的结构型、生产型和消费型浪费，用水效率不高，故而节水潜力巨大。计划至2020年我国将建立现代水资源管理体系，基本形成节水型社会格局，基本建成水资源合理配置和高效利用体系。全国万元GDP用水量降低到125m^3以下，比现状降低60%以上；全国万元工业增加值用水量降低到65m^3以下，比现状降低50%以上，水资源利用效率和效益将明显提高。新增供水保障能力795亿m^3，经济社会发展合理用水得到保障，城乡居民普遍享有安全清洁的饮用水，水环境和水生态状况将得到显著改善。

展望21世纪，水利水电开发前景良好。水资源的开发关键在水利水电的建设，但更要注意工程有效地运行和管理，以发挥防洪、灌溉、供水、发电等方面的综合效益。水资源和水能资源虽然可以循环再生，但有一定的限量，不能突破。同时，还可再发展各种新型能源(如风能、太阳能和潮汐能等)发电以及调水工程等，开创水利和水电可持续发展的新前景。

2.7 港口工程

改革开放以来，我国海运事业取得了长足的进展，并跨入世界航运大国的行列。海运事业的发展是建立在港口工程发展的基础上的，港口工程的发展在很大程度上影响和促进着海运事业的发展和壮大。

港口工程是兴建港口所需工程设施的总称，是供船舶安全进出和停泊的运输枢纽。原是土木工程的一个分支，随着港口科学技术的发展，已成为相

对独立的学科，但仍和土木工程有着密切的联系。

2.7.1　港口的分类

港口按照用途分，可分为商港、军港、渔港、工业港和避风港。

(1) 商港。商港是供客货运输用的港口，具有停靠船舶、上下客货、供应燃料和修理船舶等所需要的各种设施和条件，是水运运输的枢纽。如我国的上海港、大连港、天津港、广州港和湛江港等均属此类。商港的规模大小以吞吐量表示，吞吐量是指一个港口每年从水运转陆运和从陆运转水运的货物数量总和(以吨计)，它是港口工作的基本指标。

(2) 军港。军港专供海军舰艇使用，是海军基地的组成部分，通常有停泊、补给等设备和各种防御设施。

(3) 渔港。渔港供渔船停泊，卸下渔货物、鱼货保鲜、冷藏加工、修补渔网和渔船生产及进行补给修理的港口，是渔船队的基地、具有天然或人工的防浪设施，有码头作业线、装卸机械、加工和存储海产品的工厂、冷藏库和渔船修理厂等。

(4) 工业港。工业港是指为临近江、河、湖、海的大型工矿企业直接运输原材料及输出制成品而设置的港口。

(5) 避风港。避风港是供船舶躲避风浪用的，亦可取得补给，进行小修。

港口按所在位置分，可分为内河港、海岸港、河口港等。

(1) 内河港。内河港设置在天然河流、人工运河、湖泊或水库之内，是内河船舶停靠、装卸、编解队、补给及修理处所，亦简称河港。

(2) 海岸港。海岸港位置在海岸、海湾或沿岸泻湖之内，主要为海船服务。

(3) 河口港。河口港位置在河口或受潮汐影响的近口河段，可兼为河船、海船服务，与内地联系方便，天然掩护较好。

2.7.2　港口的组成

港口有水域和陆域两大部分。水域是供船舶航行、运转、锚泊和停泊装卸之用，要求有适当的深度和面积，水流平缓，水面稳静。陆域是供旅客上下船以及货物装卸、货物堆存和转载之用，要求有适当的高程、岸线长度和纵深，并有仓库、货场、铁路、公路、装卸设备和各种必要的附属设施。

(1) 水域。港口水域可分为港外水域和港内水域。港外水域包括进港航道和港外锚地。有的海港及河口港有天然深水进港航道，有的天然航道水深不足或有部分浅段，需进行疏浚和整治。有防波堤掩护的海港，在港口以外的航道称为港外航道。通向内河港口的航道，有的也需要人工改善。海港及河口港一般设有港外锚地，供船舶抛锚停泊，等待检查及引水。航道及锚地需用航标加以标志。港内水域包括港内航道、转头水域、港内锚地和码头前水域或港池。

（2）陆域。码头是停靠船舶、上下旅客和装卸货物的场所。码头前沿线是港口水域和陆域的交接线。港口设置仓库及货轮供货物在装船前或卸船后，短期存放。不怕日晒雨淋的货物，如矿石、煤炭、钢铁材料等，放在露天货场；在石油码头，建造油库。港口库场不准货物长期储存。当港口有大量货物用铁路运输时，可设置港口车站。来港的货物列车在港口车站进行解体和编组，再送往港内各分区车场。分区车场位于前沿作业区的后方，靠近码头和前方库场。送往不同码头、库场的车辆，在分区车场重新编组，然后根据需要，发往码头及前方库场装卸线。装卸完毕的车辆集中回分区车场，再送往港口车站编组。港内道路供运输车辆和流动装卸运输机械通行，一般布置成环形，并尽可能少与铁路线及装卸作业干扰。如有必要，可在作业区设置停车场。为了加快车船装卸，提高港口吞吐能力，降低运输成本，减轻工人体力劳动强度，港口有各种装卸及运输机械，包括起重机械、运输机械和库场、船舱机械等。

为了辅助港口生产工作，完成水陆联运任务，港口应设有各种辅助生产设备，如给水排水设备，供应船舶、消防、生产及生活用水，保证港口雨水、污水能迅速排除，不影响作业；输电系统、照明、通信及导航设备，解决电力、照明、通信及船舶安全进出问题，保证港口生产顺利进行；在作业区设办公室、候工室、流动机械库、工具库、机修车间等辅助生产设施；较大的港口应设置燃料供应站，供应来港船舶所需要的各种燃料；港口有不少辅助工作的船舶，如引水船、交通船、巡逻船、消防船、供水船、燃料供应船、拖轮、驳船等，需设置工作船基地；港口工程建筑物及设备需要经常维修，需设置工程维修基地；较大港口一般应设航修站，能对船舶进行临时性修理，并兼修港内作业船舶。

2.7.3 港口规划与布置

港口建设的步骤一般分为规划、设计、施工三个阶段。根据交通部《港口工程技术规范》及有关规定，在港口建设中要执行如下基本准则：

（1）港口建设必须符合国民经济发展的需要，应当与经济布局、城市规划和交通运输系统发展相适应。

（2）港口建设应统一规划、远近结合、合理布置，重视老港技术改造，充分发挥现有港口的作用。

（3）港口建设应贯彻节约用地方针，少占或不占良田。

（4）港口建设应因地制宜、就地取材，并应积极慎重地采用符合我国国情的新技术、新结构、新工艺、新材料、新设备。

（5）必须注意环境保护，防治污染。港口建设应与环境保护同步规划、同步实施、同步发展。

（6）港口建设必须认真贯彻节能方针，推广先进节能技术，节约能源合理利用能源，降低能耗。

（7）港口水工建筑物的等级主要根据港口政治、经济、国防等方面的重要

性和建筑物在港口中的作用，划分为三级：重要港口的主要建筑物，破坏后会造成重大损失者为Ⅰ级建筑物，Ⅱ级建筑物为重要港口的一般建筑物或一般港口的主要建筑物；Ⅲ级建筑物为小港中的建筑物或其他港口的附属建筑物。

2.7.4　我国港口工程的未来发展前景

港口从本质意义上来讲就是一个物流基地、物流中枢、物流节点，是物流企业的集群，主要从事进出口货物的集散。中国港口建设必须以发展为主导，以结构调整为主线，合理布局，加快建设步伐，最大限度地满足国民经济、社会发展以及国际航运发展对我国港口的要求。

2.8　海洋工程

海洋工程是指以开发、利用、保护、恢复海洋资源为目的，并且工程主体位于海岸线向海一侧的新建、改建、扩建工程。具体包括：围填海、海上堤坝工程，人工岛、海上和海底物资储藏设施、跨海桥梁、海底隧道工程，海底管道、海底电(光)缆工程，海洋矿产资源勘查开发及其附属设施工程，海上潮汐电站、波浪电站、温差电站等海洋能源开发利用工程，大型海水养殖场、人工鱼礁工程，盐田、海水淡化等海水综合利用工程，海上娱乐运动、景观开发工程以及国家海洋主管部门会同国务院环境保护主管部门规定的其他海洋工程。

2.8.1　海洋工程的分类

海洋工程可分为海岸工程、近海工程和深海工程三类。

(1) 海岸工程。海岸工程主要包括海岸防护工程、围海工程、海港工程、河口治理工程、海上疏浚工程、沿海渔业设施工程、环境保护设施工程等。

(2) 近海工程。近海工程主要指在大陆架较浅水域的海上平台、人工岛等的建设工程和在大陆架较深水域的建设工程，如浮船式平台、半潜式平台、自升式平台、石油和天然气勘探开采平台、浮式贮油库、浮式炼油厂、浮式飞机场等建设工程。

(3) 深海工程。深海工程包括无人深潜的潜水器和遥控的海底采矿设施等建设工程。

海洋工程始于为海岸带开发服务的海岸工程。地中海沿岸国家在公元前1000年已开始航海和筑港；中国早在公元前306～前200年就在沿海一带建设港口，东汉(公元25～220年)时开始在东南沿海兴建海岸防护工程；荷兰在中世纪初期也开始建造海堤，并进而围垦海涂，与海争地。长期以来，随着航海事业的发展和生产建设需要的增长，海岸工程得到了很大的发展，其内容主要包括海岸防护工程、围海工程、海港工程、河口治理工程、海上疏浚工程、沿海渔业工程、环境保护工程等。但“海岸工程”这个术语到20世纪50年代才首次出现。随着海洋工程水文学、海岸动力学和海岸动力地貌学以及其他有关学科的形成和发展，海岸工程学也逐步形成一门系统的技术学科。

从20世纪后半期开始，世界人口和经济迅速膨胀，对蛋白质、能源的需求量也急剧增加。随着开采大陆架海域的石油与天然气以及其他海洋资源开发和空间利用规模不断扩大，与之相适应的近海工程成为近30年来发展最迅速的工程之一。其主要标志是出现了钻探与开采石油(气)的海上平台，作业范围已由水深10m以内的近岸水域扩展到了水深300m的大陆架水域。海底采矿由近岸浅海向较深的海域发展，现已能在水深1000多米的海域钻井采油，在水深6000多米的大洋进行钻探，在水深4000m的洋底采集锰结核。海洋潜水技术发展也很快，已能进行饱和潜水，载人潜水器下潜深度可达10000m以上，还出现了进行潜水作业的海洋机器人。大陆架水域的近海工程(或称离岸工程)和深海水域的深海工程均已远远超出海岸工程的范围，所应用的基础科学和工程技术也超出了传统海岸工程学的范畴，从而形成了新型的海洋工程。

2.8.2 海洋工程主要结构形式

海洋工程的结构形式很多，常用的有重力式建筑物、透空式建筑物和浮式结构物。重力式建筑物适用于海岸带及近岸浅海水域，如海堤、护岸、码头、防波堤、人工岛等，以土、石、混凝土等材料筑成斜坡式、直墙式或混成式的结构。透空式建筑物适用于软土地基的浅海，也可用于水深较大的水域，如高桩码头、岛式码头、浅海海上平台等。其中海上平台以钢结构、钢筋混凝土结构等建成，可以是固定式的，也可以是活动式的。浮式结构物主要适用于水深较大的大陆架海域，如钻井船、浮船式平台、半潜式平台等，可以用作石油和天然气勘探开采平台、浮式贮油库和炼油厂、浮式电站、浮式飞机场、浮式海水淡化装置等。除上述3种类型外，近10多年来还发展了无人深潜水器，用于遥控海底采矿的生产系统等。

海洋环境复杂多变，海洋工程常要承受台风(飓风)、波浪、潮汐、海流、冰凌等的强烈作用，在浅海水域还要受复杂地形以及岸滩演变、泥砂运移的影响。温度、地震、辐射、电磁、腐蚀、生物附着等海洋环境因素，也对某些海洋工程有影响。因此，进行建筑物和结构物的外力分析时考虑各种动力因素的随机特性，在结构计算中考虑动态问题，在基础设计中考虑周期性的荷载作用和土壤的不定性，在材料选择上考虑经济耐用等，都是十分必要的。海洋工程耗资巨大，事故后果严重，对其安全程度进行严格论证和检验是必不可少的。

2.8.3 我国海洋工程的未来发展前景

在设计技术上开发快速方便的设计软件仍是设计技术研究的重点，工程

设计将逐步实现无纸化计算机系统设计。计算机技术将在海洋工程的各个方面普及应用，特别是工程在各种作用下的(环境、作用效应、灾变风险等)数值仿真分析技术，将逐渐成为工程设计、建造及运营过程中的主要科学依据。

随着科学技术的发展，施工机具技术水平的提高，海洋工程设施的机械化、自动化程度也将不断提高，特别是构件的组装化程度和组装规模将进一步提高。另外，深潜、超大型浮式结构物及深海工程技术，将成为海洋工程研究的重要方面。随着海洋资源的开发和海洋工程建设规模的不断扩大，伴生的海洋灾害也增多增强，因此对海洋灾害的预防和减灾理论、方法的研究将得到应有的重视，特别是受灾体脆弱性的动态检测和分析，以及受灾体动态失效概率的评估和预测将成为研究的热点，将为减轻海洋灾害制定合理对策提供依据。在海洋工程实施过程中，将以实现资源的可持续利用，对环境的不利影响控制在可容许的范围内，对区域资源实现综合优化开发，使社会、经济和环境都能得到持续发展，将是海洋开发的总目标。

2.9　给水排水工程

给水排水工程是用于水供给、废水排放和水质改善的工程。古代的给水排水工程只用于输送城市用水和排泄城市的降水和污水。现代的给水排水工程已成为控制水媒传染病流行和环境水污染的城市基本设施，是工业生产的命脉之一，它制约着城市和工业的发展。

2.9.1　给水工程

给水工程，是为满足城乡居民及工业生产等用水需要而建造的工程设施。它的任务是自水源取水，并将其净化到所要求的水质标准后，经输配水系统送往用户。给水工程包括城市给水和建筑给水两部分。前者解决城市区域供水问题，后者解决一栋具体的建筑物的供水问题。

2.9.1.1　城市给水

城市给水系统是供应城市居民生活用水、工业生产用水、市政(如绿化、街道洒水)和消防用水的设施，是取水、输水、水质处理和配水等设施以一定的方式组合成的总体。城市给水系统一般由取水工程、输水工程、水处理工程和配水管网工程四部分组成。城市给水设计的主要准则是：保证供应城市的需要水量；保证供水水质符合国家规定的卫生标准；保证不间断地供水，提供规定的服务水压和满足城市的消防要求。

每座城市的总体规划、地形、水源状况、供水范围及用户对水质、水量和水压的要求都不同，给水系统的总体布局也就有所不同，概括起来有以下几种。

(1) 统一给水系统

按照生活饮用水的水质标准，由同一套给水系统统一供给城市各类生活、生产、消防用水，此类给水系统为统一给水系统。绝大多数城市都采用这种布置方式。

（2）分质给水系统

城市各类工业用水因生产性质不同，对水质的要求也各不相同，特别是对用水量大、水质要求较城市生活饮用水标准低或特殊的工业用水，可单独设置给水系统，即分质给水系统。分质给水系统，既可以是同一水源，经过不同的处理，以不同的水质供应工业和生活用水；也可以是不同的水源，例如地表水经工业水处理构筑物进行简单沉淀后，供工业生产用水，地下水经加氯消毒供给生活用水等。

（3）分区给水系统

分区给水系统是将整个给水系统按水压高低分成几个区，而每区有单独的水泵和管网。分压给水系统适用于下述几种情况：一是城市各用水户或各工业用水户对水压的要求差别很大；二是城市给水区范围很大；三是城市给水区地形高差显著；四是水源距离给水区较远的远距离输水。

（4）区域给水系统

根据城市地形条件(江河、铁路、主要街道)、用户用水类型(工业、生活等)、现有水厂的供水能力等情况，将给水管网系统分为若干个区域，实现区域供水，这里的“分区”不同于一般概念上的管网并联或串联分区。为保证安全用水，各区域之间用应急管道连通。城市给水管网系统分成两个区，居民区和工业区各自取水就近布置输水管网。

区域给水系统的另外一种布置形式是统一从沿河城市的上游取水，经水质净化后，用输、配管道送给沿该河诸多城市使用。这种系统因水源免受城市排水污染，所以水源水质稳定，但开发需要较大投资。

2.9.1.2　建筑给水

建筑给水是为工业与民用建筑物内部和居住小区范围内生活设施和生产设备提供符合水质标准以及水量、水压和水温要求的生活、生产和消防用水的总称，包括对水的输送、净化等给水设施。

给水系统按用途可分为三类：生活给水系统、生产给水系统和消防给水系统。建筑给水的设计内容主要包括：用水量的估算、室内供水方式的选择、布管方式的选择、管径设计等。

建筑物的供水量由供水服务目的来确定。供水服务目的可分为三类：生活、生产和消防。三个目的可以通过一个室内供水系统满足，也可以按供水用途的不同和系统功能的差异分为：饮用水给水系统、杂用水给水系统(中水系统)、消火栓给水系统、自动喷水灭火系统和循环或重复使用的生产给水系统等。建筑内部的给水系统如图 2-78 所示。

给水方式指建筑内部给水系统的供水方案，主要有以下几种方式(不包括高层建筑)：直接给水方式、设水箱的给水方式、设水泵的给水方式、设水泵和水箱的给水方式、分区给水方式、分质给水方式等。

高层建筑的供水系统与一般建筑物的供水方式不同。高层建筑物层数多、

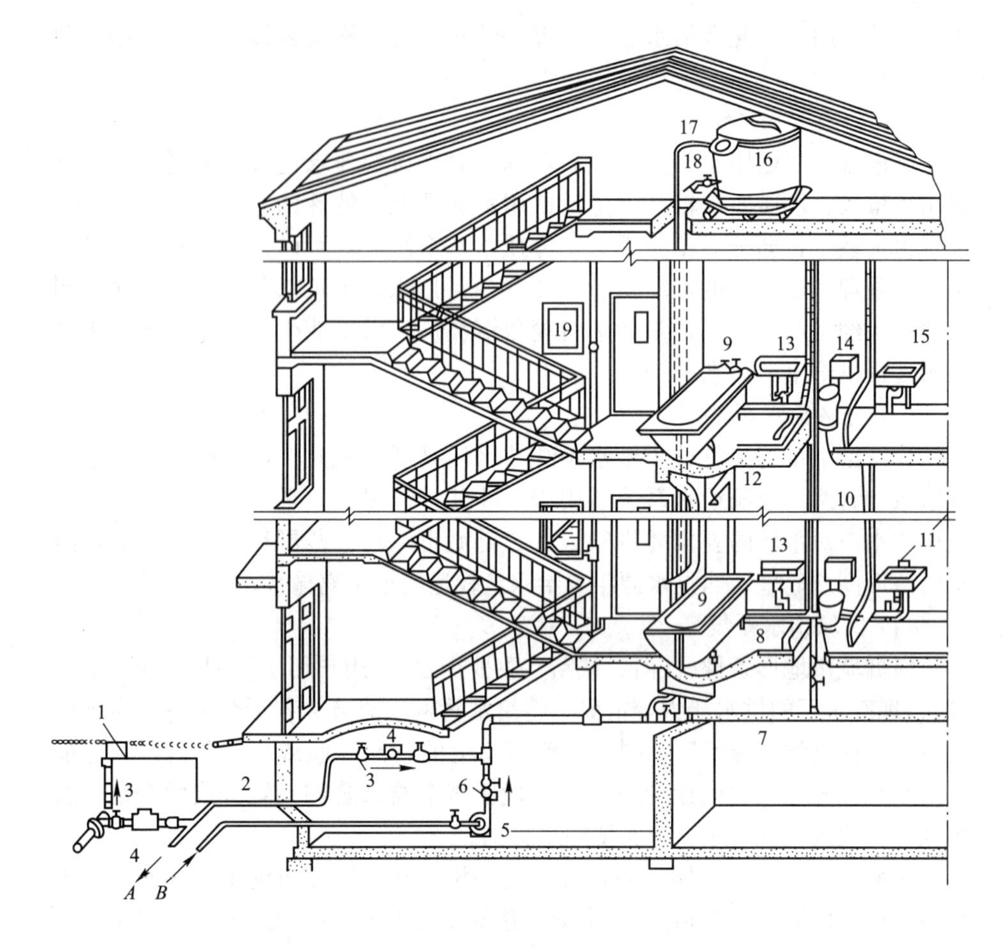

图 2-78　建筑内部给水系统

1—阀门井；2—引入管；3—闸阀；4—水表；5—水泵；6—逆止阀；7—干管；8—支管；9—浴盆；10—立管；11—水龙头；12—淋浴器；13—洗脸盆；14—大便器；15—洗涤盆；16—水箱；17—进水管；18—出水管；19—消火栓；A—入贮水池；B—来自贮水池

楼高，为避免低层管道中静水压力过大，造成管道漏水；启闭龙头、阀门时出现水锤现象，引起噪声；损坏管道、附件；低层放水时流量过大，水流喷溅，浪费水量和影响高层供水等弊病，高层建筑必须在垂直方向分成几个区，采用分区供水系统。

城市给水网的供水压力往往不能满足高层建筑的供水要求，需要另行加压。所以在高层建筑的底层或地下室要设置水泵房，用水泵将水送到建筑上部的水箱。

室内给水管道的布置应考虑建筑结构、用水要求、配水点和室外给水管道的位置以及其他设备工程管线位置等因素。室内给水管道的布置按供水可靠程度要求可分为枝状和环状两种形式，前者单向供水，供水安全可靠性差，但节省管材，造价低；后者管道相互连通，双向供水，安全可靠，但管线长，造价高。一般建筑内给水管网宜采用枝状布置。室内给水管道的敷设有明装、暗装两种形式。

2.9.2 排水工程

排水工程分城市排水和建筑排水。

2.9.2.1 城市排水

城市排水系统由收集(管渠)、处理(污水处理厂)和处置三方面的设施组成。通常所说的排水系统，往往狭义地指管渠系统，它由室内设备、街区(庭院和厂区)管渠系统和街道管渠系统组成。城市的面积较大时，常分区排水，每区设一个完整的排水系统。

(1) 城市排水管渠系统的组成

管渠系统满布整个排水区域，但形成系统的构筑物种类不多，主体是管道和渠道，管段之间由附属构筑物(检查井等)连接。

(2) 污水处理厂的组成

城市污水在排放前一般都先进入处理厂处理。处理厂由处理构筑物(主要是池式构筑物)和附设建筑物组成，常附有必要的道路系统、照明系统、给水系统、排水系统、供电系统、电讯系统和绿化场地。

(3) 城市排水系统的主要类型

城市的排水系统就像是人体的静脉系统，起到了回收城市污水和净化再生、保证城市水循环畅通的作用。城市排水系统在控制水污染和水生态环境保护中具有重要作用。城市污水包括生活污水、工业废水和雨水。这三类水的收集、处理和处置可以采用不同方式，从而构成不同的排水系统类型，一般分为合流制排水系统与分流制排水系统。

合流制排水系统又可分为简单合流系统和截流式合流系统。一个排水区只有一组排水管渠，接纳各种废水(混合起来的废水叫城市污水)。这是古老的自然形成的排水方式。

截流式合流系统对水体的污染仍较大，因此设置两个(在工厂中可以在两个以上)各自独立的管渠系统，分别收集需要处理的污水和不予处理、直接排放到水体的雨水，形成分流制系统，以进一步减轻水体的污染。

在一般情况下，分流管渠系统的造价高于合流管渠系统，后者约为前者的60%～80%。分流管渠系统的施工也比合流系统复杂。

如果城市环境卫生不佳，雨水流经路面、广场后的水质可能接近城市污水，直接排放，水体也将造成污染。若将分流系统的雨水系统仿照截流式合流系统，把它小流量截流到污水系统，则城市废水对水体的污染将降到最低程度。这就是半分流制系统的基本概念。也可以说它是一种特殊的分流系统——不完全分流系统。

2.9.2.2 建筑排水

建筑排水是工业与民用建筑物内部和居住小区范围内生活设施和生产设备排出的生活污水和工业废水以及雨水的总称。包括对它的收集输送、处理与回用以及排放等排水设施。建筑排水系统，是接纳输送居住小区范围内建筑物内外部排除的污废水及屋面、地面雨雪水的排水系统。包括建筑内部排水系统与居住小区排水系统两类。与市政排水系统相比，不仅其规模较小，大多数情况下无污水处理设施，直接接入市政排水系统。

(1) 建筑内部排水系统

建筑内部排水系统是将建筑内部人们在日常生活和工业生产中使用过的水收集起来，及时排到室外。按系统接纳的污废水类型不同，建筑内部排水系统可分为三类：生活排水系统、工业废水排水系统和屋面雨水排除系统。建筑内部排水体制也分为分流制和合流制两种，分别称为建筑分流排水和建筑合流排水。

建筑内部排水系统的组成应能满足以下三个基本要求，首先系统能迅速畅通地将污废水排到室外；其次，排水管道系统气压稳定，有毒有害气体不进入室内，保持室内环境卫生；最后，管线布置合理，简短顺直，工程造价低。为满足上述要求，建筑内部排水系统的基本组成部分为：卫生器具和生产设备的受水器、排水管道、清通设备和通气管道。

建筑排水管道的敷设形式有明装、暗装两类。除埋地管外，一般以明装为主，明装不但造价低，便于安装、维修，也利于清通。当建筑或工艺有特殊要求时可暗装在墙槽、管井、管沟或吊顶内，在墙槽、管井的适当部位应设检修门。

(2) 屋面排水系统

屋面排水系统用以排除屋面的雨水和冰、雪融化水。按管道敷设的不同情况，可分为外排水系统和内排水系统两类。

外排水系统的管道敷设在外，故室内无雨水管产生的漏、冒等隐患，且系统简单、施工方便、造价低，在设置条件具备时应优先采用。

内排水是指屋面设雨水斗，建筑物内部设有雨水管道的雨水排水系统。对于跨度大、特别长的多跨工业厂房，在屋面设天沟有困难的锯齿形或壳形屋面厂房及屋面有天窗的厂房应考虑采用内排水形式。对于建筑立面要求高的高层建筑，大屋面建筑及寒冷地区的建筑，在墙外设置雨水排水立管有困难时，也可考虑采用内排水形式。

(3) 居住小区排水系统

居住小区排水系统是汇集小区内各类建筑排放的污、废水和地面雨水，并将其输入城镇排水管网或经处理后直接排放。

1) 排水体制

居住小区排水体制与城市排水体制相同，分为分流制和合流制。采用哪种排水体制，主要取决于城市排水体制和环境保护要求。同时，也与居住小区是新区建设还是旧区改造以及建筑内部排水体制有关。新建小区一般应采用雨污分流制，以减少对水体和环境的污染。当居住小区设置化粪池时，为减小化粪池容积也应将污水和废水分流，生活污水进入化粪池，生活废水直接排入城市排水管网、水体或中水处理站。

2) 排水管道的布置与敷设

居住小区排水管道由接户管、支管、干管等组成，应根据小区总体规划、道路和建筑物布置、地形标高、污水、废水和雨水的去向等实际情况，按照管线短、埋深小、尽量自流排出的原则来布置。一般应沿道路或建筑物平行敷设，尽量减少与其他管线的交叉，如不可避免时，与其他管线的水平和垂直最小距离应符合有关规定。排水管道与建筑物基础间的最小水平净距亦应符合有关规定。

2.10　环境工程

环境工程是研究和从事防治环境污染和提高环境质量的科学技术。环境工程同生物学中的生态学、医学中的环境卫生学和环境医学以及环境物理学和环境化学有关。由于环境工程处在初创阶段，学科的领域还在发展，但其核心是环境污染源的治理。

美国土木工程师学会环境工程分会给出的环境工程的定义是，环境工程通过健全的工程理论与实践来解决环境卫生问题，主要包括：提供安全、可口和充足的公共给水；适当处理与循环使用废水和固体废物；建立城市和农村符合卫生要求的排水系统；控制水、土壤和空气污染，并消除这些问题对社会和环境所造成的影响。

2.10.1　环境工程学的发展简史

1854年，对发生在英国伦敦宽街的霍乱疫情进行周密调查后，推断成疫的原因是一个水井受到了患者粪便的污染(当时细菌学和传染病学还未建立，霍乱弧菌在1884年才发现)。从此，推行了饮用水的过滤和消毒，对降低霍乱、伤寒等水媒病的发生率取得了显著效果。于是卫生工程和公共卫生工程就从土木工程中逐步发展为新的学科，它包括给水和排水工程、垃圾处理、环境卫生、水分析等内容。

环境工程学是人类在解决环境污染问题的过程中逐步发展并形成的，它主要以土木工程、公共卫生工程及有关的工业技术等学科为其形成和发展的基础。土木工程是研究建筑、道路和桥梁等公用设施的规划、设计和营造的工程技术学科，而给水排水工程则是其重要的研究内容。事实上，给水排水工程是解决和防治水污染的重要技术措施和途径。我国早在公元前2000年就利用陶土管修筑下水道，在明朝以前就开始用明矾净水；约公元前6世纪，古罗马开始修建地下排水道；19世纪中叶，英国开始建造污水处理厂；20世纪初开始采用沿用至今的活性污泥法污水处理工艺。20世纪中叶以来，随着一系列环境污染公害事件在世界各地的相继发生并夺去成千上万人的生命，更使环境污染控制成为人们高度关心的问题，由此推动了环境工程学科的形成。此外，由于自产业革命以来，世界各地的污染问题由水体污染逐步向大气污染、固体废弃物污染及城市噪声公害污染等多方向发展，使环境工程所涉及的领域不断扩大，使之成为涉及土木工程技术、生物生态技术、化工技

术、机械工程、系统工程技术等一系列学科的综合性学科并日臻完善。

2.10.2 环境工程的主要研究内容

环境工程的主要内容为：

(1) 环境污染防治工程

主要研究环境污染防治的工程技术措施，并将其应用于污染的治理。它既包括利用单元操作和单元过程对局部污染的防治，也包括区域污染的综合防治。具体有：水污染防治工程、大气污染防治工程、固体废弃物污染防治工程、噪声与振动控制等内容。

水污染防治工程通过对城市和工业废水的处理来治理水体污染；通过合理的系统规划改善和保护水环境质量、合理利用水资源，其目标的实现与众多自然条件(如地理、气象、水文、土壤及资源等)、社会因素(如城市发展、经济建设和人口状况等)及国家的政策和法律法规等密切相关。其主要研究内容有：水体的自净规律及其利用、城市和工业废水治理的技术措施和水污染的综合防治等。

大气污染防治工程主要研究由人类消费活动中向大气排放的有害气态污染物的迁移转化规律，应用技术措施削减和去除各种污染物，其污染控制技术与一个国家或地区的能源使用结构和利用效率密切相关。大气污染控制工程的主要研究领域有：大气质量管理、烟尘治理技术、气体污染物治理技术及大气的综合防治(如酸雨)等。

固体废弃物污染防治主要研究工业废渣和城市垃圾等的减量化、资源化和处理处置的技术工艺措施，它与城市的发展水平及人们的消费观念密切相关。

噪声与振动控制工程主要研究声源控制及隔声消声等工程技术措施。

(2) 环境系统工程

以环境科学理论和环境工程的技术方法，综合运用系统论、控制论和信息论的理论以及现代管理的数学方法和计算机技术，对环境问题进行系统地分析、规划和管理，谋求从整体上解决环境问题、优化环境与经济发展的关系。它主要包括环境系统的模式化和优化两个内容。如土地资源的合理利用和规划问题、城市生态工程的规划问题等，都是环境系统工程研究的重要内容和对象。

(3) 环境质量评价

环境质量评价的目的是，对工程项目或某一地区的发展规划对环境所造成的现有和将来的潜在影响，从整体上进行评价，提出寻求保护和改善环境及自然资源的新途径和技术方法，并为规划的优化及环境保护措施的实施和管理提供科学的依据。环境质量评价包括对环境质量现状评价和工程建设项目对环境的影响评价两方面内容。

环境质量评价是一项比较新的工作，最早由美国提出并实施，其后瑞典、日本、澳大利亚和法国等也相继开展了这项工作。我国 1979 年颁布的《中华人民共和国环境保护法》也纳入了这项内容。环境工程是一门新兴的技术学科，其形成的历史不长，加之它是涉及许多领域的综合性学科，环境问题的性质又在不断地变化，因而其研究内容也将得到不断的充实和发展。

(4) 环境工程的其他内容

环境工程的经济问题也是各国普遍重视的问题。20世纪60年代以来，用于环境保护的费用不断增加。据20世纪70年代统计，环保费用占到国民生产总值的1.2%，但有些工程项目，环境工程的投资占到基建投资的10%～20%，甚至更多。因此从技术经济的观点研究环境污染造成的影响，选择效果最好而费用最低的控制措施，成为环境工程的重要内容。

2.10.3 环境工程与土木工程

土木工程与环境工程密切相关、互相影响、互相作用。环境工程在土木工程的基础上逐步发展、完善，内容不断丰富，不断解决人类生存与发展遇到的各种问题。很多环境工程与设施本身就是土木工程。土木工程不仅为环境工程问题的解决提供方法，改善环境、实现可持续发展也是土木工程的重要任务与必然要求。随着社会的快速发展，城市化进程的不断加快，社会财富的不断积累，人类活动范围的不断扩大，人类对自然生态影响的不断增加，土木工程应更加重视解决环境问题，最大限度地降低对环境的破坏。土木工程师应具有高度的环境理念，从工程材料、工程技术及环境生态等多方面综合考虑建造各类土木工程，从根本上实现低碳与可持续发展，使更多的土木工程成为绿色土木工程。

2.11 土力学基础工程

任何土木工程都不能建成空中楼阁，都必须建在大地上，即使海洋工程，也需要将其结构植根于海底。因此工程地质、岩土工程、基础工程的有关理论是土木工程专业知识体系的重要组成部分。学习和掌握这方面的知识，对从事土木工程专业的工作十分重要。尽管土木工程不同专业领域的工程其上部结构都有各自的特点，但无论是建筑工程、桥梁工程、道路工程，还是水利、港口工程都要遇到工程地质、岩土工程问题，都要进行基础工程的设计与施工。

土木工程建在大地上，支撑上部结构、且一般有一定埋深的结构称为基础，与基础接触部分的岩土称为地基。从传力路径来说，上部结构的荷载要传递给基础、基础将荷载传递给地基。基础和地基就是工程的“根基”。因此基础设计非常重要，可靠的地基基础，是任何工程安全工作的前提。

工程建设必然遇到两个问题，一是对地表进行开挖，即开挖基坑或基槽，或进行场地的挖、填、平整等；二是要对地基进行处理并设计基础。前者属于岩土工程的问题，后者属于地基基础工程的问题。岩土工程所涉及的面更广，地基基础工程所涉及的面稍窄。解决岩土工程和地基基础问题，不仅要认识和掌握工程地质的知识和理论，还要掌握土力学的理论。在岩土工程、

基础工程中，工程地质是基础，其涉及的内容十分宽广，如水文地质、土质学、区域工程地质、工程地质勘察等。

2.11.1　工程地质

人类所进行的工程建设活动都是在地壳表层进行的。这一表层主要是由岩石和土组成的。岩石和土的形成、构造、分层、组成、性质及其水文情况不同，其物理力学性质也会不同，而且十分复杂，具有显著的多变性和区域性的特点。在工程建设中，如果不了解工程地质条件和工程地质环境，就无法进行开挖等岩土工程活动，也不能进行基础工程的设计与施工。

工程地质主要研究地形地貌的形成及其特点，地质年代与岩土的性质，矿物、岩石及土的种类及形成，地震地质、岩土工程性质、地下水、地质灾害、环境地质等。对岩土工程及基础工程而言，主要是要了解工程地质的形成、岩土工程性质、不良地质条件、地下水及其对岩土工程性质的影响等。

地球表面的地形、地貌及岩土的成分、分布、厚度及工程特性，取决于地质作用。地质作用有两种主要类型：

(1) 内力地质作用。由地球自转旋转能产生，表现为岩浆活动、地壳运动和变质作用。

(2) 外力地质作用。由太阳辐射能和地球重力势能引起，如季节和昼夜温度变化、雨雪、山洪、河流、冰川、风及生物对母岩产生的风化、剥蚀、搬运与沉积作用。

错综复杂的地质作用，形成了各种成因的地形，称为地貌。地表形态按其不同的成因，划分为相应的地貌单元。

除地质作用外，土与岩石的工程性质还与地质年代有关，生成年代越早，其工程性质越好。根据地层对比和古生物学方法，把地质相对年代划分为五大代，下分纪、世、期，相应的地层单元为界、系、统、层。

工程地质中所指的岩石，按成因分可分为岩浆岩(火成岩)、沉积岩(水成岩)和变质岩；岩石按坚固性分为硬质岩石和软质岩石两类；按风化程度分为未风化、微风化、中等风化和强风化四类。

工程地质中所指的土，是地表岩石经物理力学风化、剥蚀成岩屑、黏土矿物及化学溶解物质，再经搬运、沉积而形成的沉积物，年代不长、未经压密硬结成岩石之前，呈松散状态，称为第四纪沉积层，即“土”。它分为残积层、坡积层、洪积层、冲积层、海相沉积层和湖沼沉积层。

一些不良的地质条件，如断层、岩层节理发育的场地、滑坡等常常导致工程事故，工程中要特别注意这些不良地质条件的勘察，工程建设中应尽量避开这些不利的场地，或要采取可靠的工程技术措施，消除不良地质条件对工程带来的威胁。

地下水不仅对岩土的工程性质有较大影响，而且对岩土的开挖、基础的埋深、施工排水、地下室防水、地下室上浮等都有重要影响，工程建设中必须对地下水对工程的影响予以足够的重视。地下水水位变化还有可能引起地上建筑的不均匀沉降、地表的沉陷等；地下水中的侵蚀性介质还会对基础造成损害。

要了解和掌握工程建设场地的工程地质情况，必须对场地的地质情况进行勘探。工程地质勘探的目的是根据工程建设的要求，查明、分析、评价场地的地质、环境特征和岩土工程条件。在工程建设的前期，做好工程勘察、编制勘察文件，是工程建设中的重要工作，对进行工程项目的可行分析，确定设计与施工应采取的技术方案与主要技术措施等，都具有重要意义。

2.11.2 土力学

顾名思义，土力学就是有关土的力学。主要研究土的物理性质与工程分类，土的压缩性、土的抗剪强度、土压力等。工程坐落于地基之上，如何分析判断其是否稳定，如何保证其稳定性，如何分析设计基础，都必须依靠土力学的有关理论来回答。

从古代社会人类开始建设居舍开始，就不断积累有关土力学与基础工程方面的经验与知识。古今中外留下的大量工程，历经几百年，有的甚至几千年，至今仍然屹立，变形和沉降都非常微小，说明材料生产、基础工程与上部结构同时得到了发展。但直到18世纪工业革命后，随着城市建设、水利工程和道路桥梁的大量建设，才真正推动了土力学的发展，使其成为一门完整的科学，为基础工程的设计与施工奠定了基础。

分析设计基础，一是要知道土的种类、组成及工程性质；二是要掌握土的压缩性及其沉降计算方法，因为要保证基础的稳定，其基本要求是保证沉降足够小。土的压缩性及沉降计算方法，为基础的沉降计算提供了理论依据与计算方法；三是要掌握地基承载能力计算方法。基础将荷载传递给地基，地基能否承受？基础需要多大？要用地基的承载能力理论来分析解决。地基承载能力理论的基础是土的抗剪强度理论。与混凝土、钢材等结构材料相比，由于土的性质及荷载作用于地基的方式不同，决定地基承载能力的主要因素是土的抗剪强度；四是要掌握土压力理论，在工程建设中可能遇到大量的基坑开挖、边坡工程等方面的问题，要设计各类挡土墙、支护桩，分析计算边坡的稳定性，这时必须应用土压力理论来解决。用水桶盛水，我们会计算水对桶壁的压力，那么把桶中装满砂子或黏土，这时土压力如何分析计算？土力学就是解决这方面问题的学科。

2.11.3 基础工程

基础工程的内容包括基础设计、基础处理等。基础设计中，首先应根据工程勘探报告提供的工程地质情况、土层承载能力及基础设计建议，确定基础类型。工程中常用的基础类型很多，主要有天然地基上的浅基础、桩基础与深基础。天然地基上的浅基础主要有无筋扩展基础、扩展基础、柱下独立基础、十字交叉基础、筏板基础和箱形基础等。桩基础的类型很多，根据受力形式分，可分为端承桩、摩擦桩、端承摩擦桩；根据材料可分为混凝土桩、

钢板桩、木桩等；根据施工方法可分为预制桩、灌注桩、人工挖孔桩等。桩基础是工程中最常用的基础形式。在高层建筑结构中，由于上部荷载较大，桩基础的技术性和经济性都比较好。深基础包括沉井基础、地下连续墙、群桩基础、箱桩基础等，在桥梁工程、水利工程、港口工程中经常会遇到深基础。

基础形式的选择主要与两个因素有关，一是工程上部结构的形式、规模、用途、荷载大小与性质、整体刚度以及对不均匀沉降的敏感性等；二是场地的工程地质条件、岩土工程性质、地下水位及性质等。基础选型应作到科学合理、安全可靠、因地制宜。基础材料一般为砌体、钢筋混凝土或钢。钢筋混凝土是最常用的材料，在多层建筑、小的桥涵中也用砌体，桩基中可用钢板或钢管桩。基础选型后才能进行具体的基础设计，确定基础的截面尺寸、配筋等。

工程场地的岩土工程性质差别很大，经常会遇到软弱地基、不良地基、液化地基等问题。为提高地基的承载力及稳定性、减小地基沉降变形和不均匀变形、防止地震时的地基液化，常常需要对地基进行处理。地基处理的方法很多，实际工程中应根据岩土的工程性质、工程特点及要求，选择合理的方案。软弱土地基的处理方法，通常有压实法、换填法、强夯法、挤密法、固结法等。

2.11.4 边坡工程

土木工程中还会经常遇到边坡工程的问题。边坡分两类，一是自然边坡，二是人工边坡。所谓自然边坡，就是地壳隆起和下陷形成的边坡；人工边坡就是人类工程活动形成的边坡，如开挖基坑、修筑道路等形成的开方边坡或构筑边坡。边坡在重力作用、雨水冲刷或上部荷载的作用下，很容易失去稳定，产生滑坡。大面积的滑坡不仅会影响周围建筑及其他工程的安全、影响交通和人类的活动，而且还可能带来大量人员伤亡，形成地质灾害。因此在工程建设中，边坡的稳定分析、防治技术、边坡监测及灾害预防等都十分重要，是土木工程专业工程技术人员应了解和掌握的重要专业知识。

2.12 土木工程项目规划、设计、施工及运营概述

以上各节主要讲述了土木工程各领域及其相关领域的对象及其内容。在建筑工程部分还简单地介绍了项目建设的一些基本程序。为了帮助读者更好地了解土木工程建设的主要内容及程序，本节简要介绍土木工程项目规划、设计、施工及运营的基本知识，以便读者能结合具体工程领域的工程对象，系统而整体地了解和掌握土木工程规划、设计、施工及运营所涉及的技术、管理、经济、法律方面的内容。

2.12.1 项目立项与建设基本程序

项目立项程序，就是向建设项目所在地发改委呈报项目建议书或项目可

行性研究报告，取得发改委同意立项和行政审批文件的过程。

建设程序是指建设项目从设想、选择、评估、决策、设计、施工到竣工验收、投入生产整个建设过程中，各项工作必须遵循的先后次序的法则。按照建设项目发展的内在联系和发展过程，建设程序分成若干阶段，这些发展阶段有严格的先后次序，不能任意颠倒、违反它的发展规律。它反映基本建设工作的内在联系，是从事基本建设工作的部门和人员都必须遵守的行动准则。

在我国按现行规定，基本建设项目从建设前期工作到建设、投产一般要经历以下几个阶段的工作程序：

(1) 根据国民经济和社会发展长远规划，结合行业和地区发展规划的要求，提出项目建议书；

(2) 在勘察、试验、调查研究及详细技术经济论证的基础上编制可行性研究报告；

(3) 根据项目的咨询评估情况，对建设项目进行决策；

(4) 根据可行性研究报告编制设计文件；

(5) 初步设计经批准后，做好施工前的各项准备工作；

(6) 组织施工，并根据工程进度，做好生产准备；

(7) 项目按批准的设计内容建成并经竣工验收合格后，正式投产，交付生产使用；

(8) 项目全部建成后的一定时间，对项目评审决策、项目建设实施和生产经营状况进行总结评价，即后评估。

以上程序可由项目审批主管部门视项目建设条件、投资规模作适当合并。

一般大中型和限额以上的项目从建设前期工作到建设、投产要经历的步骤主要有：前期工作阶段，主要包括项目建议书、可行性研究、设计工作；建设实施阶段，主要包括施工准备、建设实施；竣工验收阶段和后评价阶段。这几个大的阶段中每一阶段都包含着许多环节和内容，如图 2-79 所示。

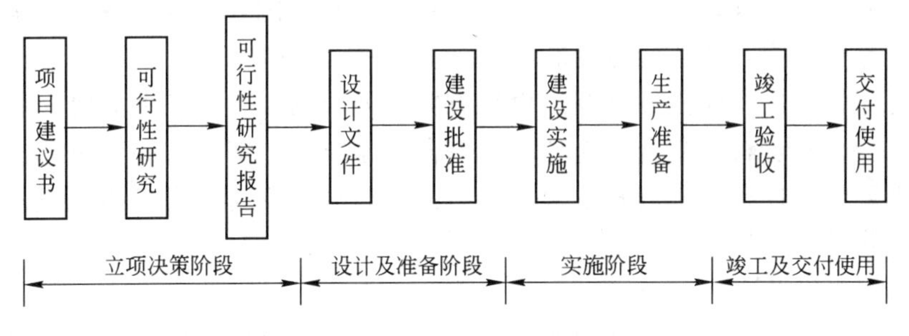

图 2-79　建设程序简图

1. 立项决策阶段

项目建议书是由项目法人单位编制的建设某一项目的建议性文件，主要说明拟建项目建设的必要性、条件的可行性、获利的可能性，并以分析必要性为主，对拟建项目提出一个轮廓设想。

项目建议书的内容，视项目的不同情况有繁有简，一般包括以下几个方面：建设项目提出的必要性和依据；产品方案、市场前景、拟建规模和建设地点的初步设想；资源情况、建设条件、协作关系等的分析；投资估算和资金筹措设想；项目经济效益和社会效益的估计。

可行性研究是在项目建议书批准后进行的一项重要的分析和论证工作，可为投资决策作准备，是对拟建项目经详细调查、周密研究、进行技术经济分析、方案比较，提出评价意见。

随着技术更新速度的加快，市场竞争激烈，建设项目规模越来越大，投资金额越来越多，为了避免投资方向失误，减少风险，可行性研究普遍受到重视。所以，可行性研究是工程项目建设过程中的一个极其重要的环节。

可行性研究是项目前期工作的最重要的内容，它从项目建设和生产经营的全过程考察分析项目的可行性，其目的是回答项目是否必要建设、是否可能建设和如何进行建设的问题，其结论为投资者的最终决策提供直接的依据。因此，凡大中型项目以及国家有要求的项目，都要进行可行性研究，其他项目有条件的也要进行可行性研究。

2. 设计阶段

设计阶段是工程建设的重要阶段，是确定项目质量目标和水平及投资额的关键阶段，直接影响工程建设的进度、质量和投资，因此，必须进行设计工作的组织、管理和控制。

工程项目的设计一般分为方案设计、初步设计、技术设计和施工图设计几个阶段。对于简单的工程，方案设计和初步设计可合并，技术设计的内容也比较简单。如果初步设计提出的总概算超过可行性研究报告总投资的10%以上或其他主要指标需要变更时，应说明原因和计算依据，并重新向原审批单位报批可行性研究报告。

(1) 方案设计

设计者在对建筑物主要内容有了大概的布局设想之后，首先要考虑和处理建筑物与城市规划的关系，其中包括建筑物和周围环境的关系、建筑物和城市交通或城市其他功能的关系等。

方案设计的主要任务是提出设计方案，即根据设计任务书的要求和收集到的必要基础资料，结合当地环境，综合考虑技术经济条件和建筑艺术的要求，对建筑总体布置、空间组合进行可能与合理的安排，提出两个或多个方案供建设单位选择。

(2) 初步设计

初步设计一般包括设计说明书、设计图纸、主要设备材料表和工程概算等四部分。

初步设计是设计过程中的一个关键阶段，也是整个设计构思基本成型的阶段。初步设计中首要考虑建筑物内部各种使用功能的合理布置，同时还要考虑建筑物各部分的交通联系，使交通面积少而有效，避免交叉混杂，又要使交通简捷，导向性强。

具体的图纸和文件有设计总说明、建筑总平面图、各层平面图、剖面图、立面图、工程概算书，大型民用建筑及其他重要工程，必要时可绘制透视图、鸟瞰图或制作模型。

(3) 技术设计阶段

技术设计是在初步设计的基础上，进一步确定房屋各工种和工种之间的技术问题。技术设计的内容为各工种相互提供资料、提出要求，并共同研究和协调编制拟建工程各工种的图纸和说明书，为各工种编制施工图打下基础。

对于不太复杂的工程，技术设计阶段可以省略，把这个阶段的一部分工作纳入初步设计阶段，称为"扩大初步设计"；另一部分工作在施工图设计中进行。

(4) 施工图设计阶段

施工图设计的主要任务是满足施工要求，即在初步设计或技术设计的基础上，综合建筑、结构、设备各工种，相互交底、核实核对，深入了解材料供应、施工技术、设备等条件，把满足工程施工的各项具体要求反映在图纸中，做到整套图纸齐全统一，明确无误。

施工图设计的内容包括：确定全部工程尺寸和用料，绘制建筑、结构、设备等全部施工图纸，编制工程说明书、结构计算书和预算书。

施工图设计的图纸和文件有：建筑总平面图、建筑物各层平面图、立面图、剖面图、建筑构造详图、各工种相应配套的施工图纸、结构和设备计算书、工程预算书。

3. 建设实施阶段

(1) 施工准备

施工准备指项目在开工之前要切实做好的各项准备工作。主要内容包括：征地、拆迁和场地平整；完成施工用水、电、路等工程；组织设备、材料订货；准备必要的施工图纸；组织招标投标(包括监理、施工、设备采购、设备安装等方面的招标投标)并择优选择施工单位，签订施工合同。

施工准备工作的基本任务是为拟建工程的施工建立必要的技术和物质条件，统筹安排施工力量和施工现场。施工准备工作也是施工企业搞好目标管理，推行技术经济承包的重要依据。同时，施工准备工作还是土建施工和设备安装顺利进行的根本保证。因此，认真做好施工准备工作，对于发挥企业优势、合理供应资源、加快施工进度、提高工程质量、降低工程成本、增加企业经济效益、实现企业管理现代化等具有重要意义。

工程项目施工准备工作按其性质及内容通常包括技术准备、物资准备、劳动组织准备、施工现场准备和施工场外准备。

(2) 建设实施

开工许可审批之后即进入项目建设施工阶段。开工之日按统计部门规定，是指建设项目设计文件中规定的任何一项永久性工程(无论生产性或非生产性)第一次正式破土开槽开始施工的日期。公路、水库等需要进行大量土、石方工程的，以开始进行土方、石方工程作为正式开工日期。

国家基本建设计划使用的投资额指标，是以货币形式表现的基本建设工作，是反映一定时期内基本建设规模的综合性指标。年度基本建设投资额是建设项目当年实际完成的工作量，包括用当年资金完成的工作量和动用库存的材料、设备等内部资源完成的工作量；而财务拨款是当年基本建设项目实际货币支出。投资额是以构成工程实体为准，财务拨款是以资金拨付为准。

建设实施阶段项目法人按照批准的建设(设计)文件，组织工程建设，保证项目建设目标的实现。项目法人充分发挥建设管理的主导作用，为施工创造良好的建设条件，并充分授权工程监理，使之能独立负责项目的建设工期、质量、投资的控制和现场施工的组织协调。按照"政府监督、项目法人负责、社会监理、企业保证"的要求，建立健全质量、施工安全管理体系。

(3) 竣工验收阶段

竣工验收是全面考核工程项目建设成果，检查设计和施工质量的重要环节。所有建设项目，在按标准的设计文件所规定的内容建成后，都必须组织竣工验收。

按国家现行规定，已具备竣工验收条件的工程，3个月内不办理验收投产和移交固定资产手续的，取消企业和主管部门(或地方)的基建试车收入分成，由银行监督全部上交财政。如3个月内办理竣工验收确有困难，经验收主管部门批准，可以适当推迟竣工验收时间。

工程项目全部建完，经过各单位工程的验收，符合设计要求，并具备竣工图、竣工决算、工程总结等必要文件资料，由项目主管部门或建设单位向负责验收的单位提出竣工验收申请报告。大、中型和限额以上项目由国家发改委或由国家发改委委托项目主管部门、地方政府组织验收。小型和限额以下项目，由项目主管部门或地方政府组织验收。

(4) 后评价阶段

建设项目后评价是工程项目竣工投产、生产运营一段时间后，再对项目的立项决策、设计施工、竣工投产、生产运营等全过程进行系统评价的一种技术经济活动。通过建设项目后评价以达到肯定成绩，总结经验，研究问题，吸取教训，提出建议，改进工作，不断提高项目决策水平和投资效果的目的，在实际工作中，往往从以下三个方面对建设项目进行后评价。

1) 影响评价；

2) 经济效益评价；

3) 过程评价。

2.12.2 土木工程项目管理与运营概述

1. 项目及其特征

项目是指在一定约束条件下(资源)，具有明确目标的有组织的一次性工作或任务，即为了实现规定目标，按限定时间、限定资源和限定质量标准等约束条件完成的，由一系列相互协调和受控的活动组成的一次性过程。它具有单件性、明确性和整体性特征。

每个项目都必须具备上述三个特征，缺一不可。重复的、大批的生活生产活动及其成果，不能称作项目。从根本上说，项目实质上是一系列的工作。尽管项目是有组织地进行的，但它并不就是组织本身；尽管项目的结果可能是某种产品或服务，但项目并不就是产品或服务本身。如果谈到一个“工程项目”，我们应当把它理解为包括项目选定、设计、采购、施工、安装调试、移交用户在内的整个过程。

2. 项目管理

项目管理是为确保项目总体目标的优化实现所进行的全过程、全方位的策划、组织、指挥、控制与协调。

由于项目一次性的特征，要求项目管理必须符合一次性特征，要有程序性、全面性和科学性，要用系统工程的观点、理论和方法进行管理，以保证项目一次性建成。从系统工程观点讲，项目管理是一个完整的系统，至少包含了对象子系统(包括全体子项目、分项目)、过程子系统(包括策划、组织、指挥、控制和协调等)和任务子系统(包括工期、资源、质量、合同和信息等)等，所以，要使项目取得成功，实现项目目标，就必须要进行全过程、全方位的项目管理，忽略任何方面都可能导致项目的失败。项目管理与其他非项目管理相比，具有管理目标明确、实行项目经理负责制、充分的授权保证系统等。

3. 工程项目特征

工程项目是指一项固定资产投资项目，既可能是基本建设项目(新建、扩建等扩大生产能力的建设项目)，也可能是技术改造项目(以节约资金、增加产品品种、提高质量、治理“三废”、劳动安全等为主要目的项目)。建设项目的实现是指投入一定量的资金，经过决策、实施等一系列程序，在一定的约束条件下形成固定资产的一次性过程。即在一定的约束条件下(限定资源、限定时间、限定质量)，具有完整的组织机构和特定的明确目标的一次性工程建设工作或任务。

除具有项目的一般特征外，工程项目具有如下特点：

(1) 具有特定的对象。任何项目都应有具体的对象，工程项目的对象通常是有着预定要求的工程技术系统，而“预定要求”通常可以用一定的功能要求、实物工程量、质量等指标表达。如工程项目的对象可能是一定生产能力的车间或工厂，一定长度和等级的公路，一定规模的医院、住宅小区等。项目对象确定了项目的最基本特征，并把自己与其他项目区别开来，同时又确定了项目的工作范围、规模及界限。整个项目的实施和管理都是围绕着这个对象而进行的。

(2) 有时间限制。人们对工程项目的需求有一定的时间性限制，希望尽快地实现项目的目标，发挥项目的效用。在市场经济条件下，工程项目的作用、功能、价值只能在一定时间范围内体现出来。例如，企业投资开发一种新产品，只有快速建成投产，才能及时地占领市场，该项目才有价值。否则，因拖延了时间，让其他企业捷足先登，则同样的项目就失去了它的价值。没有

时间限制的工程项目是不存在的，项目的实施必须在一定的时间范围内进行。

（3）有资金限制和经济性要求。任何工程项目都不可能没有财力上的限制，必然存在着与任务(目标)相关的(或者说明匹配的)预算(投资、费用或成本)。如果没有财力的限制，人们就能够实现当代科学技术允许的任何目标，完成任何项目。现代工程项目资金来源渠道较多，投资呈多元化，这对项目的资金限制就会越来越严格，经济性要求也会越来越高。这就要求尽可能做到全面的经济分析、精确的预算和严格的投资控制。

（4）一次性特点。任何工程项目作为总体来说是一次性的，不重复的。它经历了前期策划、批准、设计和计划、实施、运行的全过程，最后结束。即使在形式上极为相似的工程项目，例如两栋建筑造型和结构完全相同的房屋，也必然存在着差异和区别，比如实施时间不同、环境不同、项目组织不同、风险不同。所以它们之间无法等同，无法替代。

（5）复杂性和系统性。现代工程项目越来越具有如下特征：

1）项目规模大，范围广，投资大；

2）新颖性，有新知识、新工艺的要求，技术复杂；

3）由许多专业组成，有几十个、上百个甚至几千个单位共同协作，有成千上万个在时间和空间上相互影响、相互制约的活动构成；

4）实施时间上经历由构思、决策、设计、计划、采购供应、施工、验收到运行全过程，项目使用期长，对全局影响大；

5）受多目标限制，如资金限制、时间限制、资源限制、环境限制等，条件越来越苛刻。

4. 工程项目的分类

按照我国《建筑工程施工质量验收统一标准》规定，工程建设项目可分为单位工程、分部工程和分项工程。

（1）单位工程。具备独立施工条件并能形成独立使用功能的建筑物及构筑物为一个单位工程。

（2）分部工程。分部工程是建筑物按单位工程的部位、专业性质划分的，亦即单位工程的进一步分解。

（3）分项工程。分项工程是分部工程的组成部分，一般是按主要工种、材料、施工工艺、设备类别等进行划分。

按建设性质划分，基本建设项目可分为新建项目、扩建项目、迁建项目和恢复项目。

（1）新建项目。是指根据国民经济和社会发展的近远期规划，按照规定的程序立项，从无到有、“平地起家”的建设项目。现有企业、事业和行政单位一般不应有新建项目。有的单位如果原有基础薄弱需要再兴建的项目，其新增加的固定资产价值超过原有全部固定资产价值(原值)3 倍以上时，才可算新建项目。

（2）扩建项目。是指现有企业、事业单位在原有场地内或其他地点，为扩大产品的生产能力或增加经济效益而增建的生产车间、独立的生产线或分厂的项目；事业和行政单位在原有业务系统的基础上扩充规模而进行的新增固定资产投资项目。

（3）迁建项目。是指原有企业、事业单位，根据自身生产经营和事业发展的要求，按照国家调整生产力布局的经济发展战略的需要或出于环境保护等其他特殊要求，搬迁到异地而建设的项目。

（4）恢复项目。是指原有企业、事业和行政单位，因在自然灾害或战争中使原有固定资产遭受全部或部分报废，需要进行投资重建来恢复生产能力和业务工作条件、生活福利设施等的建设项目。更新改造项目包括挖潜工程、节能工程、安全工程、环境保护工程等。

按投资作用划分，工程建设项目可分为生产性建设项目和非生产性建设项目。

（1）生产性建设项目。是指直接用于物质资料生产或直接为物质资料生产服务的工程建设项目。主要包括：工业建设、农业建设、基础设施建设、商业建设。

（2）非生产性建设项目。是指用于满足人民物质和文化、福利需要的建设和非物质资料生产部门的建设。主要包括：办公用房、居住建筑、公共建筑、其他建设。

按项目规模划分，为适应对工程建设项目分级管理的需要，国家规定基本建设项目分为大型、中型、小型三类；更新改造项目分为限额以上和限额以下两类。

按行业性质和特点划分，根据工程建设项目的经济效益、社会效益和市场需求等基本特性，可将其划分为竞争性项目、基础性项目和公益性项目三种。

不同的分类方式只是为了满足各部门制定政策和管理的需要，建设项目在运作过程中，各主体应按照相应的规定进行管理。

5. 工程项目管理

工程项目管理是以工程项目为管理对象的项目管理，是在一定的约束条件下，以实现工程项目最优目标为目的，按照其内在的逻辑关系，对工程项目进行有效地计划、组织、指挥、协调和控制的系统管理过程。它是项目管理的一个重要分支。工程项目管理是对包括项目建议书、可行性研究、项目决策、设计、设备询价、施工、签证、验收等系统运动过程进行计划、组织、指挥、协调和控制的管理工作，以达到保证工程质量、缩短工期、提高投资效益的目的。工程项目管理具有以下特点：

（1）工程项目管理是一种一次性管理。这是由工程项目的单件性决定的。在工程项目管理过程中，一旦出现失误，很难有纠正机会，只有遗憾而已。这一点和工厂的车间管理或企业管理有明显不同。为避免遗憾的出现，项目经理的选择、人员的配备和机构的设置，就成了工程项目管理的首要问题。

（2）工程项目管理是一种全过程的综合性管理。项目的生命周期是一个有序、有计划的成长过程。项目的各个阶段既有明显的界限，又相互有机衔接、

不可间断。这就决定了项目管理应该是项目生命周期全过程的管理。

(3) 工程项目管理是一种约束性强的管理。项目管理的约束条件，既是项目管理的必要条件，又是其不可逾越的限制。工程项目管理的一次性特征、明显的目标和时间限制、既定的功能要求以及质量标准和预算额度，决定了其约束条件的约束强度比其他管理更高。工程项目管理的重要特点在于，工程项目管理者必须在一定的时间内，在善于应用这些条件而不能超越这些条件的情况下，完成既定任务，达到预期的目标。工程项目管理与施工管理不同，不能把它们混为一谈。工程项目管理的对象是具体的工程项目，管理的范围既可为全过程，也可为某一个或几个阶段；施工管理的对象虽然也是具体的工程项目，也具有一次性的特点，但管理的范围仅限于工程的施工阶段。

在工程项目的决策和实施过程中，由于项目管理的主体不同，其项目管理所包含的内容也就有所不同，从系统分析的角度看，每个单位的项目管理都是在特定的条件下，为实现整个工程项目总目标的一个管理子系统。

(1) 业主的项目管理(建设监理)

业主的项目管理是全过程的，包括项目决策和实施阶段的各个环节，亦即从编制项目建议书开始，经可行性研究、设计和施工，直至项目竣工验收、投产使用的全过程管理。

由于工程项目的一次性，决定了业主进行自行项目管理往往有很大的局限性。首先在项目管理方面，缺乏专业化的队伍，即使配备了管理班子，没有连续的工程任务也是不经济的。在计划经济体制下，每个建设单位都要配备专门的项目管理队伍，这不符合资源优化配置和动态管理的原则，而且也不利于工程建设经验的积累和应用。在市场经济体制下，工程业主完全可以依靠社会化的咨询服务单位，为其提供项目管理方面的服务。监理单位可以接受工程业主的委托，在工程项目实施阶段为业主提供全过程的监理服务。此外，监理单位还可将其服务范围扩展到工程项目前期决策阶段，为工程业主进行科学决策提供咨询服务。

(2) 工程建设总承包单位的项目管理

在设计、施工总承包的情况下，业主在项目决策之后，通过招标择优选定总承包单位，全面负责工程项目的实施过程，直至最终交付使用功能和质量标准符合合同文件规定的工程项目。由此可见，总承包单位的项目管理是贯穿于项目实施全过程的全面管理，既包括工程项目的设计阶段，也包括工程项目的施工安装阶段。总承包方为了实现其经济方针和目标，必须在合同约束的条件下，依靠自身的技术和管理优势或实力，通过优化设计及施工方案，在规定的时间内，按质、按量地全面完成工程项目的承建任务。

(3) 设计单位的项目管理

设计单位的项目管理是指设计单位受业主委托承担工程项目的设计任务后，根据设计合同所界定的工作目标及责任义务，对建设项目设计阶段的工作所进行的自我管理。设计单位通过设计项目管理，对建设项目的实施在技术和经济上进行全面而详尽的安排，引进先进技术和科研成果，形成设计图纸和说明书，以便实施，并在实施过程中进行监督和验收。由此可见，设计项目管理不仅仅局限于工程设计阶段，而是延伸到了施工阶段和竣工验收阶段。

(4) 施工单位的项目管理

施工单位通过投标获得工程施工承包合同，并以施工合同所界定的工程范围组织项目管理，简称为施工项目管理。施工项目管理的目标体系包括工程施工质量、成本、工期、安全和现场标准化，简称目标体系。显然，这一目标体系既和整个工程项目目标相联系，又带有很强的施工企业项目管理的自主性特征。

尽管工程项目的种类繁多，特点各异，但工程项目管理的主要任务就是在可行性研究、投资决策的基础上，对建设准备、勘察设计、施工、竣工验收等全过程的一系列活动进行规划、协调、监督、控制和总结评价，以保证工程项目质量、进度、投资目标的顺利实现。

(1) 合同管理

建设工程合同是业主和参与项目实施各主体之间明确责任、权利关系的具有法律效力的协议文件，也是运用市场经济体制、组织项目实施的基本手段。从某种意义上讲，项目的实施过程就是建设工程合同订立和履行的过程。一切合同所赋予的责任、权利履行到位之日，也就是建设工程项目实施完成之时。

建设工程合同管理，主要是指对各类合同的依法订立过程和履行过程的管理，包括合同文本的选择，合同条件的协商、谈判，合同书的签署；合同履行、检查、变更和违约、纠纷的处理；总结评价等。

(2) 组织协调

组织协调是管理技能和艺术，也是实现项目目标必不可少的方法和手段。在项目实施过程中，各个项目参与单位需要处理和调整众多复杂的业务组织关系，主要内容包括外部环境协调、项目参与单位之间的协调、项目参与单位内部的协调。

外部环境协调是指与政府管理部门之间的协调，如：规划、城建、市政、消防、人防、环保、城管部门的协调；资源供应方面的协调，如：供水、供电、供热、电信、通信、运输和排水等方面的协调；生产要素方面的协调，如：图纸、材料、设备、劳动力和资金方面的协调；社区环境方面的协调等。

项目参与单位之间的协调主要包括业主、监理单位、设计单位、施工单位、供货单位、加工单位等之间的协调。

项目参与单位内部的协调指项目参与单位内部各部门、各层次之间及个人之间的协调。

(3) 目标控制

目标控制是项目管理的重要职能，它是指项目管理人员在不断变化的动态环境中为保证既定计划目标的实现而进行的一系列检查和调整活动。工程

项目目标控制的主要任务就是在项目前期策划、勘察设计、施工、竣工交付等各个阶段采用规划、组织、协调等手段，从组织、技术、经济、合同等方面采取措施，确保项目总目标的实现。

(4) 风险管理

随着工程项目规模的大型化和工艺技术的复杂化，项目管理者所面临的风险越来越多。工程建设客观现实告诉人们，要保证工程建设项目的投资效益，就必须对项目风险进行科学管理。

风险管理是一个确定和度量项目风险以及制定、选择和管理风险处理方案的过程。其目的是通过风险分析减少项目决策的不确定性，以便决策更科学，以及在项目实施阶段，保证项目控制的顺利进行，更好地实现质量、进度和投资目标。

(5) 信息管理

信息管理是工程项目管理的基础工作，是实现项目目标的保证。只有不断提高信息管理水平，才能更好地承担起项目管理的任务。

工程项目的信息管理主要是指对有关工程项目的各类信息的收集、储存、加工整理、传递与使用等一系列工作的总称。信息管理的主要任务是及时、准确地向项目管理各级领导、各参加单位及各类人员提供所需的综合程度不同的信息，以便在项目进展的全过程中动态地进行项目规划，迅速正确地进行各种决策，并及时检查决策执行结果，反映工程实施中暴露的各类问题，为项目总目标服务。

信息管理工作的好坏，将会直接影响项目管理的成败。在我国工程建设的长期实践中，由于缺乏信息，难以及时取得信息，所得到的信息不准确或信息的综合程度不满足项目管理的要求，信息存储分散等原因，造成项目决策、控制、执行和检查的困难，以致影响项目总目标实现的情况屡见不鲜，应该引起广大项目管理人员的重视。

(6) 环境保护

工程建设可以改造环境，为人类造福，优秀的设计作品还可以增添社会景观，给人们带来观赏价值。但一个工程项目的实施过程和结果，同时也存在着影响甚至恶化环境的种种元素。因此，应在工程建设中强化环境意识，切实有效地把环境保护和克服损害自然环境、破坏生态平衡、污染空气和水质、扰动周围建筑物和地下管网等现象的发生，作为项目管理的重要任务之一。项目管理者必须充分研究和掌握国家和地区的有关环保法规和规定，对于环境方面有要求的工程建设项目在项目可行性研究和决策阶段，必须提出环境影响报告及其对策措施，并评估其措施的可行性及有效性，严格按建设程序向环保管理部门报批。在项目实施阶段，做到主体工程与环保措施工程同步设计、同步施工、同步投入运行。在工程施工承发包中，必须把依法做好环保工作列为重要的合同条件加以落实，并在施工方案的审查和施工过程中，始终把落实环保措施、克服建设公害作为重要的内容予以密切注视。

6. 工程项目管理的预期目标和基本目标

在工程项目管理过程中，人们的一切工作都是围绕着一个目的——为了取得一个成功的项目而进行的。那么怎样才算是一个成功的项目？时间、条件、视角不同，就会有不同的标准，通常一个成功项目至少必须实现如下的预期目标：

(1) 在预定的时间内完成项目的建设，及时地实现投资目的，达到预期的项目要求。

(2) 在预算费用(成本或投资)范围内完成，尽可能地降低费用消耗，减少资金占用，保证项目的经济性。

(3) 满足预定的使用功能要求，达到预定的生产能力或使用效果，能经济、安全、高效率地运行并提供较好的运行条件。

(4) 能被使用者(用户)接受和认可，同时又照顾到社会各方面及参加者的利益，使得各方面都感到满意，企业由此获得良好的声誉。

(5) 能合理、充分、有效地利用各种资源。

(6) 项目实施按计划、有秩序地进行，变更较少，不发生事故或其他损失，较好地解决项目过程中出现的风险、困难和干扰。

(7) 与环境协调一致，即项目必须为它的上层系统所接受，这里包括：与自然环境的协调，没有破坏生态或恶化自然环境，具有良好的审美效果；与人文环境的协调，没有破坏或恶化优良的文化氛围和风俗习惯；项目的建设与运行和社会环境有良好的接口，为法律所允许，或至少不能招致法律问题，有助于社会就业、社会经济发展。

要取得完全符合上述每一个条件的项目几乎不可能，因为这些条件之间有许多矛盾。在一个具体的项目中常常需要区分它们的重要性(优先级)，有的必须保证，有的尽可能照顾，有的又不能保证。这就属于项目目标的优化。

以工程建设作为基本任务的项目管理的核心内容可概括为“三控制、二管理、一协调”，即进度控制、质量控制、费用控制、合同管理、信息管理和组织协调。在有限的资源条件下，运用系统工程的观点、理论和方法，对项目的全过程进行管理。所以项目管理基本目标有三个最主要的方面：专业目标(功能、质量、生产能力等)、工期目标和费用(成本、投资)目标，它们共同构成项目管理的目标体系，如图 2-80 所示。

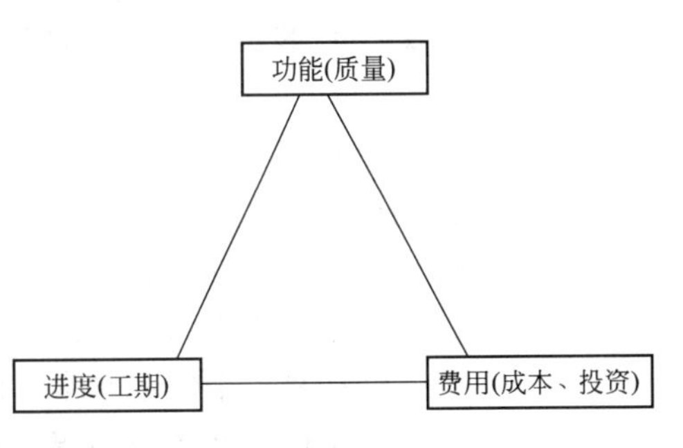

图 2-80　项目管理基本目标的三个最主要方面

阅读与思考

2-1　土木工程专业的工程对象与业务范畴有哪些？

2-2　土木工程主要解决哪些问题？

2-3　如何理解土木工程的根本目的就是建造空间和通道？

第3章 土木工程的功能及其实现

本章知识点

本章主要介绍土木工程安全性、适用性与耐久性三个方面的基本功能以及以概率为基础的极限状态设计理论的初步概念；介绍工程结构所受的作用、灾害对结构的破坏及工程抗灾减灾的基本概念；同时，结合工程结构的耐久性与长期使用性的概念与要求，介绍工程维修加固的概念与发展。

人们根据需要建造各种土木工程。其功能主要体现在以下几个方面：(1)必须在物质上和精神上同时满足人类活动所需要的、功能良好和舒适美观的空间或通道；(2)必须能够抵御诸如地球引力、风力、气温、地震、振动及爆炸等自然或人为的作用力；(3)土木工程都是以砖、石、水泥、钢材、木材、合金、塑料等作为基本建筑材料，在地球表面的土层或岩层上建造而成的，因此必须充分发挥各种材料的作用；(4)通过有效的技术途径和组织手段，利用各个时期社会能够提供的物资设备条件，"好、快、省"地组织人力、财力和物力，把社会所需要的工程设施建造成功，付诸使用。

3.1 土木工程与工程结构

土木工程是复杂的、综合的系统工程。从可行性论证、规划、设计、施工到运营，这个系统工程需要多专业、多工种的协同工作才能完成。土木工程专业所涉及的专业技术，主要是解决这个系统工程建设与营运工程中的结构安全、适用与耐久问题。

结构是一个使用非常广泛的概念，我们可以说分子结构、原子结构、社会组织结构、经济结构等。在自然科学领域，结构通常可以理解为使物质保持一定形态的构架或力。任何物质都有其结构，其形态都是由其结构决定的，或是微观或是宏观。图 3-1 为化学揭示的各种物质的微观结构，图 3-2 为物理学揭示的宇宙天体的结构。这些结构之所以存在，是因为无论微观还是宏观，物质内部和物体与物体之间都存在力，力是保持结构形态的内在根源。人体骨骼、蜘蛛网、树木树根或树叶中的筋茎等(图 3-3～图 3-6)，也都是物体的结构，没有这些结构，就失去了存在的基础。因此，结构以及结构中的力是物质存在的基本规律。引申到社会科学领域中，各种结构组成了社会的复杂系统，这个系统中也有内在的动力维持其运行。可以说，任何学科的基本问题都是探究其结构及其内在规律。

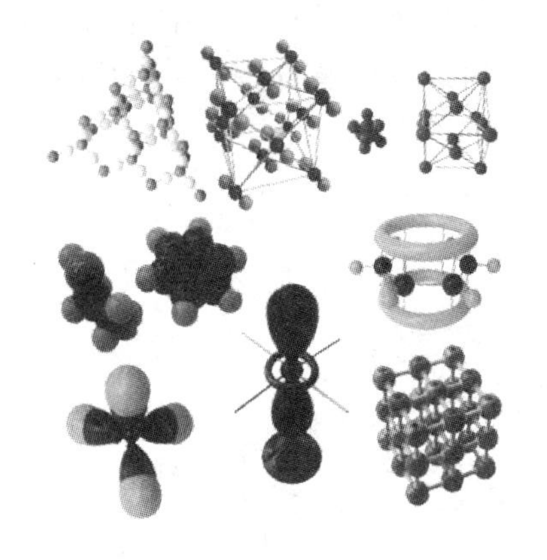

图 3-1　物质化学结构

图 3-2　宇宙天体结构

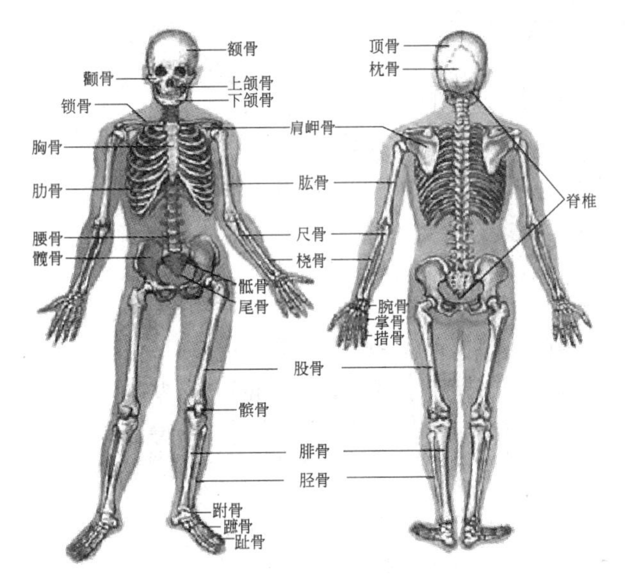

图 3-3　人体骨骼结构

图 3-4　蜘蛛网结构

图 3-5　树根结构

图 3-6　树叶结构

既然如此，那么什么是土木工程的结构呢？要回答这个问题，让我们思考一个建筑和一个桥梁。图 3-7 为我国一典型清代古建筑结构和构造，其中的柱、梁、枋等就是这个建筑的构件，这些构件组成了木结构，木结构构成了这个建筑的骨架，在其上辅以屋面、墙体、门窗或其他装饰等，一个完整的建筑就完成了。因此，建筑结构就是建筑的骨架。

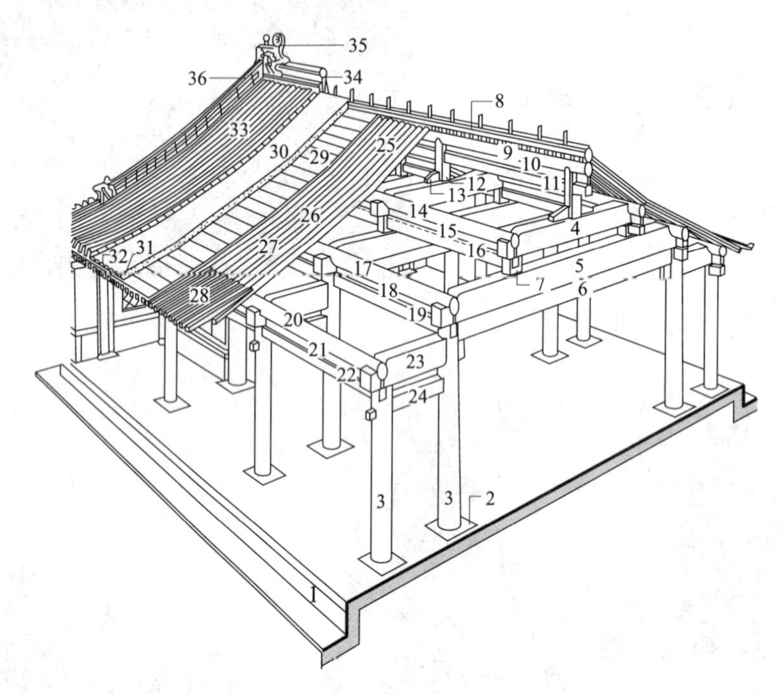

图 3-7　典型清代古建筑结构

1—台基；2—柱础；3—柱；4—三架梁；5—五架梁；6—随梁枋；7—瓜柱；8—扶脊木；9—脊檩；10—脊垫板；11—脊枋；12—脊瓜柱；13—角背；14—上金檩；15—上金垫板；16—上金枋；17—老檐檩；18—老檐垫板；19—老檐枋；20—檐檩；21—檐垫板；22—檐枋；23—抱头梁；24—穿插枋；25—脑椽；26—花架椽；27—檐椽；28—飞椽；29—望板；30—苫背；31—连檐；32—瓦口；33—筒板瓦；34—正脊；35—吻兽；36—垂脊

再看桥梁，从简单的独木桥、石板桥，到拱桥、桁架桥，以及斜拉桥、悬索桥等现代桥梁，桥梁发展史实际上是桥梁结构发展史。简单地说，桥梁的结构就是桥梁实现空间跨越的形式。对于小溪流、小沟壑，用简单的独木桥和石板桥就可以跨越，而大的河流、大的山谷、大的通道则需要更复杂的结构才能跨越。于是，拱桥、多跨石(木)桥、桁架桥、斜拉、悬索等桥梁结构就随之出现并发展了。图 3-8～图 3-10 是我国不同时期的著名桥梁结构。

上述简单分析了结构的概念以及什么是土木工程的结构。下面让我们进一步分析为土木工程服务的结构工程要解决哪些基本问题？有哪些基本规律？以及如何理解这些基本问题，掌握基本规律，为土木工程建设及发展服务？

图 3-8　泉州洛阳桥

图 3-9　开远市南盘江长虹桥

图 3-10　南京长胜关大桥

3.2　工程结构的功能

工程结构的基本功能要求是安全、适用与耐久。同时要求在满足基本功能的前提下，尽量做到经济美观、科学合理。工程在其服役期内不仅要直接承受由于自重和生产、生活产生的重力荷载的作用，还要承受地震、台风等偶然荷载的作用以及温度、环境产生的间接作用，一个工程要达到在各种情况下都能正常运转，就必须满足安全和适用的功能要求。同时土木工程又有投资大、建设周期长的特点，必须具有耐久的功能。

1. 安全性

结构能承受正常施工和正常使用时可能出现的各种荷载、外加变形(如超静定结构的支座不均匀沉降)、约束变形等的作用；在偶然事件(强烈地震、爆炸)发生时和发生后，结构仍能保持必要的整体稳定性，不应发生连续倒塌破坏而造成生命财产的严重损失。

2. 适用性

结构在正常使用荷载作用下具有良好的工作性能，如不发生影响正常使用的过大变形(挠度、侧移)、振动，或不产生让使用者感到不安的过大裂缝宽度等。

3. 耐久性

结构在正常使用和正常维护条件下具有足够的耐久性，如钢筋不锈蚀、混凝土不发生化学腐蚀或冻融破坏等。

整个结构或结构的一部分超过某一特定状态就不能满足某种功能要求，此特定状态称为该功能的极限状态，如构件即将开裂、倾覆、滑移、压屈、失稳等。极限状态实质是区分结构可靠与失效的界限。

极限状态分为两类，即承载能力极限状态和正常使用极限状态，对它们分别规定有明确的标志和限制。

1. 承载能力极限状态

结构或构件达到最大承载能力或达到不适于继续承载的变形状态，称为承载能力极限状态。

当结构或构件由于材料强度不够而破坏，或因疲劳而破坏，或因产生过大的塑性变形而不能继续承载，结构或构件丧失稳定；结构转变为机动体系时，结构或构件就超过了承载能力极限状态。超过承载能力极限状态后，结构或构件就不能满足安全性的要求。

2. 正常使用极限状态

这种极限状态对应于结构或构件达到正常使用或耐久性能的某种规定限值。

正常使用极限状态主要考虑有关结构适用性和耐久性的功能，对财产和安全的危害较小，故出现概率允许稍高些，但仍应予以足够的重视。因为过大的变形和过宽的裂缝不仅影响结构的正常使用和耐久性能，也会造成人们心理上的不安全感。

目前结构工程中采用的设计理论是以概率论为基础的极限状态设计理论。极限状态设计理论中，可以把结构构件抵抗外力作用的能力定义为抗力 R，把结构构件中由于外力作用产生的内力和变形称为效应 S，把结构的功能函数定义为 Z，$Z=R-S$，根据结构极限状态的定义可得

$$\begin{aligned}&\text{当 } Z>0 \text{ 时，} && \text{结构处于可靠状态}\\&\text{当 } Z=0 \text{ 时，} && \text{结构处于极限状态}\\&\text{当 } Z<0 \text{ 时，} && \text{结构处于失效状态}\end{aligned} \tag{3-1}$$

影响结构抗力的主要因素有材料性能(强度、变形模量等)、构件几何特征(尺寸等)、计算模式的精确性(抗力计算所采用的假设和计算公式不够精确等)。这些因素都是随机变量，因此由这些因素综合而成的结构抗力也是随机变量。

影响结构效应的主要因素有外力作用的大小、方向、分布、持续时间等。由于这些因素是随机变量，因此结构效应也是随机变量。

抗力和效应都是随机变量，式(3-1)所表达的结构功能函数必然也是随机变量。因此，结构极限状态也具有不确定性和随机性。受抗力和效应随机性的影响，工程上无法准确回答结构处于什么状态，只能用概率来描述工程所处状态的几率。当结构处于可靠状态的几率足够大，或处于失效状态的几率足够小，我们都可以认为结构是安全可靠的。这就是以概率为基础的极限状态设计理论的基本原理。

作用效应 S 和结构抗力 R 都可用随机变量来表达，因此结构的失效概率为

$$p_f=P(S>R) \tag{3-2}$$

失效概率越小，表示结构可靠性越大。因此，可以用失效概率来定量表示结构可靠性的大小。结构可靠性的概率度量称为结构可靠度。当失效概率 p_f 小于某个限值［p_f］时，人们因结构失效的可能性很小而不再担心，即可

认为结构设计是可靠的。

3.3 工程结构承受的作用及效应

工程结构承受的作用是指使结构产生效应(作用效应)的各种原因的总称。结构构件中的作用效应包括内力(轴向力 N、弯矩 M、剪力 V、扭矩 T)、应力、位移、应变、裂缝等。

结构上的作用是建筑结构设计的基本依据之一，可进一步分为直接作用和间接作用。凡施加在结构上的集中力或分布力，属于直接作用，又称为荷载，例如恒载、使用活载、风荷载等。凡引起结构外加变形(包括裂缝)或约束变形的原因，属于间接作用，如基础沉降、地震作用、温度变化、材料收缩、焊接等。

工程结构承受的直接作用即荷载，包括结构的自重及各种外部荷载。如果地球没有引力、空中没有风吹，荷载就不会存在，土木工程中也就不需要结构。但实际上土木工程的建造者必须设置结构，因为只有结构才能抵御自然界和人为的作用力，保障建造的空间和通道为人类服务。土木工程师的一个重要任务是确定有哪些荷载(类型)会作用在土木工程设施上？在极端情况下，这些荷载的值有多大？这些荷载作用在结构上，结构能否经受得住？

土木工程中的荷载大体有以下三类(一般都以 kN、kN/m 或 kN/m^2 计)：

1. 永久荷载

指在使用期间永久施加在结构上，其值不随时间变化的荷载，也称为恒载(Dead Load)。承重结构的自重、围护结构(墙面、地面、屋面、桥面等)的重力以及固定装置的重力就是恒载(图 3-11 中的 1、2)。

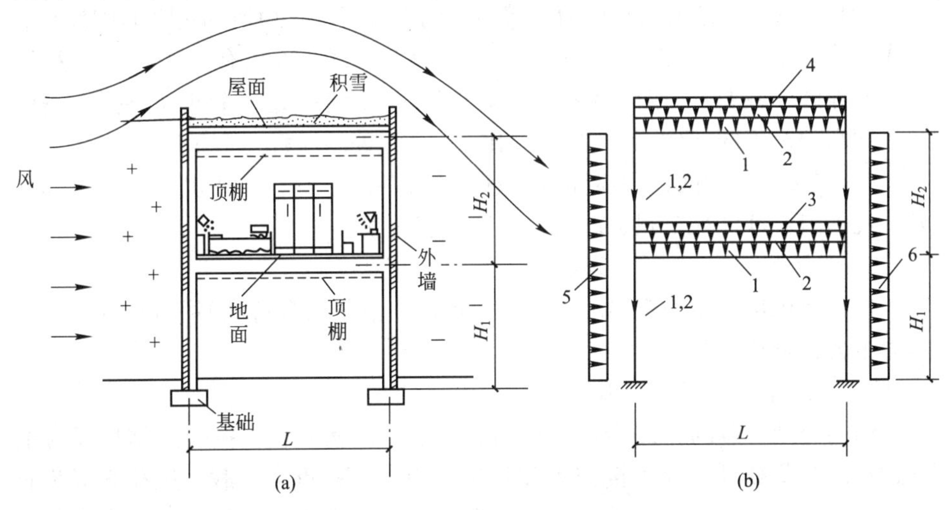

图 3-11 施加在结构上的荷载

(a)剖面；(b)结构荷载简图

1—承重结构自重；2—墙面、屋面、地面(含顶棚)恒载；3—楼面活载；4—雪载；5—风载(压力，+)；6—风载(吸力，-)

恒载一般以构件的体积乘以所用材料的单位重得到。在建筑物中，承重结构的恒载约占总荷载的50%～70%。此外，埋设在地下的、挡土的和隧道等工程设施所承受的土压力和围岩压力也是恒载。

2. 可变荷载

指在使用期间施加在结构上的值随时间变化的荷载，也称活载，活载有多种类型，如：

(1) 使用活载。楼面活载(人群、家具、可移动设备、操作时使用的工件等)、屋面活载(屋面上人时的人群和设施、屋面积灰、屋面直升机停机坪等)都是使用活载(图3-11中的3)。

(2) 车辆活载。主要是铁路列车或公路车辆的荷载，它们表现为一系列集中荷载和均布荷载组成的移动荷载(图3-12)。此外，工业厂房中的起重吊车(俗称天车)也是一种移动式荷载。

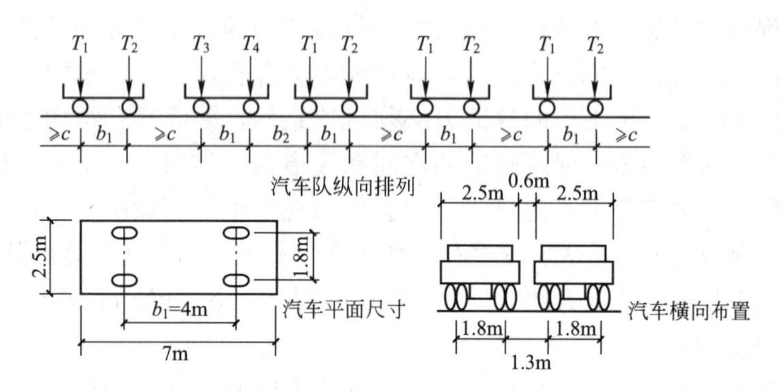

图3-12 桥梁上的汽车荷载

T_1、T_2、T_3、T_4—汽车轴重；b_1、b_2、c—不同规范规定的车轴间距离

(3) 风载。风是由大气压力不等引起的空气运动。由风的运动而施加在墙面或结构上的压力称为风载(图3-11中的5、6)。风载有三个“不一样”：①不同地区不一样(一般沿海大、内陆小)；②同一地区每时每刻不一样；③不同高程、不同部位不一样(50m比5m高程处的风载大1.5倍)。

(4) 雪载。指由积雪引起的荷载(图3-11中的4)。雪载也因地区不同而异。我国南方地区如广州、海口，甚至没有雪载。

3. 偶然荷载

指在使用期间不一定出现，一旦出现，其值很大且持续时间很短的荷载，如撞击力、爆炸等。

4. 直接作用与间接作用

结构受到荷载的作用会产生内力、变形等结构反应。按引起结构反应的方式不同，荷载可分为直接作用和间接作用。各种重力荷载、风荷载等为直接作用；而由于温度、基础沉降、地震等引起的作用为间接作用。直接作用引起的结构作用反应一般只与作用本身有关，而间接作用引起的结构作用反应，还与结构的特性有关。

(1) 地震作用

地震引起的地面运动会使工程结构在水平和竖向产生加速度反应(图 3-13)，从而形成惯性力。惯性力的大小除与地面运动的强烈程度(即地震烈度)及频谱特性有关外，还与结构的动力特性有关。而结构的动力特性与结构的质量及其分布、结构的刚度及其分布有关。因此，地震对结构的作用以及引起的地震反应与地震大小、场地条件、结构的动力特性等有关，同一地震，结构的反应、损伤及其破坏会有明显的不同。

(2) 温度作用

结构构件受到温度的作用如不能自由变形，也会产生内力与变形。温度作用引起的反应与季节和昼夜温差等环境因素有关，也与结构构件的约束程度有关。在现代高层建筑和大跨度桥梁中，这种温差作用引起的结构内力是很大的，必须在设计中予以考虑，如图 3-14(a)所示。此外，铁路无缝线路中的钢轨，也会由于限制了钢轨的自由变形而在钢轨内部产生较大的内力。另外，钢结构构件在焊接时产生的作用也属于这类。

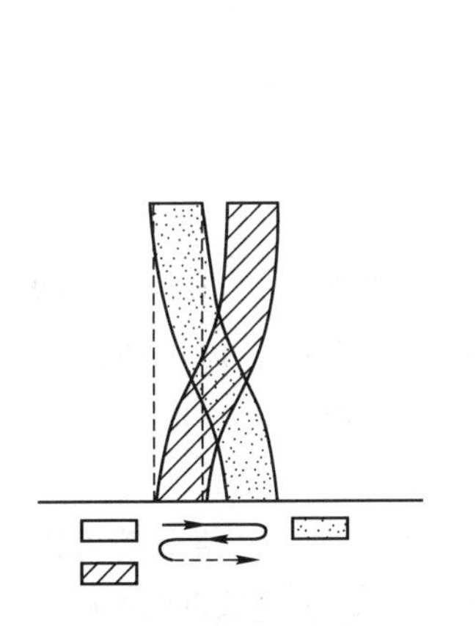

图 3-13 地面运动时建筑物的相对运动

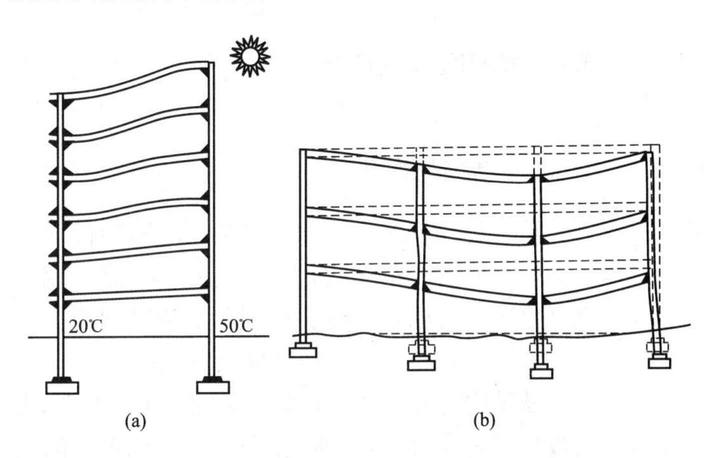

图 3-14 间接作用
(a)温差作用；(b)沉陷作用

(3) 外加变形作用

外加变形作用以地基的沉陷作用为典型。土木工程的结构是构筑在土层上的，土层受力后总会产生沉降或不均匀沉降，但过大的不均匀沉降会引起结构产生很大的内力，甚至可使结构开裂或倒塌，如图 3-14(b)所示。

5. 结构的效应

结构分析的主要目的是根据结构所承受的各种作用，计算结构构件的内力和变形，然后根据截面设计原理，分析计算构件截面是否满足承载要求，即截面的抗力是否能抵抗作用在构件上产生的效应。

图 3-15 给出了结构受力与变形的示意图。从示意图可以看出，无论是水平放置的构件，还是竖向放置的构件，在重力荷载(图 3-15a)、温度作用(图 3-15b)、水平风荷载(图 3-15c)或水平地震作用(图 3-15d)下都会受力和产生挠曲或侧移等变形。结构安全性的主要目的是要求结构或构件能承受这些荷载或作用，而不致破坏或倒塌；结构适用性的目的是要求结构或构件的变

形不能过大，否则会造成不安全感，也影响设备、仪器等的正常使用。同时，结构在使用的过程中，受到环境因素的侵蚀和影响，材料及结构构件性能会退化，最终会影响结构的安全性和适用性，这是结构耐久性要解决的问题。

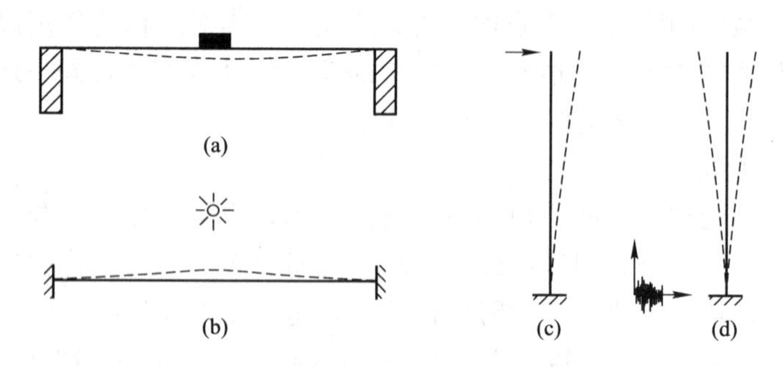

图 3-15　结构的受力与变形示意
(a)重力荷载；(b)温度作用；(c)水平风荷载；(d)水平地震作用

3.4　结构组成原理

3.4.1　结构与构件

结构是由不同的构件组成的，不同构件通过连接组成结构。对于一个建筑而言，所谓的结构构件主要指基础、柱、墙、梁、板等。梁、板一般可称之为水平受力构件，墙、柱可称之为竖向受力构件。因为梁、板一般水平放置(图 3-16)，柱、墙一般竖向放置。

从结构的传力路径来说，板上的重力荷载一般垂直于板面，这些荷载可以通过板传递给梁、梁再传递给柱、柱传递给基础、基础传递给地基(图 3-17)。板、梁、柱等结构构件之所以具有传力作用，是因为这些结构构件具有承载能力。

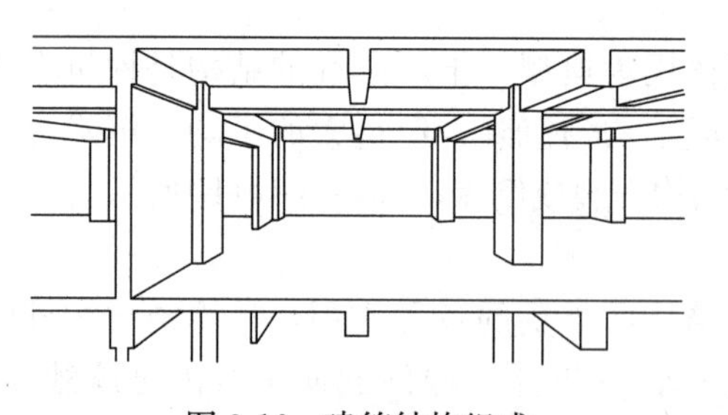

图 3-16　建筑结构组成

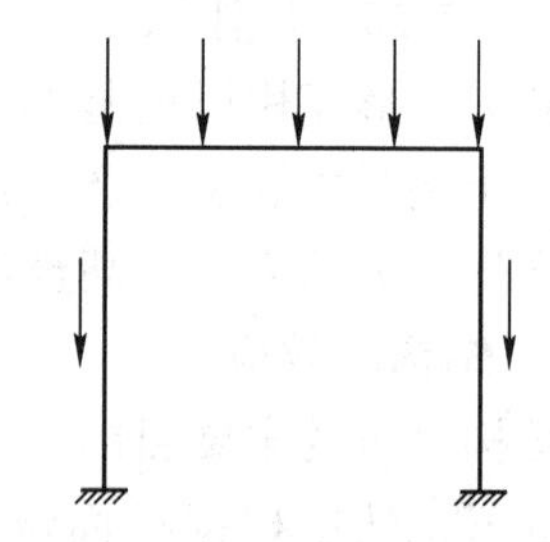

图 3-17　力的传递路线

结构和构件的承载能力是指结构具有抵抗水平和竖向荷载的能力。无论是水平荷载还是竖向荷载作用于结构构件，结构构件会产生内力。结构构件的内力只有五种基本形式及其组合。它们分别是压力、拉力、弯矩、剪力和扭矩。这些内力既可以单独存在于构件截面上，也可能同时存在于构件截面上，取决于荷载的作用方式及作用点位置。力的三要素：大小、方向以及作用点位置，对结构构件的受力具有决定性意义。图 3-18 为五种典型受力形式及其组合。

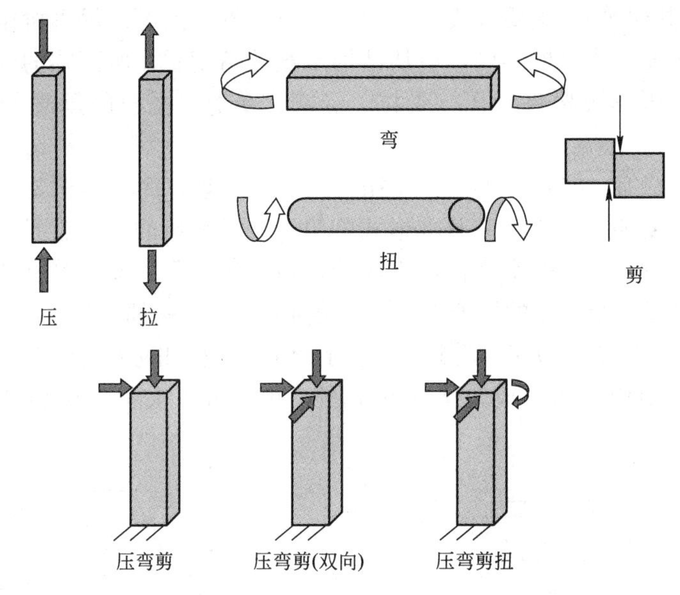

图 3-18　典型受力形式示意

桥梁又称水梁，是跨越峡谷、山谷、道路、铁路、河流、其他水域或其他障碍而建造的结构。最简单的桥梁就是独木桥或独石桥，是受弯和受剪构件。对于大跨度桥梁，发展成拱桥、桁架桥、悬索桥、斜拉桥等多种形式。因为随着跨度的增大，需要采用多种方法才能实现跨越。梁、板、拉索、桥墩等是桥梁的基本构件。图 3-19 给出了各种桥梁形式的示意。从图可见，当跨度很小时，用简单的桥板就可以实现跨越，跨度增大后，就需要采用多跨桥、桁架桥、斜拉桥、悬索桥等形式。桁架、拱、悬索、斜拉等是桥梁的一些基本形式，科学合理地应用这些基本形式建设大跨度桥梁，是桥梁工程中所应解决的主要问题。把这些基本形式合理地综合在一起，就会出现一些新的桥梁方式。

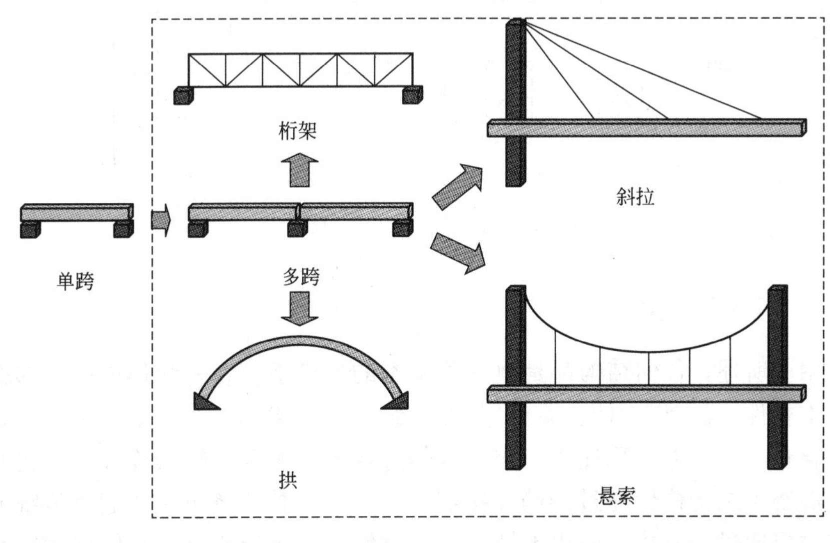

图 3-19　桥梁的主要结构形式

桥梁结构主要解决大跨度空间的跨越问题，建筑结构除了要实现大跨度空间外(公共建筑)，主要解决空间向高度方向发展问题。尽管桥梁结构与建筑结构的主要形式有所不同，但从结构承载的角度看，所面临的问题是相同的，都要分析解决构件受压、受拉、受弯、受剪、受扭的承载能力和变形问题。

结构组成有一些基本形式，遵循一些基本原理，简单结构是一些结构的基本形式，复杂结构是一些基本形式的组合。最简单的结构就是独木桥，它是由一个受弯和受剪的水平构件组成的，在结构工程中又称简支梁；最简单的竖向构件是一个独立的柱子或墙体。任何复杂的结构都是从这些简单的构件发展起来的。从图3-20可以看到一个复杂的水平结构如何发展而来；图3-21则显示了竖向结构如何形成。从这两个图，我们可以大胆地设想结构的其他形式。

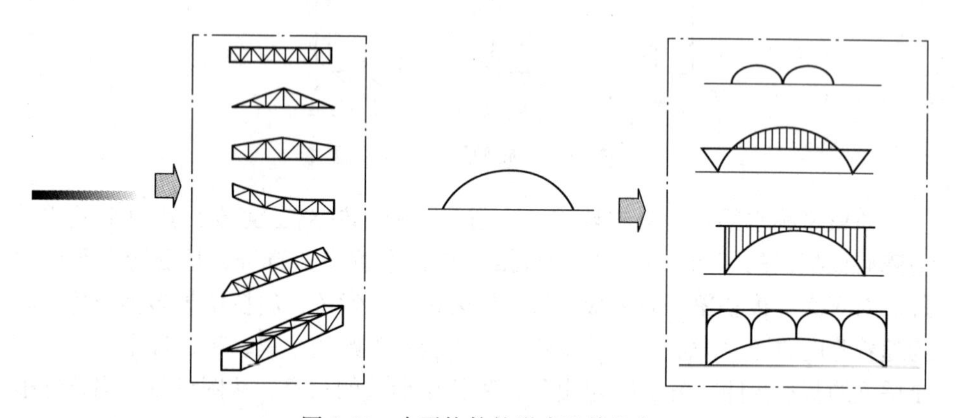

图3-20　水平构件的形式及其组合

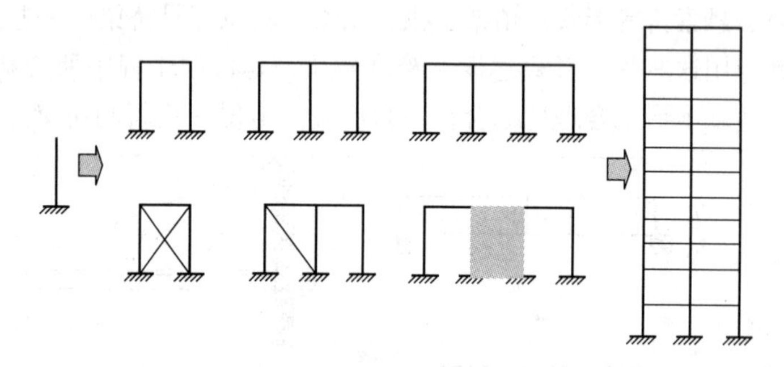

图3-21　竖向构件的形式及其组合

3.4.2　构件与连接

由前所述，任何结构都是由一些基本的构件组合在一起形成的。那么这些基本构件(梁、板、柱、墙等)是如何组合在一起的呢？在结构工程中，构件组合在一起的方式称连接。钢结构的连接形式主要有螺栓连接、焊接和铆接；混凝土结构构件通过钢筋连接，然后各构件整体浇筑在一起；传统的木结构主要通过榫连接，现代木结构则通过钢夹板螺栓连接；砌体结构墙与墙之间通过咬合砌筑实现连接，除此之外还采用连接钢筋等方式加强连接。连接在结构中起重要作用，没有构件与构件之间有效、可靠的连接，结构就不能完成其安全、适用、耐久的功能。图 3-22 是各种结构构件的连接示意图。

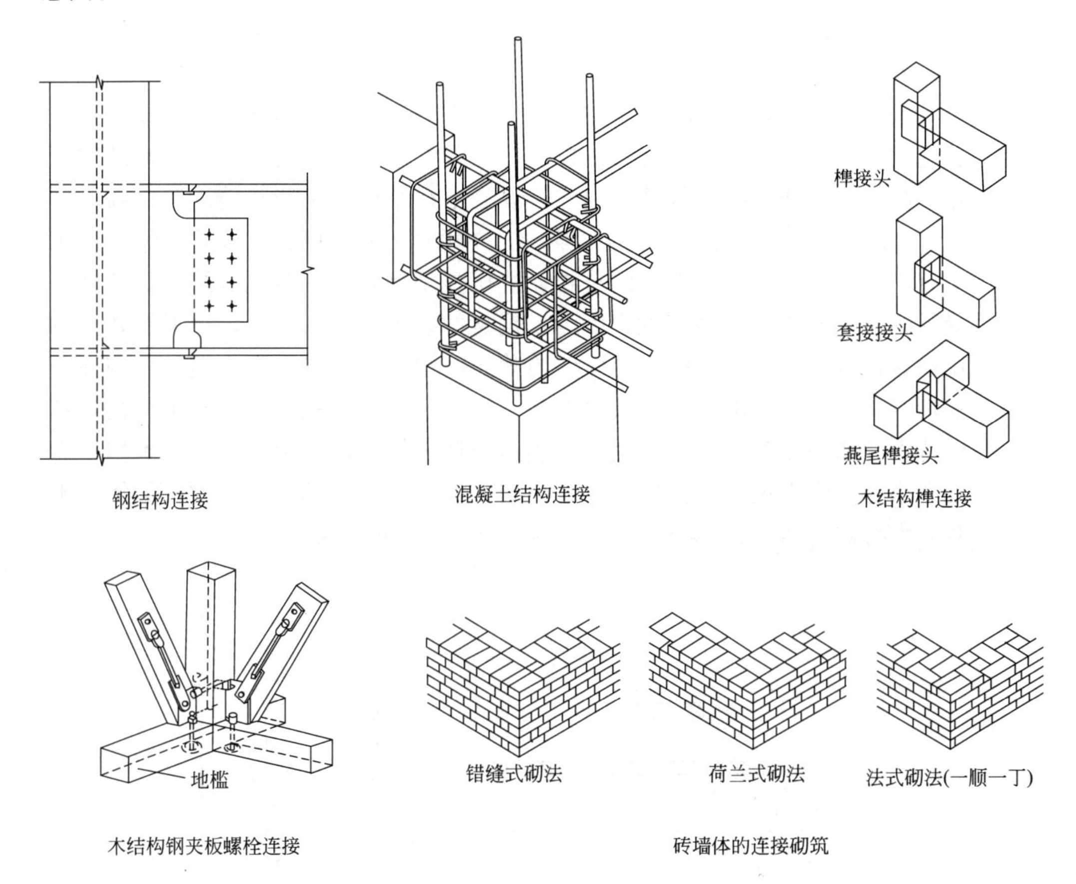

图 3-22　各种结构的连接示意

从物理意义上讲，结构材料不同，结构构件的连接方式就不同。但是，从力学上讲，无论什么材料的连接都可以简化为几种基本的连接形式：固结、铰接、定向支撑等。图 3-23 为结构构件连接简化的几种基本形式。所谓铰接就是杆件的端部可以自由转动，不产生弯矩、只能有剪力和轴力；固结是杆件端部不能转动，也不能向任何方向位移，为完全固定端，端部既有剪力、

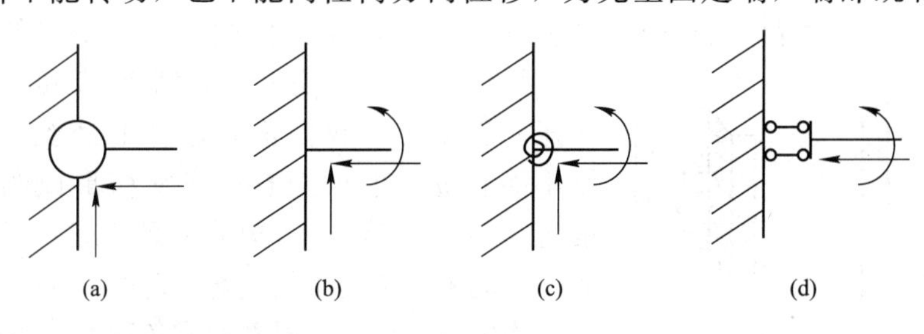

图 3-23　构件连接的基本简化形式

(a)铰接；(b)固结；(c)弹性连接；(d)定向支撑

轴力，也有弯矩；弹性连接是端部某个方向(或几个方向)可以变形，但变形受到端部其他构件的约束，所以也存在剪力、轴力和弯矩；固定支撑是指沿一个方向可以自由移动或变形，但其他方向被约束，因此有弯矩和轴力。了解构件和连接的一些基本概念，有助于理解结构的简化与分析计算。

3.4.3　结构与材料

不同材料具有不同的物理力学性能，应根据材料的物理力学性能合理地选用结构材料。例如，钢材的抗拉、抗压强度都很高，而混凝土材料的抗压强度高，抗拉强度则比较低，因此，混凝土在结构中不能直接用于受拉。同时，混凝土结构中如没有钢筋加强，抵抗截面上的拉应力，混凝土结构就不会有广泛的应用。尽管钢材的抗拉、抗压强度都很高，但也有缺点，那就是受压的时候容易失去稳定性。因为，钢材的强度高、密度大，为了有效地利用钢材强度高的特点，钢结构构件的截面面积不必做得很大。但随着截面面积的减少，如不采用合理的截面形式，则很容易失去稳定，发挥不了强度高的特点。如一根钢丝，在受拉的时候，会越拉越紧，直到拉断，其承担拉力的大小与长度无关；但受压时，很小的力就会使较长的钢丝弯曲，但钢丝本身并没有被压断(图3-24)，其承载能力与长度有很大关系。

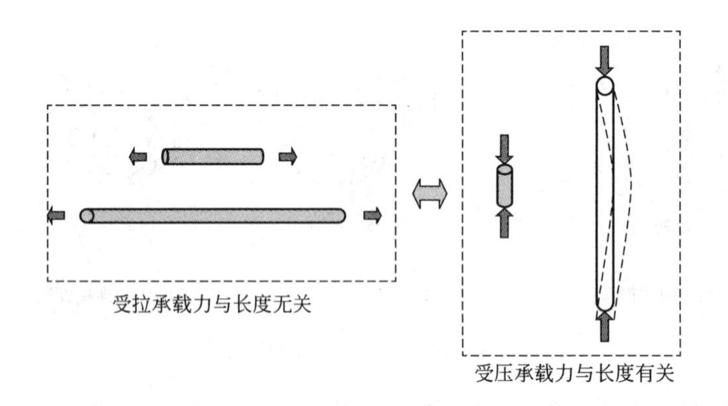

图3-24　不同受力的受力现象与特点

掌握了各种材料的特性，才能更好地利用材料。例如，只有在混凝土结构中才使用钢筋这样的实截面棒材，因为钢筋周围有混凝土的填充和支撑，即使处于受压也不容易失去稳定。而如果单独应用钢材这样强度高的材料，除受拉外，一般都做成其他各种形式的截面，在保持截面面积不变的情况下，尽量使截面具有较大的惯性矩和截面抵抗矩。生活中，我们都有这样的经验，一片纸不能直立，但如把它叠成瓦楞形或圆形就能直立(图3-25)，结构的道理也是如此。因此，除混凝土结构中的钢筋、桥梁中的拉索外，钢结构中所使用的钢材都做成各种形式的型材，如图3-26所示。

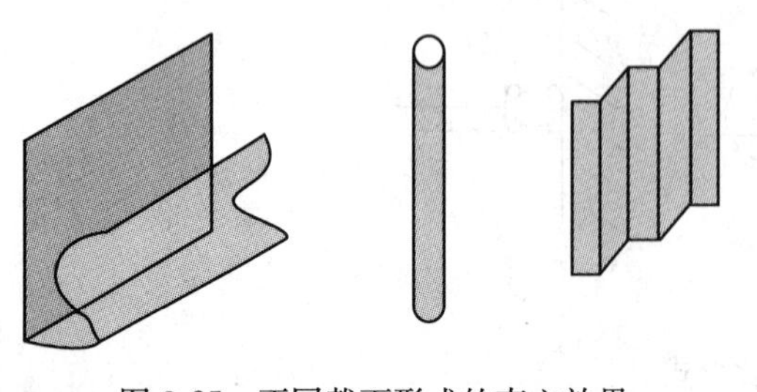

图3-25　不同截面形式的直立效果

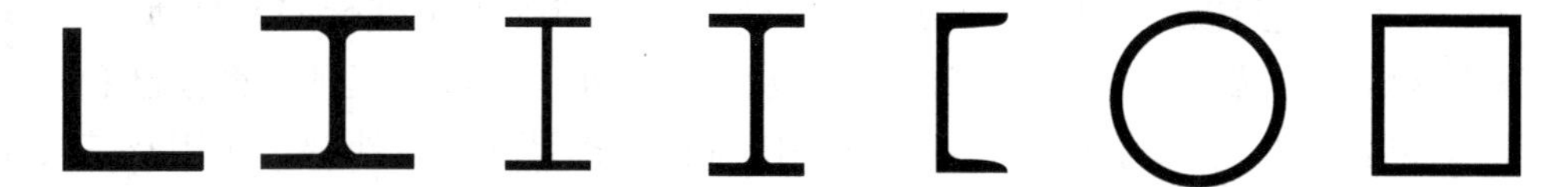

图 3-26　钢结构型材的几种典型形式

3.4.4　材料的线性与非线性力学性能

任何物体在力作用下的变形都可以用弹簧来模拟。如图 3-27 所示，弹簧在弹性范围内变形，其力与变形的关系可以用胡克定律来描述，这就是弹性或线性力学性能。构件在受到较小荷载作用时，其应力-应变关系一般都可以用胡克定律或广义胡克定律来描述。但当受到较大荷载作用，一般结构构件都会出现一定的非弹性变形，力与变形的关系不满足线性规律。对于混凝土材料来说，这个现象更为明显，因为混凝土材料本身在很小的应力水平下就会发生塑性变形。因此，对结构分析而言，不仅要考虑结构的弹性问题，还要考虑结构的弹塑性性质，而且结构的弹塑性性质比弹性性质要复杂得多。

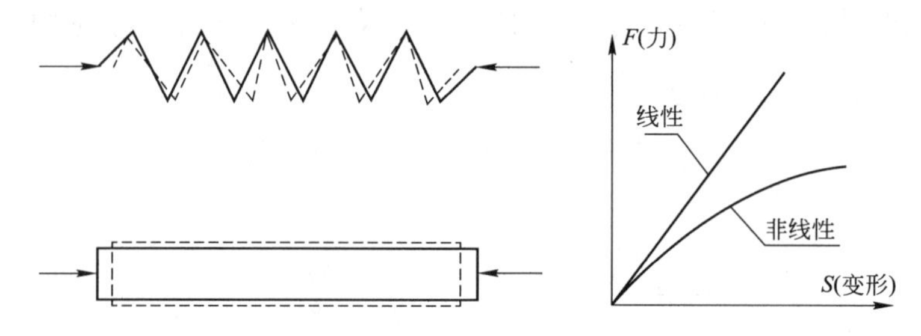

图 3-27　线性与非线性性能

结构分析必须满足三个基本条件，平衡条件、变形协调条件和本构关系。所谓本构关系广义地说是内力与变形的关系，如应力-应变关系、构件截面的弯矩-曲率关系、扭矩-转角关系等。材料非线性主要指内力与变形不成线性关系。结构中还有一类现象称之为几何非线性。几何非线性主要体现在结构的荷载与位移不成线性关系，通常发生在结构出现大变形和大位移的情况下，此时变形体的几何形态的改变将明显改变物体的荷载-位移关系(刚度特性)。可以用钓鱼竿来解释和理解几何非线性问题。钓鱼竿钓到鱼时，端部的变形非常大，此时材料仍然处于弹性阶段，虽然变形大，但应变却比较小。

除材料非线性和几何非线性外，在工程中还会遇到大量的力学非线性问题，即演化过程的非线性。非线性广泛存在于力学和物理学中。非线性力学的发展与应用，是解决工程结构问题的重要工具。动力学问题的本质就是非线性振动问题。1940 年美国全长 1.6km 的 Tacoma 大桥，在大风下激烈振荡、坍塌。其原因就是设计师不了解风和大桥的非线性相互作用，只按静载设计造成的。

工程结构在各种作用下，其结构性能和力学反应是不断变化的，变化规律也十分复杂。解决这些复杂的、变化的结构分析问题，就必须应用非线性

理论。半个世纪以前，冯·卡门就大声疾呼“工程师应与非线性问题拼搏!”。现在从航空、航天到土木与海洋工程，从气象预报、地震预报到污染控制和生态环境保护等众多学科领域，其核心困难往往都是强非线性耦合作用及其引起的突变性问题。非线性力学是理论和实践、科学与工程的一个关键交汇点。我国老一辈的著名力学学家，如周培源、钱伟长、郭永怀等都在力学的非线性领域作出了杰出的贡献。

解决结构的弹塑性及非线性问题非常复杂，一般没有解析解，而需要借助数值解。有限元法、边界元法、有限体积法等都是结构分析的常用数值分析方法。数值方法离不开大量的运算，因此计算机及工程分析软件在土木工程中具有重要的作用。目前几乎所有的工程都需要借助计算机及一些通用的商业软件来分析计算。

3.4.5　工程材料的分类

目前，土木工程材料可以按照不同原则进行分类。根据材料来源，可分为天然材料及人造材料；根据组成物质的种类及化学成分，将土木工程材料分为无机材料、有机材料和复合材料三大类，各大类中又可进行更细的分类，如图3-28所示。

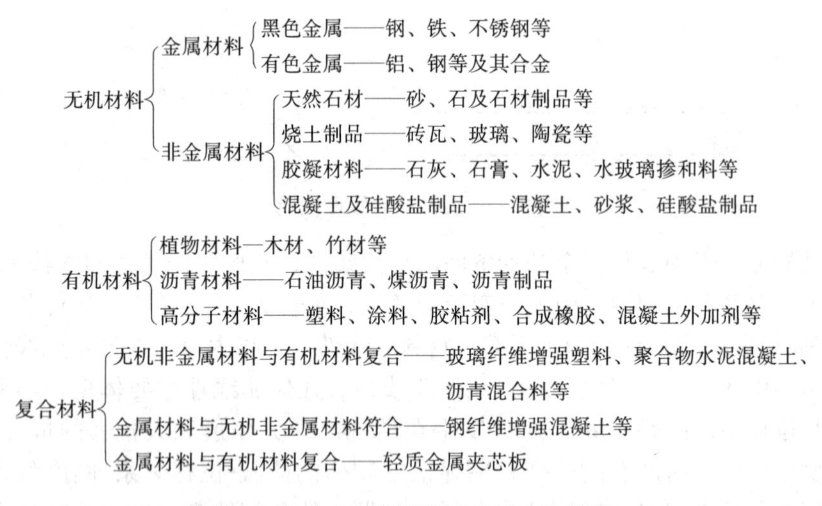

图3-28　土木工程材料按化学成分分类

根据材料的使用性能，土木工程材料又可分为结构材料、墙体材料和建筑功能材料三种。结构材料的主要作用是承受各种力的作用，故要求它们具有较好的力学性能。墙体材料是指在建筑工程中用于砌筑墙体的材料，墙体材料具有承重、围护和分隔作用。功能材料是指具有隔热、隔声、防水、装饰等功能的材料。土木工程专业主要关心结构材料，不同材料构成的结构及其力学性能差别很大，因此设计、施工方法不尽相同。根据所使用的材料，土木工程结构可分为：砌体结构、混凝土结构、钢结构、木结构及混合结构等类型。工程材料按使用功能分类，如表3-1所示。

土木工程材料按使用功能分类 **表 3-1**

使用部位与功能	种类	品　　种
建筑结构材料	砌体结构	石材、砖、砌块、钢筋、砂浆、混凝土、木材
	混凝土结构	混凝土、建筑钢材
	钢结构	建筑钢材
	钢木结构	建筑钢材、木材
墙体材料	砖、石、砌块	普通砖、多孔砖、硅酸盐砖、灰砂砖、砌块、石材、石膏板
建筑功能材料	防水材料	沥青及其制品、树脂基防水材料
	绝热材料	石棉、矿棉、玻璃棉、膨胀珍珠棉、膨胀蛭石、加气混凝土
	吸声材料	木丝板、毛毡、泡沫塑料
	采光材料	各种玻璃
	装饰材料	涂料、塑料、铝材、石材、陶瓷、玻璃、木材

一般而言，建筑物的安全性与可靠度主要取决于结构承重材料，而建筑物的使用功能与建筑质量水平决定于建筑功能材料。随着国民经济的发展和人民生活水平的提高，人们将更加重视建筑物的使用功能。

为了使建筑物满足上述性能要求，除了合理规划、设计、正确施工之外，必须选用性能符合要求的建筑材料。例如，要保证安全性，就要求材料具有足够的强度；为保证在地震、台风等突发性、冲击性荷载作用下的安全性，就要求材料具有一定的冲击韧性和延性；为防止火灾，就要求表层材料具有不燃性或难燃性，以及燃烧时不发烟、不产生有毒气体；要满足耐久性要求，就要求材料具有抵抗酸、碱、盐类物质侵蚀的能力，以及在大气因素作用下抗老化、抗虫蛀的能力；要使建筑物具有美观性，就要求材料外表尺寸完好，质感高雅，颜色与环境协调；要满足健康性要求，装饰、装修材料就要不含有毒、有害物质等。因此，对于工程材料通常要考虑以下性能要求：

(1) 力学性能，包括强度、硬度、刚度、弹性模量、徐变、韧性、耐疲劳性等；

(2) 物理性能，包括密度，变形，热、声、光及水分的透过与反射等；

(3) 耐久性能，包括氧化、变质、劣化、风化、冻害、虫害、腐朽等；

(4) 化学性能，包括对酸、碱、药品等侵蚀性介质的抵抗能力，腐蚀，溶解性等；

(5) 健康性能，包括是否发散有毒气体，对人体是否有害，特殊的建筑物要求有杀菌性能等；

(6) 防火、耐火性能，包括燃烧性、引火性、熔融性、发烟性、有毒气体等；

(7) 外观性能，包括色彩、亮度、质感、花纹、触感、耐污染性、尺寸精度、表面平整性等；

(8) 生产、施工性能及可循环利用性能，原材料资源是否丰富，生产、运输及施工过程是否消耗过多的资源和能源，是否污染环境，可加工性、施工

性及循环再利用性等。

由此可见，工程材料涉及的学科范围广泛，要求具有化学、物理学、力学、美学、经济学等各学科的基础知识。对不同种类、不同用途的材料所重点考虑的性能有所不同。例如对于结构材料要重点考虑力学性能、耐久性能、化学性能以及生产性能；对于装饰装修材料要重点考虑外观性能、健康性能、防火耐火性能、物理性能；对于隔断材料则重点考虑耐水性、保温隔热性能等。

3.5　工程结构的正常使用与长期寿命

工程结构的功能在于在“合理使用寿命”期内，为人类生活与生产服务提供一个良好的并满足人类审美要求的结构空间。

工程的“合理”寿命应该首先满足工程本身的功能需要，其次是经济，最后是体现国家、社会和公众的根本利益如安全、环保和节约资源等需要。

工程合理使用寿命是结构设计必须做到的结构最主要的性能目标，它集中概括了对于结构的安全性、适用性、耐久性的要求。为此，我国的有关技术规范中规定了工程结构的最低使用年限要求。一个建筑到了设计使用年限以后，绝不是不能用了，而是结构大修的可能性会逐年增加，大修以后当然还可继续使用，不过最后总会有被拆除的一天，因为不断的大修可能在经济上不如重建合理。

结构的使用年限或使用寿命可因不同原因而终结。当结构的某种技术性能(如承载力或变形等)因材料性能劣化而不再满足要求时的期限可称为技术使用寿命；当结构的使用功能发生了变化(如桥梁行车能力增加或建筑物用途改变)因而无法继续使用时的期限可称为功能使用寿命；当结构由于经济效益考虑(如继续修理使用还不如拆除重建更为经济)而不再使用的期限可称为经济使用寿命。

工程结构的使用寿命或使用年限与结构的耐久性密切相关。结构的耐久性是指使用期内结构保持正常功能的能力，这一正常功能包括结构的安全性和结构的适用性，而且更多地体现在适用性上。

为确保合理使用寿命内的工程质量，结构的耐久性或设计使用年限必须具有足够大的安全裕度或保证率，这是由于影响结构使用年限的环境条件、材料性能和钢筋的混凝土保护层厚度等诸多因素都有很大的变异性。

图 3-29　混凝土梁的顺筋脱落

长期以来，人们一直认为工程结构中大量使用的混凝土应是非常耐久的材料。直到 20 世纪 70 年代末期，发达国家才逐渐发现原先建成的基础设施工程在一些环境作用下出现过早损坏。美国许多城市的混凝土基础设施工程和港口工程建成后不到二三十年甚至在更短的时期内就出现劣化。另有资料表明，美国因除冰盐引起钢筋锈蚀需限载通行的公路桥梁已占这一环境下桥梁的 1/4。我国建设部于 20 世纪 80 年代的一项调查表明，国内大多数工业建筑物在使用 25～30 年后即需大修，处于严酷环境下的建筑物使用寿命仅 15～20 年。民用建筑和公共建筑的使用环境相对较好，一般可维持 50 年以上，但室外的阳台、雨篷等露天构件的使用寿命通常仅有 30～40 年。桥梁、港口等基础设施工程的耐久性问题更为严重，由于钢筋的混凝土保护层过薄且密实性差，许多工程建成后几年就出现钢筋锈蚀、混凝土开裂。海港码头一般使用 10 年左右就会因混凝土顺筋开裂和剥落，需要大修。京津地区的城市立交桥由于冬天洒除冰盐及冰冻作用，使用十几年后就会出现问题。

重视环境作用(如温湿度及其变化，冻融以及盐、酸等侵蚀)下与材料劣化相联系的耐久性问题是可持续发展的需要。生产混凝土所需的水泥、砂、石等原材料均需大量消耗国土资源并破坏植被或河床。水泥生产排放的二氧化碳已占人类活动排放总量的 1/6～1/5，而我国排放的二氧化碳总量已居世界第二。我国现在每年生产 5 亿多吨水泥，与之相伴的是年耗 20 多亿立方米的砂石，长此以往实难以为继。延长结构使用寿命意味着节约材料，而耐久的混凝土一般又应是水泥用量较低和矿物掺合料(工业废料)用量较高的混凝土，所以耐久的混凝土正是适应环境保护的需要。

3.6 工程结构的防灾减灾

灾害就是指那些由于自然的、社会(人为)的或社会与自然组合的原因，对人类的生存和社会的发展造成损害的各种现象。

土木工程在建设和使用过程中，也会受到各种自然灾害或社会(人为)灾害的影响和破坏，因此，必须对这些灾害加以了解和预防，以防止和减轻灾害的损害和破坏。

对土木工程建设与使用产生影响与破坏的灾害包括自然灾害和社会灾害，其中自然灾害主要指地震灾害、风灾害、洪水灾害、泥石流灾害、虫灾等；社会灾害主要有火灾、燃气爆炸灾难、地陷、工程质量低劣造成的工程事故以及人为“恐怖”灾难等。防灾减灾就是降低、消除、转移或避免这些灾害的不利后果和影响。

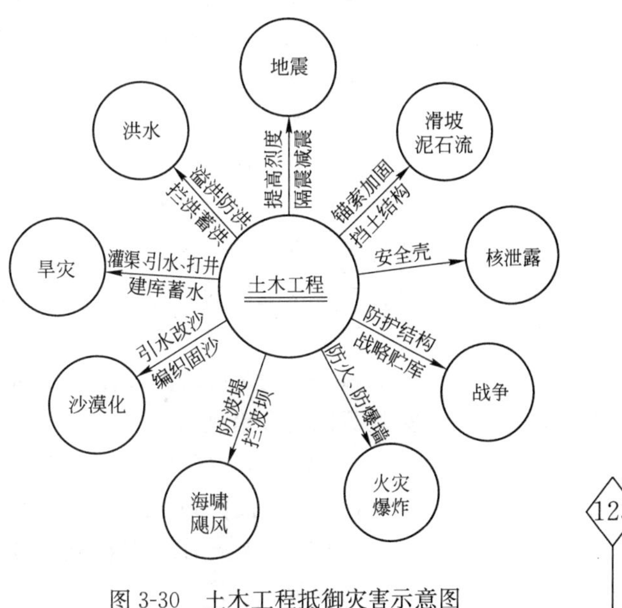

图 3-30　土木工程抵御灾害示意图

土木工程具有防护性、超前性、基础性、普遍性与恒久性的特点。因此，做好土木工程的防灾减灾是土木工程的重要内容，对实现其功能和特性具有重要意义。图 3-30 给出了土木工程需抵御的各种灾害简图。下面就火灾、地震灾害、风灾、洪灾、雪灾及地质灾害等对工程结构产生的不利影响以及需要采取的防灾减灾措施作一些简要阐述。

3.6.1　火灾及防灾、减灾措施

世界上各种灾害中发生最频繁、影响面最广的首属火灾。全球每年约发生600万～700万起火灾，每年死于火灾的人数约有6.5万～7.5万，由此造成的生命与财产损失是一个十分可观的数字。我国国土面积大、人口多、干旱环境覆盖率高，火灾问题就更为严重，重特大火灾时有发生。随着城市化的发展，建筑火灾及其危害也越来越严重。这些火灾不仅带来了重大的人员伤亡和财产损失，也严重影响了建筑结构的安全。如中央电视台新址配楼火灾(图3-31)，上海“11.15”火灾等(图3-32)。

图3-31　新中央电视台大楼配楼大火

图3-32　上海静安区教师公寓大火

导致建筑火灾的原因很多，归纳起来不外乎电气事故、违反操作规程、生活用火不慎、自燃及人为纵火等原因，以电气事故及生活用火不慎居多。

火灾是一个燃烧过程，要经过发生、蔓延和充分燃烧各个阶段。火灾的严重性主要取决于持续时间和温度，而这两者又受建筑类型、燃烧荷载等诸多因素的影响。控制和改善影响燃烧的各种因素是建筑防火设计首先要考虑的问题。对于建筑结构构件，在受火时，随着温度的升高和持续时间的加长，构件的力学性能下降到不足以承受设计规定的荷载，此时该构件将部分或全部失去正常工作的能力。

建筑防火主要措施包括：

(1) 防止火灾发生(设计上使用不燃性或难燃性建筑材料，给出管理性防火规章制度和措施)；

(2) 防止火灾蔓延(保证足够的防火措施，设置防火墙、防火门)；

(3) 及时报警和灭火(安装火灾报警器、自动灭火装置)；

(4) 发生火灾时的扑救(为消防设置消火栓、消防车循环通道、救护通道、楼梯间、消防巷道等)。

防火设计的基本要求就是分隔和疏散。以防火墙、防火门、防火卷帘等作为分隔构件的设施主要是为了杜绝火势蔓延。合理设置安全出口和允许的疏散时间，使可能受到火灾威胁区域的人员合理而迅速的疏散，是减少人员伤亡、降低损失的重要措施之一，特别是在公共建筑中尤为重要。

建筑防火主要目的是降低建筑火灾发生的概率，防止火灾的蔓延、减少火灾损失和人员伤亡。为避免火灾对建筑结构安全性的影响，防止结构在火灾中发生破坏或坍塌，则必须对结构进行防火和抗火设计，这是结构工程师的责任。

3.6.2 地震灾害及工程减灾

地震俗称地动，是一种具有突发性的自然现象。地震按其发生的原因，主要有火山地震、陷落地震、人工诱发地震以及构造地震。构造地震破坏作用大，影响范围广，是房屋建筑抗震研究的主要对象。在建筑抗震设计中，所指的地震是由于地壳构造运动(岩层构造状态的变动)使岩层发生断裂、错动而引起的地面振动，这种地面振动称为构造地震，简称地震。

地球上每天都在发生地震，一年约有 500 万次，其中约 5 万次人们可以感觉到，能造成破坏的约有 1000 次，7 级以上的大地震平均一年有十几次。世界有史以来记录的最大地震是 1960 年智利瓦尔迪维亚省遭遇的里氏 9.5 级地震。那次地震引发的海啸波及夏威夷群岛、日本和菲律宾群岛。

地震波发源的地方，叫做震源。震源在地面上的垂直投影，叫做震中。震中到震源的深度叫做震源深度。通常将震源深度小于 70km 的叫浅源地震，深度在 70～300km 的叫中源地震，深度大于 300km 的叫深源地震。破坏性地震一般是浅源地震。如 1976 年 7 月 28 日唐山市发生的 7.8 级地震、2008 年 5 月 12 日四川省汶川县发生的 8.0 级地震、2010 年 4 月 14 日发生在青海省玉树县的 7.1 级地震均属于浅源地震。

震级是地震强弱的级别，它以震源处释放能量大小确定。烈度是某地区各类建筑物遭受一次地震影响的强烈程度。一次地震只有一个震级，却有很多个烈度区。这就像炸弹爆炸后不同距离处具有不同的破坏程度一样。烈度与震级、震源深度、震中距、地质条件、房屋类别有关(图 3-33)。

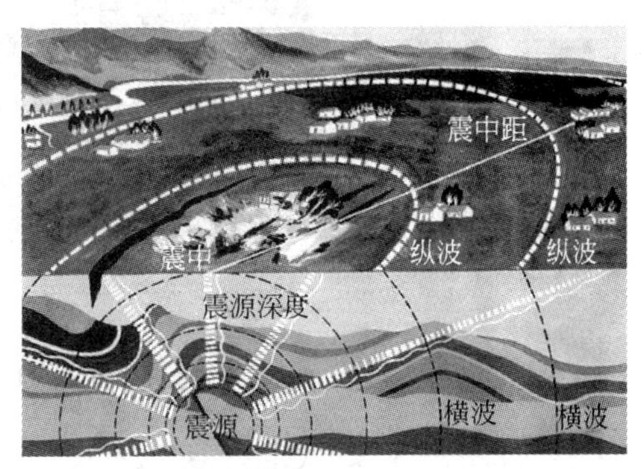

图 3-33 震源、地震波、震中、震中距的关系

大的地震可以在数十秒钟之内使一座城市变为废墟，使几代人的积累和财富化为乌有。地震的灾害形式包括：

1. 直接灾害

由地震的原生现象(如地震断层错动以及地震波引起的强烈地面振动等)所造成的灾害主要有：地面裂缝、错动、塌陷、喷砂冒水等的地面破坏，房屋倒塌(图 3-34、图 3-35)、桥梁断落、水坝开裂、铁轨变形(图 3-36)等的建筑物或构筑物破坏，山崩、滑坡等造成的山体自然物破坏。

图 3-34　日本 3.11 地震引起的变形与地裂

图 3-35　台湾 9.21 集集地震引起的建筑倒塌

(a)　(b)　(c)　(d)

图 3-36　汶川 5.12 地震造成的直接灾害

(a)隧道的破坏；(b)桥梁的破坏；(c)铁路的变形；(d)公路的坍塌

2. 次生灾害

次生灾害指直接灾害发生后，破坏了自然或社会原有的平衡、稳定状态，从而引发出的灾害。有时次生灾害所造成的伤亡和损失比直接灾害更大。主要的次生灾害包括：火灾(主要由震后火源失控引起)、海啸(海底地震引起)、水灾(主要由水坝决口或山崩拥塞河道等引起)、毒气泄漏(由建筑物或装置破坏等所致)、瘟疫(由震后生存环境的严重破坏而引起)等。

2011年3月11日发生在日本东海的9.0级地震引发了巨大的海啸，海啸所产生的海浪高度达20多米，所到之处满目疮痍，造成了巨大的破坏。不仅城镇变成废墟，多个炼油厂发生爆炸，而且造成了福岛核电站发生严重的核泄露，如图3-38、图3-39、图3-40所示。

图3-37　汶川地震后的映秀镇

图3-38　日本3.11地震引发的海啸

图3-39　炼油厂爆炸燃烧

图3-40　福岛核电站反应堆外建筑受损

地震灾害不仅造成了众多建筑物的倒塌、生命线工程的破坏、财产的重大损失，而且还夺去了众多的生命，造成了众多的人员伤亡。除此之外，还对人们产生了重大的心理影响，产生了众多的社会问题。

土木工程防震、抗震的方针是“预防为主”。预防地震灾害的主要措施包括两大方面，即加强地震的观测和强震预报以及对土木工程设施进行抗震设防。其中对土木工程设施进行抗震设防的主要工作内容有：

(1) 确定国家级的地震烈度区划图，规定各地区的基本烈度(即可能遭遇超越概率为10%的设防烈度)，作为工程设计和各项建设工作的依据；

(2) 国务院建设行政主管部门颁布工程抗震设防标准，供各建设项目主管部门在建设过程(包括选址、可行性研究、编制计划任务书等)中遵照执行；

(3) 国务院建设行政主管部门颁布抗震设计规范；

(4) 设计单位在对抗震设防区的土木工程设施进行设计时，严格遵守抗震设计规范，并尽可能地采取隔震、消能等地震减灾措施；

(5) 施工单位和质量监督部门严格保证建设项目的抗震施工质量；

(6) 位于抗震设防区内的未按抗震要求设计的土木工程项目，要按抗震设防标准的要求补充进行抗震加固。

土木工程考虑抗震设防后必然会增加建设资金。由于任一地区的抗震设防要求不可能与实际发生的地震烈度相同，实际发生的地震有小震、中震和大震之分，故抗震设计的原则是“小震不坏，中震可修，大震不倒”。根据这个原则所设计的土木工程，不但能减轻地震灾害，而且能合理使用建设资金。

地震是可怕的，但满足抗震设防要求所设计和施工的土木工程设施应该是可靠的，至少是可以“裂而不倒”，不会引起生命伤亡。

3.6.3　风灾、洪灾与雪灾

除地震灾害外，风灾、洪灾与雪灾也会给土木工程造成巨大灾害。随着温室气体排放的增加，地球正在缓慢变暖，极端天气明显增多，由此引起的超历史记录的台风、洪水及暴雪等天气也明显增多，不仅给各国带来了巨大的直接经济损失和人员伤亡，也给土木工程带来了极大的破坏和挑战。土木工程抵御风灾、洪灾与雪灾的要求与能力需要不断提高，理论也需要不断发展。

图3-41为2010年超强台风鲇鱼的卫星云图。台风带来的损失与破坏，具有影响范围大、一次持续时间长等特点。台风所经过的地区都会受到影响。台风对土木工程的危害主要是直接使建筑、桥梁、塔桅结构等受到巨大的风力作用，同时台风带来的大量降水也会对建筑、桥梁等工程造成损害，还可能引起地质灾害。图3-42是输电线塔在台风中被破坏的照片，图3-43是洪水淹没城市建筑的照片，图3-44是洪水冲毁桥梁的照片。台风一般在海洋上形成，因此主要对沿海地区影响比较大，如我国的海南、广东、福建、浙江等地区。世界上每年的台风大都形成于太平洋，所以环太平洋区域是受台风、洪水影响比较大的地区。如2005年8月卡特里娜飓风给美国南部四个州带来了巨大损失，整个新泽西几乎全被淹没。除台风带来的洪涝灾害外，每年雨季区域性大面积降水也会形成较大的灾害，如我国长江流域、淮河流域、松

图3-41　超强台风鲇鱼卫星云图

图3-42　台风造成的输电线塔破坏

图 3-43　洪灾后城市被淹没

图 3-44　洪水冲毁桥梁

花江流域和黄河流域经常会发生洪涝灾害。保证土木工程在台风中的安全性及适用性，在建筑、桥梁等工程设计中，要确定台风对工程所产生的作用及其效应。高层建筑及大型桥梁设计中，抗震、抗风设计是结构设计的重要内容。

各类土木工程在冬季还会受到雪荷载的作用，大的雪荷载及由此引起的冰雨等还会引起建筑结构及输电线塔等结构产生破坏。图 3-45 为单层钢结构工业厂房在雪载作用下倒塌的工程案例；图 3-46 为输电线塔在雪荷载和冻雨作用下倒塌的案例。2008 年发生在我国湖南等地的长期低温和雨雪天气，导致了大量输电线塔倒塌，产生了巨大的经济损失。低温雨雪天气还会对道路、桥梁等结构造成较大的破坏。

图 3-45　雪荷载引起的厂房倒塌

图3-46　雪荷载及冻雨引起的输电线塔破坏

在各类设计规范中所采用的由自然因素带来的作用，如风荷载、雪荷载、地震作用等，都是根据历史记录的资料，经统计分析，结合结构设计原则与方法确定的。随着极端灾害的发生，需要对所采用的标准及具体数值进行不断地修正和调整。另一方面，随着经济、社会的不断发展，人们对工程安全性、适用性与耐久性等功能要求的不断提高，工程抗灾减灾能力的设防标准也要不断提高。

3.6.4　地质灾害及防治

地质灾害是指在地球的发展演化过程中，由各种自然地质作用和人类活动所形成的灾害性地质事件。我国幅员辽阔，人口众多，气候多变，地形地

貌和地质条件非常复杂，是世界上地质灾害危害最严重的国家之一。地质灾害在时间和空间上的分布及变化规律，既受制于自然环境，又与人类活动有关，后者往往是人类与地质环境相互作用的结果。地质灾害具有自然属性，又具有社会经济属性。自然属性是指与地质灾害的动力过程有关的各种自然特征，如地质灾害的规模、强度、频次以及灾害活动的孕育条件、变化规律等。社会经济属性主要指与成灾活动密切相关的人类社会经济特征，如人口和财产的分布、工程建设活动、资源开发、经济发展水平、防灾能力等。

许多地质灾害不是孤立发生或存在的，前一种灾害的结果可能是后一种灾害的诱因或是灾害链中的某一环节。在某些特定的区域内，受地形、区域地质和气候等条件的控制，地质灾害常常具有群发性的特点。

崩塌、滑坡、泥石流、地裂缝等灾害的这一特征表现得最为突出。这些灾害的诱发因素主要是地震和强降雨过程，因此在雨期或强震发生时，常常引发大量的崩塌、滑坡、泥石流。

图 3-47 2010 年甘肃舟曲特大泥石流灾害

例如，1960 年 5 月 22 日智利接连发生了 7.7 级、7.8 级、8.5 级三次大地震，而在瑞尼赫湖区则引发了体积为 $3\times10^6m^3$、$6\times10^6m^3$ 和 $30\times10^6m^3$ 的三次大滑坡，滑坡冲入瑞尼赫湖使湖水上涨 24m，湖水外溢淹没了湖泊下游 65km 处的瓦尔迪维亚城，全城水深 2m，使 100 多万人无家可归。在这次灾害过程中，地震—滑坡—洪水构成了一个灾害链。1988 年 11 月 6 日我国云南澜沧耿马 7.6 级地震导致严重的地裂缝、崩塌、滑坡等灾害，在极震区出现长达十几公里、宽几米的地裂缝和大量的崩塌、滑坡体，由此造成大量农田和森林被毁，175 个村庄、5032 户居民因受危岩、滑坡的严重威胁而被迫搬迁，另有许多水利工程设施受到不同程度的破坏。

在泥石流频发区，通常发育有大量潜在的危岩体和滑坡体，暴雨后极易发生严重的崩塌、滑坡活动，由此形成大量碎屑物融入洪流，进而转化成泥石流灾害。这种类型的灾害，在我国西南的川、滇等地区非常普遍。2010 年 8 月 7 日甘肃舟曲强降雨引发特大泥石流灾害，如图 3-47 所示。造成 1000 多人死亡，数百人失踪。从汶川地震到舟曲泥石流，地质灾害所引起的后果引起了人们的高度重视。

图 3-48 是大面积山体滑坡对周围建筑造成的损害。图 3-49 是某城市道路

突然出现的巨大塌陷洞。由于人类工程活动的加剧、植被的破坏、地下水的开采、城市地下空间的开发与利用等原因，山体滑坡、城市道路的塌陷等地质灾害也时有发生，所产生的后果与影响也不断恶化。

减轻地质灾害的措施主要有灾害监测与预报、灾害评估、工程抗灾与减灾、灾后救援与重建等。土木工程师的主要责任是通过工程技术的手段，提高工程抗灾、减灾的能力，提高检测、评估的科学性和准确性以及灾后重建的效率等。防灾减灾是十分复杂的系统工程，除了技术措施与手段外，还必须依靠政府的科学决策。

图 3-48　山体滑坡对建筑造成的破坏

图 3-49　城市道路出现的深度塌陷

3.7　工程结构的维护与改造

3.7.1　工程结构的检测与维护

工程结构耐久性和使用寿命与使用阶段的检测、维护是不能分割的，对处于露天和恶劣环境下的基础设施来说尤其如此。为了保证结构安全性和耐久性，工程在建成后的使用过程中，应该进行定期检测和维护。我国由于施工管理水平和施工操作人员的素质相对较差，质量控制与质量保证制度不够健全，规范对结构安全与耐久性的设置水准又相对较低，已建的工程中往往存在较多隐患，所以更有必要从法制上确定土建工程的正常使用和定期检测的要求。

现在国内有大量土建工程因步入老化期需要诊治，也有大量的违建工程需要评估，更有许多工程发生病害需要诊断和加固，各地已涌现了不少从事土建工程诊断、治理与加固的队伍，并有蓬勃发展成为一种新兴行业的趋势。对于在役土建工程的检测和评估，要建立相应的法规和标准，要有从业人员的注册和从业机构的资质认证制度，在管理体制上予以规范。

从国家对公共工程建设的投资和对工程设计的要求来看，需要有工程整个使用期限即全寿命费用支出的论证。只注意工程项目建设的一次性投资支出，很少考虑工程建成后需要正常维护与修理的长期费用，不但可能损害工程使用寿命和正常使用功能，而且经济上算总账会很不合算。在发达国家，由于新建工程少，用于维修的费用往往占很大比例，英国 1978 年的土建维修费上升到1965年的3.7倍，1980年的维修费占当年土建费用总支出的2/3。我国虽是发展中国家，但20世纪建成的大量工程已经或过早老化。国内40%公路桥梁的桥龄已大于25年，加上进入20世纪90年代以后交通量猛增，超载严重，以往的设计标准偏低，路、桥的维修问题已经十分突出。如果养护维修费用得不到保证，势必造成更大的工程安全隐患并且以后需要支出更多的大修费用。

土建工程使用过程中的安全性，应有定期的检测和正常的维护修理加以保证。对于重要的土建工程，我国尚无必须进行安全检测的法规。在基础设施工程的投资上有重新建、轻维修的倾向，不利于工程寿命和投资效益。特别是桥、隧等重要公共基础设施和公共建筑物，更需要在使用期内实施强制性的定期安全检测。

3.7.2 工程结构的再设计

既有结构为所有权移交后已投入使用的结构。一方面，随着社会的发展，既有建筑的存量越来越多，既有建筑的使用年限不断增长，越来越多的建筑需要提升其建筑的使用功能，进行改建、扩建，在建筑的改建、扩建过程中，需要对其结构进行检测鉴定和再设计；另一方面，在建筑的设计服役期内，由于受到环境的作用，结构构件的性能可能会退化，其安全性和正常使用性可能降低，或受到偶然作用而遭受一定程度的损伤或破坏，需要对结构进行加固处理，这时也必须对结构进行检测鉴定和再设计。归纳起来，既有结构的再设计适用于下列情况：

(1) 接近或达到设计使用年限结构的审核和延长使用寿命的改造与加固；

(2) 对有安全隐患的结构进行复核性再设计；

(3) 既有结构改变用途或使用环境变化而进行的再设计；

(4) 既有混凝土结构扩建、改造的再设计；

(5) 遭受偶然作用，结构受灾损坏后的修复性再设计。

既有结构的再设计不同于新建结构的设计，有其特殊性。新建结构的结构体系、结构布置、构件截面尺寸的选定以及材料强度的选择等相对自由，留给设计者选择的空间比较大，而结构再设计的空间相对则比较小。对于已有建筑的改建、扩建，其结构方案，必须考虑原有结构体系，需对整体方案进行充分的论证，加强整体牢固性；对于既有结构的加固处理，所用的加固方法、加固材料及其技术措施，也必须考虑原有结构的情况，还要考虑方案的可行性和可操作性。

新建结构的随机性较大，但可以根据规范，通过质量控制达到预定的可靠度；既有结构的材料性能、结构布置、构件尺寸和荷载等的确定性大，但必须通过检测鉴定确定。因此，既有结构再设计前，应按现行的标准、规范进行检测和可靠性评估，确定相应的设计参数。这也是确定结构改建、扩建、结构构件加固处理方案的前提。

结构再设计必须明确结构的使用年限。以提高结构使用年限为目标的结构再设计，应首先确定结构性能退化的程度，然后根据提高使用年限的具体目标，采取相应的技术措施。以改建、扩建和加固为目标的结构再设计，必须考虑新老结构构件的使用年限问题。如果要保证既有结构构件与新的结构构件达到相同的设计使用年限，除根据需要对既有结构构件进行加固外，还应采取提高既有结构耐久性的措施。否则，应降低再设计结构的设计使用寿命。

结构设计理论不断发展，结构可靠度的要求也越来越高，结构设计规范也不断修订、更新。在结构再设计过程中，必然遇到新旧规范标准不一致的问题。在既有结构的检测鉴定中，常常出现这样的问题，按旧规范分析，结构满足可靠度要求，而按新规范分析，则不满足可靠度要求。为了保证结构再设计工程的安全可靠，对于其承载能力应满足新规范的要求；对于正常使用性能一般也要满足新规范的要求。但由于技术和经济上等方面条件的限制，对于正常使用性能不满足新规范要求的结构，也可以通过限制其使用功能和使用年限的方法解决。

既有建筑加固改造的主要内容有：

(1) 既有建筑物主体的改造。主要涉及以下方面：既有民用及工业建筑的常规加固，包括承重结构的加固改造、既有建筑的平移加固改造、既有建筑地基基础的加固改造、既有建筑抗震能力评估与震前加固、既有建筑防火改造等。

(2) 既有建筑功能的提升改造。功能提升涉及既有建筑保护与建筑节能的改造，绿色与智能改造，类似北京奥运会、上海世博会、广州亚运会等大型建筑物的整体改造以及改造过程的绿色施工等。

(3) 既有建筑的设备改造。涉及节水、空调系统、智能化系统设备、能源系统(包括热源、供热、空调系统，电力系统)的升级改造等。

(4) 优秀历史建筑的综合改造。很多文物建筑由于千百年的自然风化和人为损害，已经到了非常危险的程度。对文物建筑的加固维修包括采用的维修材料、维修工艺及维修技术等。

(5) 建筑区域环境的改造。既有建筑区域大多仅仅满足居住的基本功能，对居住环境(包括公共绿地、停车场、公共体育场地等)的重视和建设不足，急需对居住环境进行较大的提升和改造等。

3.7.3 既有建筑改造加固的发展趋势

汶川地震、玉树地震的发生预示着近期地震十分活跃，因此，对既有建筑抗震能力的加固与改造提出了十分紧迫的要求。汶川地震后我国政府制定了对全国中小学建筑的普查和加固计划，随之而来的就是医院、大型公共建筑(机场、火车站、大型的体育场馆等)的抗震加固以及防火、防连续倒塌的改造加固。公共建筑的抗震加固已经成为防灾、减灾的首要工作。此外随着城市住宅老龄化、抗震标准的不断提高以及大量存在的城市烂尾楼，亟待对这些使用中的既有建筑进行定期的维护，对既有建筑进行生态化、建筑节能等

大量的加固改造，并且我国众多的文物建筑，经过千百年的自然风化和人为损害，已经到了非常危险的程度。文物建筑的加固维修工程也越来越多，与加固改造配套的鉴定、检测等项目也日益增加。这些都促进了我国既有建筑结构加固改造市场的不断扩大，加固的业务需求也将继续增大，结构加固维修行业将存在着巨大的市场空间。既有建筑的鉴定加固工作不仅仅是工程技术问题，更是建筑领域贯彻国家节能减排、绿色低碳、建设和谐社会及可持续发展的产业政策问题。

阅读与思考

3-1　阅读结构设计原理、荷载与设计方法、地震、火灾、洪水、台风等对土木工程及人类生命财产损害的资料，工程结构检测、评估与加固等方面的教科书和文献资料。

3-2　思考和举例说明各类结构构件的受力形式。

3-3　思考和分析结构水平和竖向分受力体系的组成原理。

3-4　土木工程上所用的材料主要有哪些类型？各有哪些物理力学特点？

3-5　如何理解在保证结构安全、适用、耐久的前提下，尽量要求经济、美观的设计原则？

3-6　自然灾害和人为灾害有哪些特点？结构抗灾减灾有哪些途径？

第4章 土木工程专业知识构成概要

本章知识点

本章围绕土木工程专业的知识结构与能力结构，介绍土木工程专业的知识体系与课程设置，概括说明土木工程专业的认知规律及素质要求，分析与理解基础课程、学科基础课程及专业课程之间的关系，理论、实践与创新的关系，为学好土木工程专业打好思想基础。

只有认识土木、热爱土木，才能立志学好土木，最终服务土木。通过前面内容的学习，大家对土木工程及土木工程专业一定有了初步认识，算是初识土木。但随着学习的深入，对土木的认识还会不断加深。课程中介绍的土木工程与人类文明的关系、与经济社会发展的关系以及土木工程为人类所留下的宝贵遗产和所取得的伟大成就，给我们留下了深刻的印象，让我们开始热爱这个专业。本章简要介绍土木工程专业的知识结构与能力结构、知识体系与课程设置。结合土木工程专业的特点，探讨自然科学与工程技术、工程经济与工程美学之间的关系，分析与理解基础课程、学科基础课程及专业课程之间的关系，理论、实践与创新的关系，认识学好土木应掌握的基础理论及现代科学技术工具。

4.1 工程科学、技术、美学与经济

工科是应用数学、物理学、化学等基础科学的原理，结合生产实践所积累的技术经验而发展起来的学科。基础科学的主要任务是发现自然规律或自然法则，去探索世界中存在的未知事实；工程技术则主要利用这些自然规律或自然法则，通过一定的方法和工艺过程，去研究开发与制造新的产品，即自然世界中本不存在的东西，或改变物质的存在状态与形式。土木工程是一个传统的工科专业，属于工程技术的范畴，它的主要作用是建设各种各样的工程，如建筑工程、道路与桥梁工程、隧道工程等。在自然世界中，这些工程本不存在，是人们利用材料科学、数学、力学等基础科学的原理，通过系统的、综合的技术方法与手段建造出来的。

4.1.1 材料科学与材料技术

材料科学的主要任务是发现和认识材料的本质特性，在材料科学的基础

上，材料技术则是开发与利用材料。在土木工程材料中，水泥遇水硬化，石膏失水硬化，钢材中添加合金元素其性能会改变，混凝土的抗压强度高、抗拉强度低，等等，这些都属于材料科学问题。因为这是材料的自然、内在特性。在掌握这些材料的本质特性的基础上，如何合理地、有效地利用这些材料特性，则是材料技术问题。混凝土材料的发现与应用，是利用水泥能够水化硬化原理的结果；在钢材中添加碳、硅、锰、钒等多种合金元素，制成各种性能优良的土木工程用钢，是因为认识了合金元素可以改变钢材性能这个道理；钢筋混凝土结构及预应力混凝土结构的出现与广泛应用，是因为巧妙地利用了混凝土和钢材的不同特性。从生土材料、砖石材料、混凝土材料、钢材到膜材料及各种纤维增强材料，其创新、应用与发展，都是从认识材料的基本特性，即材料的科学问题开始的。认识和了解材料的科学本质后，才能去研究如何利用的问题。当然在材料的利用上，还要解决生产工艺、质量控制与质量标准、规模化生产等一系列问题，这些都是材料技术所要解决的问题。材料技术随着工程的要求不断发展，但在材料技术的发展过程中，又要求对材料本质特性的认识不断深化。例如，混凝土材料出现180多年来，混凝土材料的生产与应用技术不断提高，目前国际上最先进的混凝土生产技术可以把C100的混凝土一次性泵送到600多米的高度，这除与混凝土配制生产技术水平、混凝土输送施工机械水平密切有关外，还离不开外加剂的基础研究。

材料和建筑、结构、施工一起构成建筑工程学科的主体。作为建筑工程的物质基础，建筑材料的作用举足轻重。第一，从工程造价上看，50%以上来自于建筑材料，并且随着建筑级别和档次的提高，材料所占比例不断提高。第二，正确使用建筑材料是保证工程质量的关键。多数建筑物的病害和工程质量事故都与建筑材料有关，建筑材料选择不当、质量不符合要求，建筑物的正常使用和耐久性就得不到保障。第三，建筑材料的水平和种类制约着建筑设计和结构设计的形式，影响着施工技术的发展。

建筑材料工业是我国重要的原材料工业，和建筑业一起成为我国国民经济的支柱产业之一。近年来，在我国大规模基础建设的拉动下，主要建筑材料产量快速增长。目前我国水泥和钢材的产量都位于世界首位，混凝土用量占世界总量的30%～40%。我们拥有很大的建筑材料产业，但我国的建筑材料工业并不强，集中体现在装备与技术落后、生产能耗高、发展不平衡等方面，可以说我们是“大而不强”。我国建筑材料行业发展的出路在于：①节约能源，提高能源利用率；②节约资源，提高资源利用率；③减排降污，保护环境；④提高产品质量，延长使用寿命；⑤促进科技进步，发展循环产业。

随着土木工程的发展，会不断对材料的性能提出新的、更高的要求，开发和利用新型建筑材料就成为土木工程材料的重要发展方向。进入21世纪各种新型结构材料与装饰、装修材料的发展，为土木工程的发展提供了重要支撑。新型建筑材料的开发与利用，首先要从现实的工程需要出发，利用材料科学的基本原理和综合的材料生产加工技术，才能不断改善材料的性能、扩大其使用范围，或开发新的、具有更好品质的材料。如为了提高钢材的抗高温性能和耐腐蚀性能，可以开发热强钢和耐候钢；为了改善混凝土的性能，可以开发各种聚合物或纤维混凝土；为了提高材料的强度、降低材料的自重，可以开发各种高强、轻质的聚合物材料，等等。工程的需要与科技创新是土木工程材料发展的支撑。

4.1.2 结构与力学

结构是工程的骨架，是维持工程保持其建造形态的内因。结构的最基本、最核心功能是安全。在工程的服役期内，结构能使工程保持其建造的形态，就是安全的，反之则是不安全的。因此，从科学的角度通俗地说，所谓结构安全即维持工程的平衡与稳定。平衡与稳定是自然界的普遍法则。杠杆原理、牛顿定律，这些都是人们熟知的力学原理，力学模型也非常简单，对现代科技的发展起到了巨大的作用。如何将这些普遍的力学原理应用到结构中，是结构工程所要解决的主要问题。

从原理上讲，保证结构的安全、维持结构的平衡与稳定应满足的条件也很简单，即结构构件抵抗外力的能力(承载能力)应大于外部作用在构件内产生的效应。所谓效应指结构构件的内力和变形。这涉及两方面的问题，一是外部作用在结构构件中产生的内力与变形如何求解，在结构工程中，这是结构力学所要解决的主要问题；二是结构构件的承载能力如何计算，这是结构设计原理所要解决的主要问题。这两方面的问题解决了，就解决了结构安全问题。

任何物体，无论是处于动态，还是静态，其上的力必然保持平衡；任何物体受到外力作用都会发生应变和变形，变形规律与材料本身特性及受力状态有关；物体保持整体状态的应变和变形都是连续的，这是固体力学中的三个基本条件，即平衡条件、物理条件与变形协调条件。这三个基本条件或规律，是任何连续体受力都遵循的，这是结构力学分析结构受力和变形的科学基础。但是，由于工程与材料的复杂性，由这三个条件派生出的力学模型及求解方法与手段却是千变万化的。

例如，对于单向受力的弹性问题，物理条件比较简单，力与变形成正比，弹簧就是如此。但是，对于多向受力的弹性问题，物理条件就会复杂一些，如一个平板，在两个方向上受拉(压)(图 4-1)，一个方向的变形就会受到另一个方向的影响。有些材料不是弹性材料，这时即使在单向受力的情况下，要知道力与变形的关系也非易事，更不用说是多向受力了。土木工程中应用最为广泛的混凝土材料就是这样的材料。它在很小的应力作用下，就出现非弹性性质。为了研究混凝土材料的应力-应变关系，就要采用实验的方法进行系统的研究。事实上，混凝土力学的主要研究内容就是研究混凝

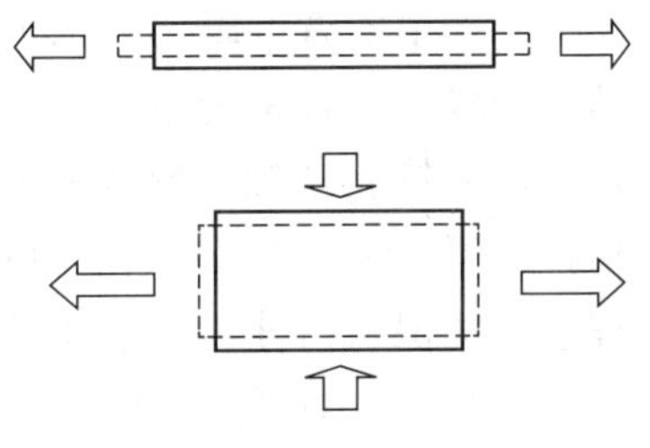
图 4-1　不同受力方式的变形

土材料在各种受力条件下的物理条件即本构关系。这个事例说明，结构的力学本质是不变的，但利用这些原理，设计与建造结构所要解决的问题，却是十分复杂的。

结构构件的承载能力不仅与材料的力学性能、构件的受力形式有关，还与构件的截面尺寸及支承方式有关。例如图 4-1 所示的简单杆件，如果受拉，其承载能力只与材料的强度和截面尺寸有关，而如果受压，还与杆件的长度及两端的支承情况有关。显然，杆件越短，两端的约束情况越好，则承受的压力越大，反之则越小。因为在受压的情况下，随着杆件长度的增加，杆件可能在材料强度未达到强度极限的情况下，由于侧向弯曲变形过大而失去稳定破坏。对于钢结构构件，构件的稳定性是决定构件承载能力的关键因素。举重运动员为什么要选身材矮小的，除了身材矮小可以降低举重高度，减小体力消耗外，很重要的原因是举起重物后，身材矮小的运动员更容易保持稳定。结构受力也是如此。

以上分析说明，内力分析与承载能力计算的科学基础都是力学。将力学的基本原理应用到结构分析中，逐步发展形成了结构力学；将材料的力学特性与材料力学原理结合起来，逐步发展形成了结构设计原理。在土木工程中，材料的力学特性一般通过实验来研究解决；结构分析往往采用很多简化，将实际工程简化为理想的力学分析模型。因此，土木工程专业必须理论联系实践。图 4-2 为结构设计与安全分析的基本框图。

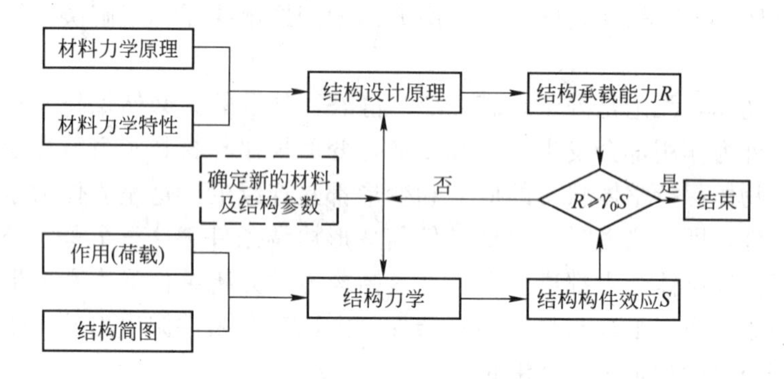

图 4-2　结构设计与安全分析的基本框图

4.1.3　结构与美学

任何工程除了满足安全、适用、耐久的基本功能要求外，还有美观与经济要求。如果前者可以比喻为人们对工程的物质需求，后者则是人们对工程的精神需求。前者是纯技术层面的问题，后者则包括了艺术层面的问题。工程师不仅应具有精细、熟练的技术，更需要创新的理念、创新的意识、创新的精神。可以说创新是工程师的灵魂，技术只是工程师的工具。而培养创新的理念、意识与精神，离不开对美学及建筑美学的理解与认识。

美学是从人对现实的审美关系出发，以艺术作为主要对象，研究美、丑、崇高等审美范畴和人的审美意识、美感经验以及美的创造、发展及其规律的科学。美学是以对美的本质及其意义的研究为主题的学科。美学是哲学的一个分支。研究的主要对象是艺术，但不研究艺术中的具体表现问题，而是研究艺术中的哲学问题，因此被称为“美的艺术的哲学”。美学的基本问题有美的本质、审美意识同审美对象的关系等。

结构形式取决于建筑形式及要求，为建筑服务。建筑的形式由六个因素决定：第一是建筑环境；第二是建筑的功能；第三是人们面临的特定宗教、气候、风景和自然的照明条件；第四是人们使用的特定材料；第五是对空间的特定心理需求；第六是时代精神。建筑美学以如何按照美的规律从事建筑美的创造以及创作主体、客体、本体、受体之间的关系和交互作用为基本任务。其具体内容是：建筑艺术的审美本质和审美特征；建筑艺术的审美创造与现实生活关系；建筑艺术的发展历程和建筑观念、流派、风格的发展嬗变过程；建筑艺术的形式美法则；建筑艺术的创造规律和应具有的美学品格；建筑艺术的审美价值和功能；鉴赏建筑艺术的心理机制、过程、特点、意义、方法等。建筑美学的基本法则是：统一、均衡、比例、尺度、韵律、布局中的序列、规则的和不规则的序列设计、性格、风格、色彩等。结构美学则是通过技术的、材料的、设备的方法与手段，实现建筑的美学要求及功能要求。探讨结构美的一些基本概念及规律，可以帮助我们更好地认识结构，创新地发展结构，使我们所建设的工程真正变成凝固的音乐。

结构的美源自于自然，师承于自然。人们关于结构美的最直接经验与感悟，都来源于对自然及前人长期积累的工程经验。当人们还没有系统力学概念与知识，还不了解材料的力学性能的时候，就能建造很多保存至今的建筑；当人们对建筑结构的概念还完全不熟悉的时候，就会体会与感悟建筑与结构的美，这其中的主要原因是人们从日常所见所感中获得了工程结构的直接经验。植物叶子中有茎，蝉翼中有粗的骨骼，伞中有伞骨，建筑平面结构中有梁、网架、桁架，自然的洞穴顶没有平的，都是圆弧的，拱桥及拱顶是人类最先采用的结构形式，等等。这些现象说明，人们关于结构的最初经验都来源于自然。而且，随着这些结构的建造及结构形式的利用，结构与力学的概念也逐渐建立与发展，并使一些特定的结构形式固定下来，从而促成了建筑风格的形成。例如，中国传统民居中的墙体、屋架、檩条、斗拱等做法与制式，就是长期工程经验积累的结果，虽然建造中没有结构分析，但用现代结构理论分析，仍能发现其结构的完美性。其他国家的建筑也是如此。

结构的美在于稳定与平衡。平衡和稳定是结构功能的核心内容。没有平衡与稳定，结构的意义就不存在了。对于实际工程结构，不仅要从结构分析的层次上保证和证明结构的稳定与平衡，而且要给人们对于结构安全与稳定的感觉，这是结构美的内在要求。如果一个工程在结构分析上是稳定和安全的，而总是给人不安全、不稳定的感觉，那么这个工程一定是不美的。这个矛盾的产生，一般是由于结构形式、材料选择等方面的原因造成的。结构的概念在结构的形式与材料的选择中起重要作用。结构概念是定性的，并不是通过精确的计算与分析完成的。在土木工程中，结构概念的产生与应用遵循着美的原则与规律。工程师的最高境界是所设计建造的工程的安全性既能在结构分析上能得到科学的证明，又能给普通的非专业人士以惊喜和美的享受，悉尼歌剧院(图 4-3)、埃菲尔铁塔(图 4-4)等世界著名工程都具备这样的特点。如果说众多建筑文化遗产的设计建造者是艺术家，那么现代伟大工程设计者就是掌握了结构技术的艺术家。

图 4-3　悉尼歌剧院

图 4-4　埃菲尔铁塔

简约是结构美的重要元素。简约的结构，一定是传力路径明确、构造与连接简单、受力合理的结构。前面有关章节已经谈到，结构的受力体系可分为水平分受力体系和竖向分受力体系两部分，分受力体系的作用及组成形式取决于其受力形式，但都是由一些基本的受力构件组成的。合理地组织这些受力构件，使其形成一个整体的结构骨架是工程师在结构设计中的首要任务。在结构中，有些构件是单独的实体受力构件，而有些构件是一些基本实体构件组成的组合构件，在结构中发挥实体构件的作用。如桁架是由一系列拉杆、压杆组成的，但桁架结构作为一个组合的构件，可以在结构中作为一个梁或柱使用，承受各种荷载作用。在结构设计与分析中，如果能很好地体会和利用这些概念与原则，就能建造美的建筑，如图 4-5、图 4-6 所示。

图 4-5　香港中银大厦

图 4-6　浦东机场航站楼

规则、对称是结构美的外在表现。安全要求结构具有平衡和稳定性，平衡与稳定的基本特征是规则与对称。一般的工程结构，尤其是高耸结构、大跨结构，都会设计成规则、对称的结构。无论是正常使用荷载作用下，还是偶然的风荷载、地震作用下，规则、对称的结构形式更容易表现出良好的性能。这就是为什么世界上的摩天大楼、大跨度公共建筑等，都是规则、对称的几何体组成的重要原因。用服装做个比喻，童装的款式非常多，色彩也非常多，可能上面还有很多小动物、小花边做装饰，而成人正装的款式就非常简单，如西服，变化的只能是面料、颜色、做工等。建筑也是如此，大都市的建筑犹如城市的正装，庄重典雅、简洁大方是它的特征。因此，规则、对称有利于结构受力，也是外在美的基本元素。但随着建筑所要表达、传递的理念越来越抽象，建筑的功能越来越多样和综合，外观造型及空间分割越来越复杂，为满足建筑的要求，不规则结构的设计也越来越多，这给工程师提出了越来越多的问题与挑战，由此也会不断推动结构分析的创新与发展。

尺度与比例是结构美的客观要求。结构为建筑空间提供支撑，结构作为整体在空间中的尺度与比例，结构中各构件的尺度与比例等，都直接影响建筑的美。隐藏在建筑内的结构，其尺度与比例是否满足美的要求，取决于为建筑提供了多大的空间。人们对空间的感觉除了与功能要求有关外，还与人的习惯、行为及建筑采光、通风与景观等因素有关。当结构占有过多的建筑空间时，使置身于其中的人感觉压抑与逼仄时，就没有建筑的美，结构的美也就不存在了。暴露在外的结构，其尺度与比例是否满足美的要求，不仅与所能提供的建筑空间有关，还与环境及建筑尺度等有关。例如鸟巢、广州电视塔这样的暴露结构，结构尺度与比例的确定是非常重要的。结构中各构件的尺度与比例，也是影响结构美的重要因素。美的结构，不仅各构件的尺度与比例协调、均衡，而且一定满足受力合理的原则。

结构美具有时代性。从审美的角度看，美与文化、宗教、生态环境等因素有关，因此不同国家、民族、宗教、气候环境条件下的人们，其审美观有一定的差别，表现在建筑上，就是不同国家、地域、民族及宗教的人们创造了属于自己风格的建筑。但随着现代科技的发展、国际交流与合作的日益加深、人们对现代生活的向往与崇拜，人们对建筑美的要求越来越体现在对现代生活方式的热爱、对现代科技的应用及对美的内在客观要素的追求上。结构为了满足人们对建筑审美要求的发展及变化，会越来越多地应用现代科技所产生的成果——新材料、新设备、新技术，建造很多新的结构，如图 4-7、图 4-8 所示。

结构技术的发展会不断推动结构形式的发展，建造更多体现时代特点的美的建筑与结构。结构技术的发展体现在计算理论的发展、新材料与设备的开发与应用等方面。图 4-9、图 4-10 分别为国家游泳中心(水立方)的外观及钢结构。该建筑能给人们强烈的美的享受的主要原因是综合应用了新材料、新设备技术及结构建模与分析计算技术。作为一种新的结构材料，膜结构的应用与发展，是近几年材料科技发展对结构形式发展起推动作用的典型案例。

图4-11所示的索膜结构，以其简洁、明快的结构形式，被广泛应用于各种建筑及建筑小品中。由于材料与计算理论的发展，也使仿生的建筑与结构成为现实而广泛应用于现代建筑中，如图4-12所示，这也许是建筑回归自然、结构效仿自然的必然之路与归宿。如果没有现代设计理论做支撑，没有先进的材料与施工制造技术，这些建筑只能是建筑师的梦想。现代计算理论、材料与设备技术等的发展，大大地释放了建筑师的想像力与创造力，给建筑师的创造力赋予了无限的可能。科技的进步，使建筑从梦想到现实的时间变得越来越短。如果时间向后推移若干年，悉尼歌剧院那样的建筑，已不需要建筑师长期的等待。图4-13、图4-14那样异想天开的建筑已不难实现。或许有一天，结构师会成为建筑美的真正创造者与实现者，建筑师只是幻想者。

图4-7 迪拜生态建筑(模型)

图4-8 树纹塔摩天大楼(模型)

图4-9 水立方外观

图4-10 水立方的钢结构

图4-11 膜结构收费站

图4-12 仿贝壳的网壳结构屋顶

图 4-13　奇特建筑 1

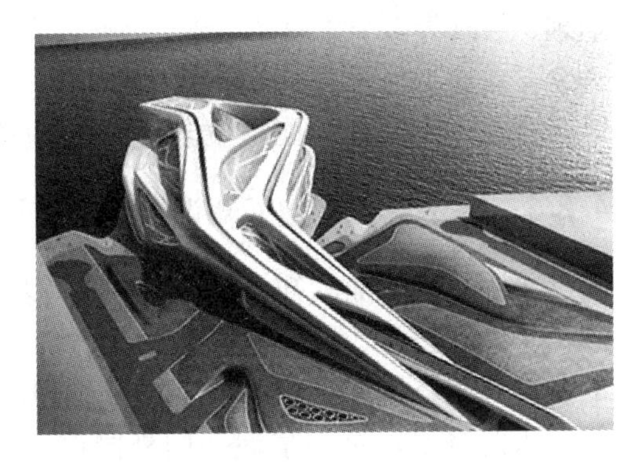

图 4-14　奇特建筑 2

4.1.4　结构与经济

经济是建筑安全、适用、耐久、美观要求的协调者。安全、适用、耐久有客观标准，但人们对这些功能的要求总是越高越好。美观本身没有客观标准，但往往需要新材料、新技术、新设备的应用，才能达到美观的要求。因此，人们对美观的要求也是无止境的。而且，达到安全、适用、耐久与美观的技术、方法与手段不是惟一的，是有选择性的。因此，如果没有一个其他指标与要求，在众多的要求与选择中协调、平衡与优化，工程建设就失去了控制，就不能合理有效地利用资源，也不能制定符合社会发展与经济水平的建设标准与策略。经济指标与要求就是工程建设众多指标的协调指标与要求。工程建设要求百年大计，也就是要求在现有的技术条件下，适当地提高建设标准与质量要求，以满足长期使用的安全要求、适用要求与美观要求，有良好的耐久性。对于重要的工程，还可以提出一些更高的标准要求。但是，对于大量的工业与民用工程，其标准要求都取决于社会发展与经济发展水平。国家与地方政府通过立法、标准规范的制定等途径与措施，将工程建设的标准限制在与社会发展水平与国家经济发展相适应的范围内，在立足于现实的基础上，着眼于未来的发展。任何工程都有若干可供选择的方案，在一定程度或一定范围内，经济指标与要求往往会成为方案选择的最终标尺。这个法则可能永远不会变，这也是结构工程师在工程建设中必须考虑的重要因素。但是，随着科技的发展、社会的进步，工程建设应更加重视长期效应，更加重视生态、环境、节能低碳与可持续发展等综合、动态经济指标，而不仅仅是工程直接投资的静态指标，这应是在使用经济指标这把标尺时，工程师与管理者应把握的度。

4.2　土木工程专业的知识结构与能力结构

土木工程专业的工程对象及业务范围非常广，职业去向十分多样。因为土木工程的对象包括建筑工程、道桥工程、隧道工程、地下工程、港口工程、水利工程、矿山工程等，每个工程对象中的工作内容又分勘察、设计、施工、

监理、管理等多个方面和环节。因此，专业培养应贯彻“大土木”的人才培养理念，在这一理念下，应坚持“宽口径、厚基础”的培养原则，这样才能培养既符合现实工程需要的适应能力强的、也符合土木工程未来发展的专门人才。

4.2.1 土木工程专业的知识结构与体系

土木工程专业的知识结构为：具有基本的人文社会科学知识；熟悉哲学、政治学、经济学、社会学、法学等方面的基本知识；了解文学、艺术等方面的基础知识；掌握工程经济、项目管理的基本理论，并对其中的若干方面有较深入的修习；熟练掌握一门外国语；具有较扎实的数学和自然科学基础；了解现代物理、信息科学、环境科学、心理学的基本知识；了解当代科学技术发展的其他主要方面和应用前景；掌握力学的基本原理和分析方法；掌握工程材料的基本性能、工程测绘的基本原理和方法、画法几何与工程制图的基本原理；掌握工程结构构件的力学性能和计算原理；掌握土木工程施工和组织的一般过程和管理、技术经济分析的基本方法；掌握结构选型、构造的基本知识，掌握结构工程的设计方法、CAD和其他软件应用技术；掌握土木工程现代施工技术、工程检测和试验基本方法；了解本专业的有关法规、规范与规程；了解给水排水、供热通风与空调、建筑电气等建筑设备、土木工程机械及交通、土木工程与环境的一般知识；了解本专业的发展动态和相邻学科的一般知识。

土木工程专业的知识体系由四部分组成：工具性知识，人文社会科学知识，自然科学知识和专业知识。每个知识体系所涵盖的知识领域见表4-1。

土木工程专业知识体系和知识领域 **表4-1**

序号	知识体系	知识领域
1	工具性知识	外国语、信息科学基础、计算机技术与应用
2	人文社会科学知识	政治、历史、伦理学与法律、心理学、管理学、体育运动
3	自然科学知识	工程数学、普通物理学、普通化学、环境科学基础
4	专业知识	力学原理和方法、材料科学基础、工程项目经济与管理、结构基本原理和方法、施工原理和方法、计算机应用技术

在专业知识体系中，又分七个知识领域，包括：力学原理和方法，材料科学基础，专业技术相关基础，工程项目经济与管理，结构基本原理和方法，施工原理和方法，计算机应用技术。在专业知识体系的基础上，还设有专业教育实践体系。其主要内容为：各类实验、实习、设计和社会实践以及科研训练等。实践体系分实践领域、实践知识与技能单元、知识与技能点三个层次。通过实践教育，培养学生具有实验技能、工程设计和施工的能力与科学研究的初步能力等。同时要求将创新训练贯穿在专业教育与培养中，培养学生的创新思维、创新方法与创新能力。

这四部分知识体系大体可分为三个阶段学习，第一阶段是工具性知识及人文社会科学知识，一般安排在一、二年级学习；第二阶段为专业基础知识，一般安排在二、三年级学习；第三阶段为专业知识，一般安排在三、四年级学习。有些知识领域及知识单元，会穿插在各个阶段之中。在专业知识学习阶段，可以根据学生的兴趣及职业规划，选择不同的专业方向。但是，无论选择什么专业方向，其公共基础课程及专业基础课程都是一样的，这就是“宽口径、厚基础”培养原则在培养方案中的具体体现。表4-1～表4-3为土木工程专业人才培养方案中规定的知识体系、知识领域、实践单元。

专业知识体系中的知识领域 **表4-2**

序号	知识领域	推荐课程
1	力学原理与方法	理论力学、材料力学、结构力学、流体力学、土力学
2	材料科学基础	土木工程材料
3	专业技术相关基础	土木工程概论、工程地质、土木工程制图、土木工程测量
4	工程项目经济与管理	建设工程项目管理、建设工程法规、建设工程经济
5	结构基本原理和方法	工程荷载与可靠度设计原理、混凝土结构基本原理、钢结构基本原理、基础工程、土木工程试验
6	施工原理和方法	土木工程施工技术、土木工程施工组织
7	计算机应用技术	计算机专业软件应用

实践体系中的领域和单元 **表4-3**

序号	实践领域	实践单元	实践环节
1	实验	普通物理实验、普通化学实验	基础实验
		工程力学实验、流体力学实验、土工实验、工程材料实验、混凝土基本构件实验	专业基础实验
		建筑结构实验、桥梁工程实验、地下建筑工程、岩土工程、道路工程实验(专业实验根据专业方向选择)	专业实验
2	实习	房屋建筑、地下建筑、桥梁、基坑、边坡、地基基础	认识实习
		工程测量、工程地质、各专业相关课程	课程实习
		建筑工程、桥梁工程、道路工程、矿山与地下工程、岩土工程	生产实习
		建筑工程、桥梁工程、道路工程、矿山与地下工程、岩土工程	毕业实习
3	设计(根据专业方向选择)	各专业方向相关课程	课程设计
		房屋结构、桥梁设计或研究、地下建筑结构设计或研究、岩土工程设计或研究、道路工程设计或研究、轨道与交通工程设计或研究、防灾与风险评估设计或研究	毕业设计(论文)

4.2.2　土木工程专业的能力结构

优秀的土木工程师不仅要具有能适应现实工程与职业需要的专业能力和综合素质，还要具有适应社会和土木工程未来发展要求与挑战的能力。这些能力包括工程能力、管理能力、研究与开发能力、表达和沟通能力、团队合作能力、创新能力与自我学习与发展能力。

工程能力是指具有应用专业知识从事勘察、设计、施工、检测、监理等方面技术工作的能力。由于所从事的工作岗位不同，其工程能力的侧重与知识要求有所不同。如从事勘察工作，对工程测量、水文地质、岩土工程等方面的知识要求比较高；设计工作则对力学、结构设计原理、结构设计等方面的知识要求比较高。但是，不论从事何种方面的技术工作，都需要努力培养综合运用知识的能力，都需要从系统性与整体性的高度上，看待与处理所从事的工作环节。

土木工程从可行性分析、规划设计到施工营运，是一个长期的、复杂的系统工程。在整个过程中，涉及投资、人力资源、项目、质量、安全等多方面的管理与控制以及多专业、多工种的配合与协调。而且土木工程具有投资大、建设周期长、野外作业多等特点，没有很好的管理，不仅会造成很大的浪费，而且无法保证质量、安全与进度。因此，培养土木工程专业人员的管理能力非常重要。

土木工程师的表达、沟通能力与团队协作能力也十分重要。这是由土木工程的特点及土木工程专业的性质决定的。工程师在工程建设中，无论做哪方面的工作，无论处于哪个工作阶段中，都要与方方面面的人打交道，因而应具有良好的表达、沟通与团队协作能力。任何工程都要经过方案设计、初步设计、施工图设计及施工等多个环节，每个环节中都不是一个专业、一个工种、一个技术人员所能单独完成的。在方案论证阶段，工程师要采用文字、图、多媒体等多种手段表达与展示方案，并具有良好的口头表达能力，逻辑地、系统地介绍方案；在具体设计中，各专业之间也要通过文字、图及语言等方式互相沟通；在施工过程中，工程师要准确、清晰地向其他专业或工种的人传达技术做法与技术要求等。

工程师的能力与水平还体现在创新能力与研究开发能力上。工程师只有具备创新能力和研究开发能力，才能研究开发新材料、新技术与新的结构形式，并大胆地应用到工程实践中，才能适应实际工程中千变万化的客观要求，解决实际工程中遇到的各种各样的复杂问题，建造满足各种功能要求的工程。一般而言，由于实际工程的要求与条件比较复杂、变化也比较大，解决实际问题的方法也不是惟一的，所以可以说很难有完全一样的工程或工程条件，工程师必须具有综合应用知识、创新地解决工程问题的能力。对于复杂的工程问题，还应通过科学研究加以解决。没有创新、没有研究开发，工程技术就不会发展，我们也就看不到一个又一个工程奇迹。

土木工程师要具备创新能力，不断适应社会和土木工程发展的要求与挑战，不仅要有扎实的理论基础，宽广的知识构架，还要不断实践、不断学习。土木工程专业对数学、力学等基础理论知识的要求比较高，而且其专业知识覆盖的面比较宽，没有扎实的理论基础、宽广的知识面，很难综合分析解决问题，就不可能把专业知识融会贯通地用好、用活。但是，要用好、用活专业知识，必须不断实践，并在实践中体会领悟专业知识的精髓及作用，同时不断从实践中发现问题，寻找工程问题的实质，构建力学模型，用理论或新的技术与方法去解决这些新问题，在解决问题的过程中，提炼理论、技术与方法，使其变成有普遍意义的理论、技术与方法。

土木工程专业知识结构与体系中包含的内容十分丰富，专业能力要求也非常高，而且主要体现在是否具有独立从事专业技术工作的能力上。尽管土木工程专业对数学、力学等基础学科的要求比较高，专业基础课程的理论性比较强，但很多专业知识与理论又是通过大量的工程经验与系统的实验研究得到的，实践性又比较强。例如，在结构设计中，结构分析与计算虽然是非常重要的内容，但概念设计、构造设计等定性的设计要求也是重要的内容，这些内容都是从大量工程经验与实验研究得到的，对于没有工程经验和工作积累的学生来说，很难理解与掌握。因此，学好土木绝非易事，不仅要勤奋刻苦、严谨求实，还要注意方式方法。要做好结合的工作，做好综合的文章。所谓结合，就是理论与实践要结合。具体地说，书本知识与工程实践要结合，课堂学习与实验室实验、设计与施工现场实习要结合，向学校教师学习与向工程师学习相结合，接受知识与获取知识相结合；所谓综合，就是学会综合运用知识，提高综合素质，解决系统的、整体的、综合问题。

古人云，师傅领进门，修行靠个人。大学学习的性质是专业学习，是为职业生涯准备的，独立工作能力是职业工作的最基本要求，因此，在大学学习阶段必须培养自我约束、自我学习、自我完善的习惯。“猎者，必之山林，渔者，必之江湖，而学者，必游于贤人君子之域”，大学所能提供给学生的环境与条件，比直接传授给学生知识更为重要。认识这一点，对于学好专业、培养综合素质非常重要。

4.3 数学、力学及其工程应用

土木工程离不开数学、力学。数学、力学是土木工程专业核心的学科基础知识。从比较简单工程尺寸与工程量计算、工程测量，到复杂的结构分析与设计，处处会用到数学与力学。现代土木工程的发展，其重要支撑是数学与力学的发展。力学描述结构现象，数学给出解答。

4.3.1 土木工程专业中的主要数学、 力学课程

在土木工程专业的人才培养方案中，数学课程主要包括高等数学、线性代数、概率论与数理统计、数学物理方程等课程，其中高等数学、线性代数、概率论与数理统计是最基本的三门课程，而高等数学又是基础的基础。微积

分、偏微分方程、级数等数学知识与方法，被广泛地应用于解决工程问题。线性代数是解决力学问题的首要工具，可以毫不夸张地说，没有线性代数，就没有现代力学。工程中的参数都具有随机性和不确定性，概率论与数理统计是处理随机性和不确定性问题的重要工具和方法。因此，不掌握这些数学理论与知识，就不能理解与掌握力学分析方法，更不能很好地解决工程技术问题。

力学课程主要包括理论力学、流体力学、土力学、材料力学、结构力学、弹性力学、有限元等课程。理论力学主要讲授一些基本的力学概念与方法，如静力学中的平衡条件，动力学中的达朗贝尔原理等；材料力学主要讲授材料的受力性能及截面内力分析，内力与变形、应力分析与稳定分析原理等；结构力学主要讲授结构的内力分析。理论力学、材料力学是结构力学的基础，结构力学是结构分析设计的基础，材料力学是结构设计原理的基础。土力学主要讲授土的性质及基本力学性能，土的强度等概念，是地基基础的基础。弹性力学、有限元等课程也是土木工程重要的力学基础课程。

4.3.2 力学建模与数学求解

一般来说，结构工程理论的发展必然经历力学建模或实验研究、数学求解、工程应用三个阶段。所谓力学建模是指，在正确理解与把握工程现象的基础上，抓住现象的本质特征，根据力学概念与原理，建立力学模型。有些现象无法直接建模，则需要通过实验研究，根据实验数据统计、回归分析才能建立模型。任何力学模型实际上就是一个数学方程。因此，第二步的问题就是采用适当的数学方法对方程进行求解。实际工程的方法越简单越好，越便于应用和解决工程问题。为此，在理论求解的基础上，还要对得到的方法和结果进行一些标准化或规范化的处理，形成通用的、简单的、规范采纳的方法。

如图4-15所示为一简单的振动问题。假设地面以加速度 $\ddot{x}_g$ 振动，小车的质量为 m，弹簧的弹性系数为 k，小车相对于地面的振动加速度为 $\ddot{x}$，速度为 $\dot{x}$，小车运动的阻尼(或摩擦)系数为 C，现在要求解小车运动的规律。这个问题的力学实质是动平衡问题，既然是动态平衡，必然考虑惯性力，其力学方程为

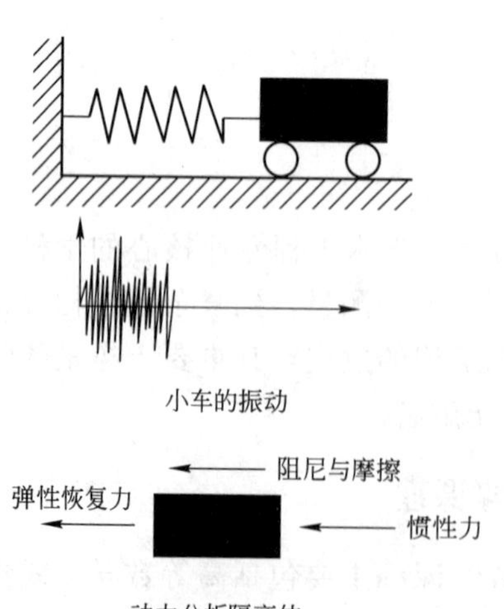

图4-15 振动及求解

$$m(\ddot{x}+\ddot{x}_g)+c\dot{x}+kx=0 \qquad (4\text{-}1)$$

式中第一项为惯性力，第二项为阻尼力，第三项为弹性恢复力。化简式(4-1)可得

$$\ddot{x}+\frac{c}{m}\dot{x}+\frac{k}{m}x=-\ddot{x}_g \qquad (4\text{-}2)$$

式(4-2)从数学上说是一元二次常系数线性偏微分方程，解这个方程就可以得

到小车的运动规律。在上述问题的建模过程中，并不需要高深的理论与知识，但解决问题的方法与思路确是土木工程中的一般原则。这个简单的动力学例子，也是结构动力学、工程抗震最基础的原理。

在力学建模或实验研究的过程中，必须牢牢记住力学的基本概念与原理。平衡条件、物理条件、变形协调条件等这些基本的概念与原理，是解决任何力学问题都必须用到的。无论什么方法，都要满足这些基本的条件。方法可以千变万化，但原理永远不变。只是随着问题复杂性的增加，力学方程也越来越复杂，所需要的数学方法与手段也越来越复杂。例如，解静定问题，只需要平衡条件就可以了，力学方程也非常简单，一般就是代数方程，手算就可以解决。但是，解超静定问题，除平衡条件外，还需要变形协调条件，这时就必须用线性代数来求解。因为手算只能解决低维方程组，而多维方程组必须依靠计算机求解。线性代数实际上是为解多维方程提供计算方法。

图 4-16 所示的两个梁，第一根梁只有两个支点，求每个支点承受的力非常容易，用简单的杠杆原理，即简单的力的平衡条件就可以解决。但同样的梁，如果多一个支点，还是要求支点的力，仅凭平衡条件就无法解决，必须增加变形协调条件。其解决方法是，把其中任意支座解除，用一个力来代替(必须与支承方式相吻合)，这时超静定的问题，就变成了静定问题，只是多了一个未知的力，增加一个支座位移不变的条件就可以解决了。这是简单的超静定问题求解的例子。结构工程中，几乎所有的结构都是超静定问题，其基本的力学原理都是这样的。

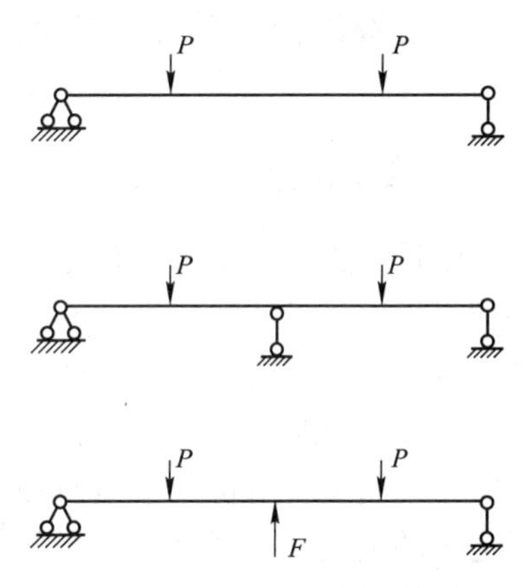

图 4-16　静力静定与超静定

在力学建模中，有些概念虽然非常简单，但十分重要。隔离体的概念与方法就非常简单，但如果能比较深刻地理解隔离体的意义，能灵活熟练地应用隔离体的概念，在任何隔离体上都能很好地建立平衡条件、边界条件与变形协调条件，就会比较熟练地驾驭力学，剩下的就是数学方法问题了。图 4-16 解超静定问题，实际上就是应用了隔离体的方法，在解题过程中，可以把支座假设解除，用力来代替。但用什么样的力代替，必须与支座的受力条件与形式相吻合。

在结构工程中，大量的问题都没有解析解。因此，在结构工程中，数值计算方法就非常重要。把连续的物体离散化、把整体的物体划分成微小的单元，然后把离散的物体、微小的单元集合成整体。这些概念与方法，在土木工程中被广泛应用，现已成为力学中重要的、不可或缺的方法，如有限单元法等。

4.3.3　从生活中学习力学

力学与生活息息相关。注意观察生活，从生活中发现力学、理解力学的真谛与美，是学好力学、用好力学的重要方法。用木板制成的木桶、酒桶，之所以能盛液体，是因为木桶外有钢箍，钢箍预先将木板紧紧地挤压在一起，使木板之间产生很大的挤压力。在混凝土中使用预应力钢筋，发展预应力混凝土结构，其原理也在于此。混凝土抗拉强度低，使用预应力钢筋对混凝土施加预压力，就可以保证构件截面不产生拉应力，或降低拉应力，从而防止混凝土构件开裂或减少裂缝宽度。举重运动员能举起的重量很大，但举起大的重量后，能维持的时间却很短，而且无法走动。结构也是如此，如果结构承受的压力非常大，接近或超过设计承载能力，变形能力就大为降低，结构的抗震性能就会变差。一些建筑的屋面会被大风吹飞，是因为大风时屋面上风速大、压力低，而建筑内的空气处于静止状态、压力大，屋面在比较大的压力差作用下被掀起。生活中的力学现象很多，只要注意观察、勤于思考，就会有很多收获。

4.4　结构设计、施工及其质量监督

4.4.1　结构设计与施工

设计与施工是土木工程专业的主要技术工作。工程设计是指为工程项目的建设提供技术依据的设计文件和图纸的整个活动过程，它是建设项目生命期中的一个重要阶段，是建设项目进行整体规划和具体实施意图的重要过程，是科学技术转化为生产力的纽带，是处理技术与经济关系的关键性环节，是确定与控制工程造价的重点阶段。工程设计是否经济与合理，对工程建设项目造价的确定与控制具有十分重要的意义。

结构设计的对象一般都是单项工程中的结构部分。其主要内容和任务是综合应用力学、地基与基础、结构分析与设计、工程抗震等理论，通过结构选型与布置，结构分析与截面设计，结构施工图绘制与设计文件的编制等工作内容和流程，为建设的工程提供技术依据与指导文件。单项工程的结构施工图是单项工程结构施工、工程概预算与结算的重要依据；结构分析与设计计算书，是分析评价设计是否合理、是否满足规范要求及强制标准的重要依据。

工程施工是指工程建设实施阶段的生产活动，是各类土木工程的建造过程，也可以说是把图纸所表达和规定的建设内容变成实物的过程。它包括地基基础、主体结构、建筑装饰装修施工等。施工作业的场所称为施工现场，俗称工地。

4.4.2　设计与施工的质量监督

1. 建设工程质量监督

为保证工程建设质量，保障人民的生命财产安全，维护公共安全和公众利益，我国制定了比较完整的建设法律、法规体系，由县级以上地方人民政

府建设行政主管部门对本行政区域内的建设工程质量实施监督管理。质量监督管理具有权威性及强制性，由建设行政主管部门代表国家依法行使职权，并且不局限于建筑活动的某一过程，而是贯彻于建筑活动的全部过程；亦不局限于某一单位主体，而是针对建设单位、勘察单位、设计单位、监理单位与施工单位等各方主体进行监督管理。其性质是政府为了确保建设工程质量、保护民众生命和财产，按国家法律、法规、技术标准、规范及其他建设市场行为管理规定的一种监督、检查、管理及执法行为。任何建设活动都必须纳入政府的监督管理之中。

国家建设工程质量管理条例明确界定了市场经济下政府对建设工程质量监督管理的基本原则：①目的，保证建设工程使用安全和环境质量，保护人民生命财产安全。②主要依据，法律、法规和建设强制性标准。③主要方式，政府认可的第三方质量监督机构之强制监督。④主要内容，地基基础、主体结构、使用功能与环境质量及与此相关的工程建设各方主体的质量行为。⑤主要手段，施工图设计文件审查制度、施工许可证和竣工验收备案制度。

政府对于建设工程实施的质量监督，分为设计与施工质量监督，分别由两种独立机构负责。前者是由政府建设行政主管部门认可的具有相应资质的施工图文件审查机构承担，后者则是由政府建设行政主管部门设立的具有相应资质的工程质量监督机构承担。亦即质量监督实行施工图设计文件审查和工程施工质量监督两种管理体制。审图机构仅负责对勘察、设计单位的施工图设计文件进行审查；监督机构则局限于施工阶段工程施工质量监督。施工图设计文件审查，主要是审查建筑设计中的结构、消防、节能、环保、抗震、卫生等。工程施工的质量监督包括施工前的施工计划审查、施工中的勘验及竣工后的查验等。

2. 施工图审查

施工图设计文件审查，简称施工图审查，是指建设主管部门认定的施工图审查机构按照有关法律、法规，对施工图涉及公共利益、公众安全和工程建设强制性标准的内容所进行的独立审查，系政府对于建筑工程勘察设计质量监督管理的重要程序。建立施工图审查制度，一方面可以在加强设计单位资质管理的同时加强市场行为的监管，另一方面将设计文件质量检查由事后转变为事前、变检查为全面审查，以确保建筑工程设计文件的质量符合国家的法律法规以及国家强制性标准与规范，保障人民生命财产的安全。

凡属建筑工程设计等级分级标准中各类新建、改建、扩建之建筑工程项目均属审查范围。各地的具体审查范围，由各省、自治区、直辖市人民政府建设行政主管部门考虑当地的实情确定。

施工图审查的主要内容为：是否符合工程建设强制性标准；地基基础和主体结构的安全性；勘察设计企业和注册执业人员以及相关人员是否按规定在施工图上加盖相应的图章和签字；其他法律、法规、规章规定必须审查的内容。

施工图审查的目的是维护公共利益，保障社会大众的生命财产安全，因

此施工图审查主要涉及社会公众利益与公众安全方面的问题。至于设计方案在经济上是否合理、技术上是否保守、设计方案是否可以改进等仅涉及业主利益的问题，系属于设计范畴的内容，不属施工图审查的范围。当然，在施工图审查中如发现有这方面的问题，也可提出建议，由业主自行决定是否进行修改。如业主另行委托，也可进行这方面的审查。

3. 施工质量监督

工程施工质量监督是建设行政主管部门或其委托的机构根据国家的法律、法规和工程建设强制性标准，对责任主体和有关机构履行质量责任的行为以及工程实体质量进行监督检查，以维护公众利益的行政执法行为。

施工质量监督机构的主要任务是：

(1) 根据政府主管部门的委托，受理建设工程项目质量监督。

(2) 制定质量监督工作方案，根据有关法律、法规及工程建设强制性标准，针对工程特点，明确监督的具体内容、监督方式。方案中应对地基基础、主体结构和其他涉及结构安全的重要部位与关键工序，做出实施监督的详细计划安排。监督机构应将方案的主要内容以书面形式告知建设单位。

(3) 检查施工现场工程建设各方主体的质量行为。查核施工现场工程建设各方主体及有关人员的资质或资格。检查勘察、设计、施工、监理单位的质量保证体系和质量责任制落实情况，检查有关质量文件、技术资料是否齐全并符合规定。

(4) 检查建设工程的实体质量。按照质量监督工作方案，对建设工程地基基础、主体结构和其他涉及结构安全的关键部位进行现场实地抽查；对用于工程的主要建筑材料、构配件的质量进行抽查；对地基基础分部、主体结构分部工程和其他涉及结构安全的分部工程的质量验收进行监督。

(5) 监督工程竣工验收。监督建设单位组织的工程竣工验收的组织形式、验收程序以及在验收过程中提供的有关资料和形成的质量评定文件是否符合有关规定、实体质量是否存有严重缺陷、工程质量的检验评定是否符合国家验收标准。

(6) 报送工程质量监督报告。

工程实体质量监督以抽查为主，并辅以科学的检测手段，监督抽查的分项工程要求及时填具记录表。地基基础实体须经监督检查后，方可进行主体结构施工；主体结构实体须经监督检查后，方可进行后续工程施工。

工程质量监督制度的主要模式是三步到位核验，亦即：①在基础阶段必须由监督机构到位核验，签发核验报告才能继续施工；②主体结构阶段必须由监督机构到位核验，签发核验报告才能继续施工；③竣工阶段必须由监督机构核验质量等级，签发建设工程质量等级证明书，未经监督机构核验或核验不合格的工程，不准交付使用。

政府对建设工程质量的监督管理，还体现在资质管理、市场准入、执业资格等方面。从事建设工程活动的法人必须具有资质，政府行政主管部门对资质实行分级审核和管理。具有相应资质的单位才有条件在建设市场承担与资质等级管理规定相符的勘察、设计、施工等任务。从事勘察、设计与施工等工作的工程技术人员应具有相应的执业资格，从事施工的技术工人也应具备相应工种的上岗证。

4.5 结构试验与结构检验

由前所述，工程结构在使用期间要承受各种作用，在各种作用下应具有安全、适用与耐久的功能。为实现这一功能，设计时必须知道材料的物理力学性能及结构构件的受力性能，才能进行分析设计。材料与结构试验是获得材料与结构构件力学性能的重要方法和途径。施工时必须对所用的材料进行检验，验证所用材料是否达到设计要求，同时要对竣工的结构构件进行检验验收。施工过程中的检验，是工程质量的重要保证。

试验在土木工程专业中具有重要的地位，几乎所有的专业基础及专业课程都有试验的内容。如材料力学中有材料力学试验，通过钢材拉伸试验，可以了解钢材的力学性能，获得弹性模量、屈服强度、极限强度、延伸率等力学性能指标；土木工程材料有与混凝土材料物理力学性能有关的各种试验，通过试验可以取得混凝土坍落度、抗压强度、劈裂强度等性能；土力学中也有很多试验，通过这些试验可以帮助我们了解土的组成及基本物理力学性能；混凝土结构课程中的试验则能使我们观察和了解钢筋混凝土梁、柱等构件的受力过程及破坏现象，更好地理解和掌握混凝土结构承载能力计算理论。因此，试验对土木工程专业十分重要。试验是很多学科理论的基础，是发展土木工程理论的重要方法。认识试验的重要性，熟悉和掌握基本的土木工程试验技术，学会利用试验手段和方法，去分析和解决工程问题，创新工程理论，对土木工程专业学生的成长、成才十分重要。

在土木工程专业的知识框架中，除了在相应的课程中设置试验和实习内容外，还专门开设结构试验课程。结构试验就是在工程结构的试验对象上，使用仪器设备和工具，以各种试验技术为手段，模拟结构的受力状态，量测结构受力后的应变、变形、振动等参数，通过实测的应力-应变、荷载-位移、动态响应等的分析，研究结构的受力性能，检验和发展结构设计计算理论。在新材料、新体系、新工艺以及结构设计理论创新等方面，结构试验技术发挥着重要的作用。

试验不仅具有研究和发展理论的作用，还有检验结构实际受力性能的作用。检验试验一般可称为生产性试验。生产性试验的主要目的是检验结构和构件的实际性能，并以此为依据分析评定实际结构能否满足设计和规范要求。一般对于重要的结构构件、使用过程中受到损伤或破坏的结构构件、既有结构进行改扩建或改变使用用途等，需要对结构构件进行检验。

结构试验与检验主要可以归纳为四方面的问题：(1)试验与试件设计；(2)加载与加载技术；(3)量测与量测技术；(4)数据处理技术。解决好这四方面的问题应综合应用材料、力学、结构、机械、电子、计算机、数据处理等方面的综合知识。在试验及试件设计中应综合利用材料、力学及结构方面的知识；在加载及加载技术中，要结合研究对象的受力状态，确定加载形式、加载及其控制方法，要了解加载设备的机械性能；在量测与量测技术中，要结合结构的受力性能，确定测量参数，合理地选择测量仪表和数据采集方式；在数据处理中，要了解和掌握数据的整理和换算、数据的统计分析、数据的误差分析以及试验结果的表达等知识和技能。

计算机在结构试验中发挥着越来越重要的作用，试验加载及控制、试验数据采集与分析等试验的每个环节都需要计算机的辅助。可以毫不夸张地说，没有机械、电子及计算机技术的综合应用，就没有现代的结构试验技术。其中，计算机起到了关键和核心作用。

4.6　工程语言及表达

文字、语言等是人们交流与表达的媒介与工具。从事工程技术，除文字与语言外，图表、术语符号等是重要的“工程语言”。在工程勘察、规划设计、工程施工以及工程维修维护的各个环节中，都离不开图纸。工程师用图纸表达设计方案、工程做法，根据图纸进行施工。图纸不仅是重要的工程档案资料，也是工程的重要法律文件。签章、存档的图纸资料，是工程重要的信息资料，是城乡建设管理的重要的基础性资料。因此，从事技术工作不仅要能熟练地、准确地使用图纸从事设计与施工，而且要清醒地认识图纸的技术责任。

工程师应具有两个基本能力，一是能把自己构思、设计的工程，用图纸清晰地表达出来。在工程的成套图纸中，尺寸、位置、构造、做法、构件与构件、建筑与结构、结构与设备等，要达到吻合和统一；二是根据整套的图纸，能顺利地将工程建设好。第一方面的能力是设计能力，第二方面的能力是施工能力。设计能力的实质是把构思的实体用图纸表达出来；施工能力的实质是把图纸表现的东西构筑成实体。要达到上述能力要求，首先要培养识图与绘图能力。但是仅有识图与绘图能力还很不够，还不是一个合格的工程师。合格的设计工程师，应具有通过结构分析计算设计绘图的能力，并且具有一定的施工经验。合格的施工工程师不仅应有依图施工的能力，而且还应具有发现和解决工程问题的能力。除此以外，合格的工程师应具有很好的施工图交流能力。在实际工程中要碰到各种各样的问题，合格的工程师应熟练地用图向相关人员表达设计做法和要求，同时应能及时地对工程中所出现和遇到的问题提出解决方案。

由上所述，工程施工图及有关资料是工程建设的重要法律文件，因此工程施工图的表达必须规范、严谨、正确使用术语符号。土木工程中的术语符号很多，要正确理解术语的意义，掌握符号的构成要素，这样才能避免死记硬背。规范、严谨的工作态度与标准要求，是土木工程师最基本的素质，是质量安全的基本保证，这一点我们必须十分清楚，而且要牢记在心。

4.7 计算机技术的应用与土木工程的发展

计算机技术作为现代科技的重要工具，被广泛地应用于社会的各个方面。在土木工程中，计算机的早期应用主要用于结构分析计算，是重要的计算工具。随着计算机技术的发展，计算机技术已经渗透到土木工程的各个领域中，为土木工程的发展提供了强有力的支撑，使很多传统设计、施工与管理方法无法实现的工程变成了现实。计算机及信息技术对土木工程发展的推动作用主要体现在以下几个方面：

4.7.1 计算机辅助设计技术

计算机辅助设计极大地提高了设计效率和质量。目前几乎所有的结构分析计算与施工图绘制完全靠 CAD 完成。与手工设计相比，CAD 设计可以提高功效 5～10 倍，差错率会从 5%降低到 1%左右。尤其重要的是，对于复杂工程的设计与施工，如果没有计算机辅助设计，几乎是不可能完成的。

图 4-17(a)为国家游泳中心——水立方的整体建模图，其骨架结构如图 4-17(b)所示。这样一个复杂的结构，如果没有计算机辅助设计，手工绘制是很难完成。即使能完成，也很难做到精准。那么这样一个复杂的建模过程是怎样完成的呢？首先建一个 12 面体(图 4-17c)和 14 面体(图 4-17d)，将若干个多面体组合在一起，形成一个基本的多面体组合(图 4-17e)，然后将这个基本的多面体沿一维和二维扩展，形成平面的多面体组合(图 4-17f、g)，再将平面多面体竖向叠加，形成一个空间的多面体组合(图 4-17h)，将这个空间的多面体旋转 60°(图 4-17i)，再作垂直切割(图 4-17j)，就形成了骨架的基本结构(图 4-17k)。当模型建立后，才能输入结构的基本信息和设计参数，进行分析计算和设计，这是目前结构设计计算的一般程序，从中我们可以看到计算机辅助设计在土木工程中的作用。

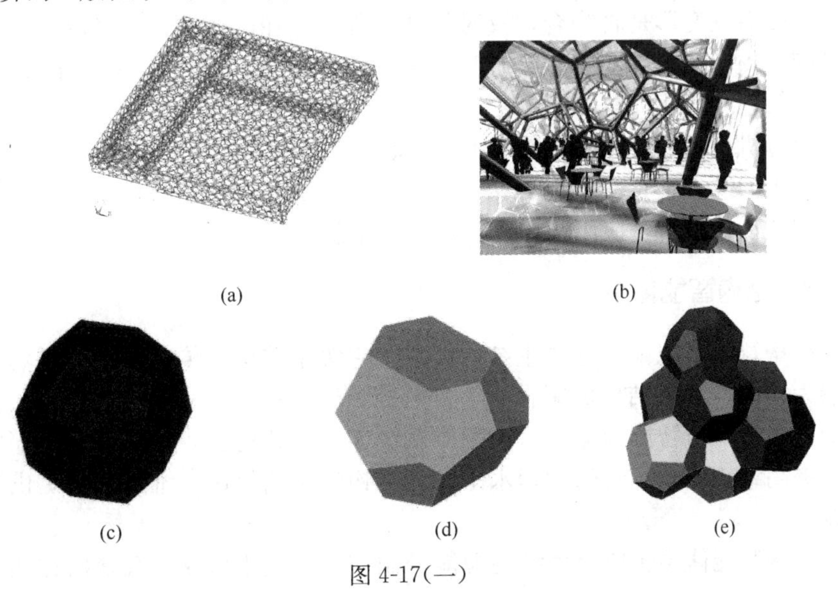

图 4-17(一)

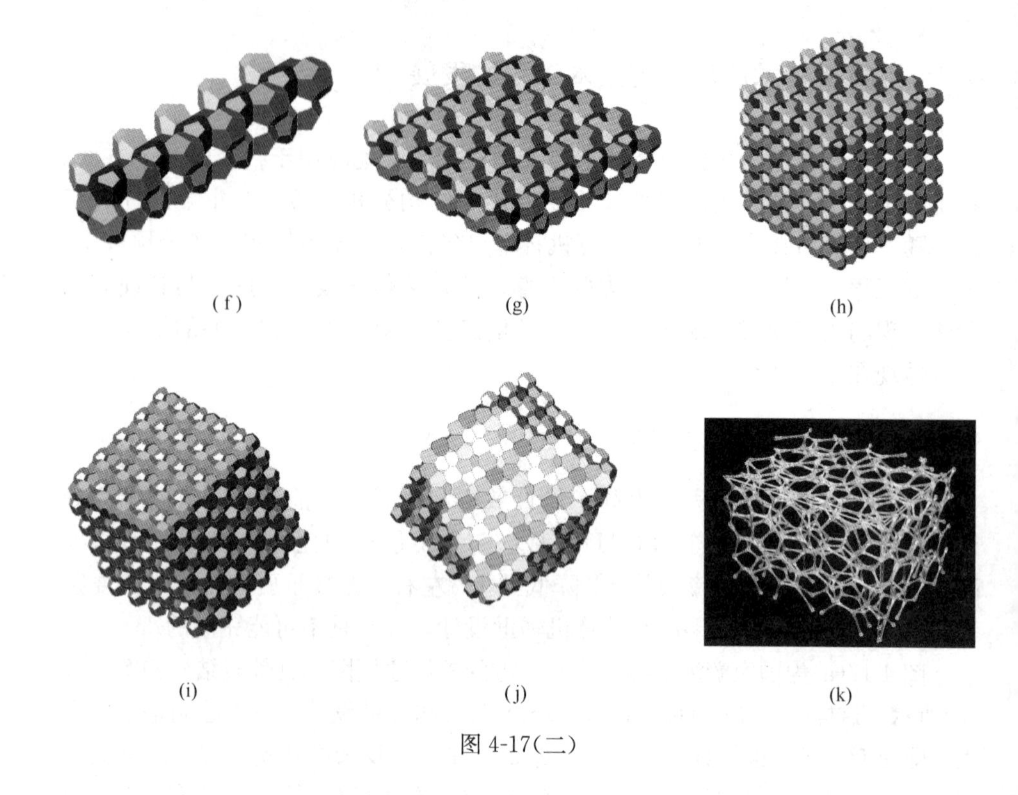
(f)　(g)　(h)

(i)　(j)　(k)

图 4-17(二)

4.7.2　信息化施工与施工自动化

土木工程施工周期比较长，工序多，环境条件复杂，影响因素多，质量与安全管理在工程建设中占有重要的突出地位，一旦出现安全与质量事故，所产生的直接与间接后果都比较严重。实时地对施工过程进行监控，加强安全与质量管理非常重要。信息化施工是通过施工数据监测、反馈与分析等方法，判定施工状况是否科学合理，工程是否处于设计所要求的状态、与施工阶段的受力及变形是否吻合，及时发现工程中存在的问题，为采取有效的防范措施提供信息指导。信息化施工的核心是施工过程监测数据的采集与反馈，是工程管理现代化的重要标志之一。

计算机技术的应用与发展，还极大地提高了土木工程施工的自动化程度。在混凝土的搅拌、钢结构的焊接、大型结构的制作、安装等很多领域，都广泛应用自动化设备，应用计算机对整个过程进行控制。

4.7.3　结构智能体系

结构智能系统是一种仿生结构体系，它集主结构、传感器、控制器及驱动器为一体，具有结构健康自诊、自监控、环境自适应、损伤自愈合、自修复的生命特征与智能功能。结构智能系统能增强结构在各种复杂工况下的安全，提高结构安全运营的管理水平，为结构的长期使用及维修维护提供科学依据。

结构智能体系主要分为结构智能控制与结构健康检测和智能监控两大方

面。结构智能控制主要是提高工程结构的抗震能力与抗灾性能，近30年来有了很大的发展，已经成为工程抗震与结构减灾的重要方法。结构健康检测和智能监控主要是检测和监控工程在服役期的性能，如应力、应变、裂缝与变形等。支撑结构智能体系的主要条件是，结构计算分析理论、智能材料、器件及设备等。其中计算机及网络技术的应用与发展起了至关重要的作用。图4-18为结构主动、半主动与智能控制原理框图。

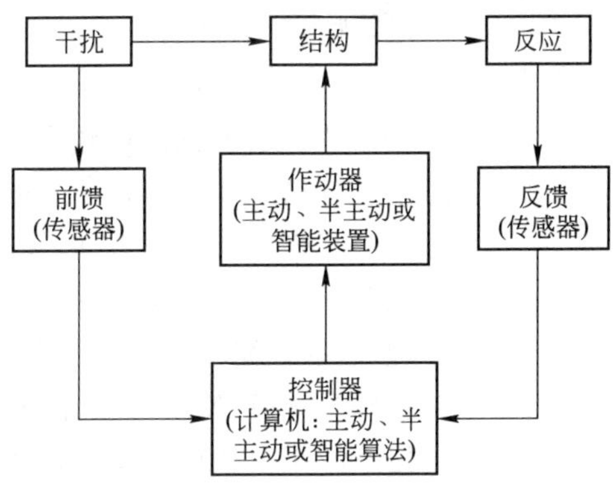

图4-18　结构控制系统示意图

4.7.4　实验与虚拟实验技术

实验研究在结构理论的发展中具有重要的作用。很多结构理论都是从实验研究中获得的。实验研究离不开计算机，实验加载控制、数据采集、数据分析等各个步骤都要借助于计算机。除此之外，随着计算机技术的发展，近10年来，虚拟实验技术也得到了很大的发展，成为科学研究、结构优化设计与教学等的重要手段。虚拟实验是指借助于多媒体、仿真和虚拟现实等技术在计算机上营造可辅助、部分替代甚至全部替代传统实验各操作环节的相关软硬件操作环境，实验者可以像在真实的环境中一样完成各种实验项目，所取得的实验效果等价于甚至优于在真实环境中所取得的效果。

虚拟实验建立在一个虚拟的实验环境(平台仿真)之上，注重的是实验操作的交互性和实验结果的仿真性，能够突破传统实验对“时、空”的限制。随着多媒体技术和网络技术的发展，通过网络建立虚拟实验系统和网上虚拟实验室而开展虚拟实验，在网络中模拟一些实验现象，能达到“身临其境”的效果。目前，网络虚拟实验技术正在悄然兴起，能够实现跨时空、跨学科的仪器设备远程共享，甚至远程控制，满足科研教学对分布式实验系统的要求。

4.7.5　智能建筑

智能建筑是以建筑为平台，兼备建筑自动化设备(BA)、办公自动化(OA)及通信网络系统(CA)，集结构、系统、服务、管理及它们之间的最优化组合，向人们提供一个安全、高效、舒适、便利的建筑环境，最大限度地节能、减排，满足科技建筑、人文建筑与生态建筑的要求。智能建筑是集现代科学技术之大成的产物。其技术基础主要由现代建筑技术、现代电脑技术、现代通信技术和现代控制技术所组成。

智能建筑是信息时代的必然产物，建筑物智能化程度随科学技术的发展而逐步提高。当今世界科学技术发展的主要标志是4C技术(即Computer计算机技术，Control控制技术，Communication通信技术，CRT图形显示技术)。将4C技术综合应用于建筑物之中，在建筑物内建立一个计算机综合网络，使建筑物实现智能化。

目前智能建筑系统主要包括：综合布线系统(GCS，PDS)、火灾报警系统(FAS)、建筑设备管理系统(BAS)等。在技术应用方面主要涉及监控技术应用、自动化技术应用等。数字化标准侧重于：以数字化信息集成为平台，强调楼宇物业与设施管理、一卡通综合服务、业务管理系统的信息共享、网络融合、功能协同等，如：综合信息集成系统(IBMS.net)、楼宇物业与设施管理系统(IPMS)、楼宇管理系统(BMS)、综合安防管理系统(SMS)、"一卡通"管理系统(ICMS)等。在技术应用方面主要涉及信息网络技术应用、信息集成技术应用、软件技术应用等。

图4-19　物联网示意图

物联网(The Internet of things)是把所有物品通过射频识别(RFID)、红外感应器、全球定位系统、激光扫描器等信息传感设备与互联网连接起来，进行信息交换和通信，实现智能化识别、定位、跟踪、监控和管理，如图4-19所示。物联网技术是以移动技术为代表的第三次信息技术革命，是互联网的应用和拓展，是未来建筑智能的主要发展方向。

4.7.6　管理信息系统

计算机技术在工程建设中也发挥着越来越重要的作用。从政府的法制与市场管理，到企业的综合和项目管理，每个方面、每个过程都逐步实现信息化，而且逐渐向标准化、集成化、网络化和虚拟化的方向发展。计算机及信息技术的应用与发展，给工程管理带来了革命性的工具与革命性的变化。

4.8　工程标准

工程标准是规范和指导工程建设行为的法律文本。为保证工程建设的质量，规范和指导规划选址、勘察设计、施工验收与使用维护等各专业领域的技术活动，我国已经构建了庞大的标准体系，现有的各类工程标准规范达3400多本，另外每年还规划编制一些新的标准规范。

在标准体系中，按标准的等级分可分为国家标准(GB)、行业标准(JGJ)、协会标准(CECS)、地方标准(DB)等；按标准的性质分可分为强制性标准和推荐性标准；按标准的作用分可分为基础标准、应用标准和验评标准。基础标准是技术问题的统一规定，如名词、术语、符号、计量单位、制图规定等，是技术交流的基础；应用标准是指导工程建设中各种行为所做的规定，如规划、勘察、设计与施工等；验评标准是对建筑工程的质量通过检测验收而制定的标准。

从事土木工程专业，不仅应具有扎实的理论基础，而且还要很好地理解规范，熟练地应用规范。理解与应用规范的水平与能力是专业能力的重要体现。因此，在专业学习中，特别是专业课学习以及实习、设计等实践性教学环节中，要特别注意对规范标准的了解与学习，理解规范的精髓。只有真正理解规范，才能更好地应用规范，才能创新。

随着理论与技术的发展，标准也在不断的修订与变化，学习规范也是掌握工程技术发展动态与水平的重要途径。合格的工程师，必须不断学习，才能适应技术的发展，迎接挑战，提高工程的建设水平，推动土木工程理论与技术进一步发展。

阅读与思考

4-1 结合专业教育课程，了解土木工程专业的知识体系，知识、能力与素质要求。

4-2 从“物理现象—力学或实验建模—数学求解—归纳总结—设计方法—标准规范”这一基本的土木工程技术路线，思考技术路线中每一过程的内容及所要解决的基本问题。

4-3 工程语言及计算机技术在土木工程中有哪些重要作用？

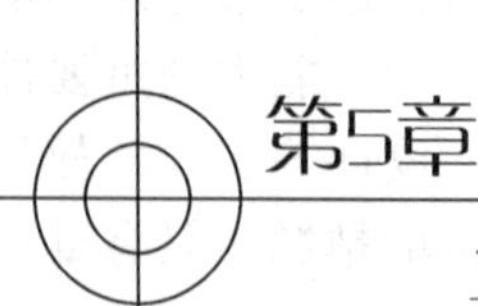

第5章 土木工程师的能力素质及职业发展

本章知识点

在前述章节学习的基础上，本章主要讨论面对现实要求和未来挑战的土木工程师的知识、能力、素质与责任意识。为学生如何学好土木、将来如何服务土木打下初步的思想基础，让学生了解在大学学习中，如何全面地提高综合素质和专业能力。

21世纪是高科技时代。工业要发展，人民生活要提高，首先要建厂房、建住宅楼，挖隧道、架桥梁。因此，土木工程将继续发展。那么，21世纪的土木工程将如何发展？土木工程在21世纪将引进更多的高新技术，促进提高、创新和发展。同时，它将保持其自身的特点，不可能完全偏离已有的发展方向。为了适应新时期土木工程的发展，作为一名土木工程师必须具备扎实的专业基础、较强的实践能力和较高的综合素质。作为刚走进大学校门的学生，应认真思考知识、能力与素质的关系，做好职业规划，并在未来的大学生活中，围绕知识、能力与素质的要求，刻苦学习，积极向上，为未来的职业发展奠定基础。

5.1 知识、能力与素质的关系

知识是人类认识的成果，是经验的固化，是万物实体与性质的是与不是，也是概念之间的连接。能力，是指顺利完成某一活动所必需的主观条件。能力是直接影响活动效率，并使活动顺利完成的个性心理特征。能力总是和人完成一定的活动相联系在一起的。离开了具体活动既不能表现人的能力，也不能发展人的能力。能力与知识、经验和个性特质共同构成人的素质，成为胜任某项任务的条件。

人的能力可以分为很多种，如一般能力、特殊能力，模仿能力、创新能力，认知能力、社交能力等。能力发展方向及发展水平，除与人的智力条件与成长环境有关外，更重要的是与接受的教育有关。因此，获得知识是培养能力，特别是专业能力的重要基础和途径。

土木工程专业知识结构是指土木工程专业毕业生必须掌握的知识，这些知识是组成土木工程专业的知识结构必不可少、不可或缺的。由这些知识组成的知识结构应能满足土木工程师职业多样化的需要，也能为土木工程师的发展提供坚实而又宽广的理论基础，为他们向较高的综合素质与创新意识发展提供必要的理论知识上的保障。

工程师最终的目的是将理论的、计算的东西在实践中实施，反过来又通过实验来验证理论或计算成果。现代土木工程师应具备什么样的知识结构才能适应社会的发展，成为有能力的工程师呢？2000年在华沙召开的第五届世界工程教育大会，将工程师划分为五代，见表5-1所示。

五代工程师 **表5-1**

1	18世纪末～19世纪初	多才多艺
2	19世纪中～20世纪初	专业化
3	20世纪初～20世纪中	非常专业化
4	20世纪中～20世纪70年代	部分专业化、部分系统化
5	20世纪70年代～20世纪末	杂交

可以看出，现代工程师已从非常专业化逐渐走向多种学科、多种知识的综合。过去我们非常注重理论基础，土木工程师要有坚实的数学、力学知识。计算机的出现，给传统的理论分析带来了冲击，面对越来越复杂的工程问题，应用计算机的能力已成为必备的条件。同时信息化的进步，使得过去许多经验型的、定性的东西逐渐得以量化和理论化，解析方法无法解决的问题，计算机提供了可供选择的方案。此外，计算机又使得结构和材料试验发展成为一门真正的试验科学。人们已不必仅仅依靠结构足尺试验，利用计算机可使许多复杂的情况在试验室内有控制地再现。计算机同样可以帮助我们实时控制大型工程的施工安全，提高施工进度和质量。另一方面，实践技能也应为土木工程师所具备，是必不可少的环节。

因此，理论、计算、工程实践构成了土木工程师的知识结构(图5-1)。面向21世纪的土木工程师的知识结构应该从实践经验、理论基础和计算能力三个方面来要求，缺少或削弱了任何一个方面都可能在未来的竞争中处于被动，只有协调发展，才能适应综合化的要求，满足土木工程的发展。

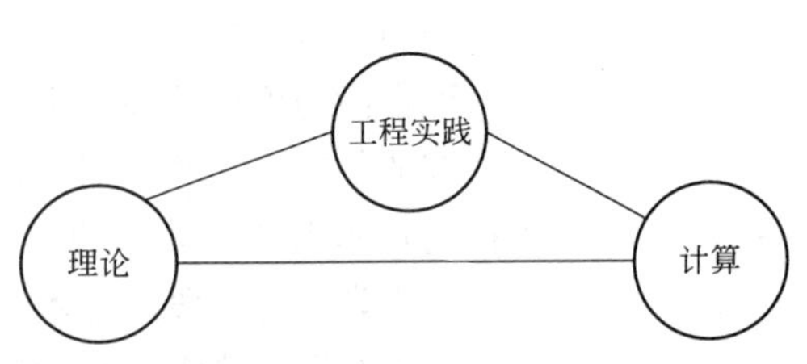

图5-1 土木工程师应具备的知识结构

完成任何专业技术工作不仅需要扎实的知识，还需要创新、认知、社交等能力，因此，现代的大学生在学好专业知识的同时，一定要广泛地涉猎各种知识，开阔自己的视野，培养兴趣和爱好，而且要通过各种社会实践活动，培养自己多方面的能力。在各方面都具备比较高的能力，或在某一个方面有特殊的才能和能力，同时，注意加强品质修养，培养良好的精神风貌和工作作风，才能真正适应社会的发展，积极地面对各种机遇和挑战，成就美好的人生。

人的知识、能力与素质的关系，可以用建筑做个比喻。任何材料都具有客观性质，性质的优劣取决于材料组成及加工过程，如混凝土材料的强度性

质与组成材料—水泥、骨料、水灰比及搅拌、浇筑、养护等施工过程有关。在材料的加工过程中，我们总是通过各种工艺提高其性质。但即使是最好的材料要让其发挥更大的作用，使其表现出优良的性能，在材料的使用过程中，也必须根据其性质，采取一定的措施。如高强混凝土虽然具有更高的强度，但在结构构件中如不采取箍筋约束等措施，其构件则不能表现出良好的变形和抗震性能。一个好的建筑，不仅结构构件要有良好的性能，还要有很高品位的建筑设计。一个土木工程师的自身条件及大学所学习和积累的知识，可以说是其基本性质，能否将这些知识很好地贡献给社会，就体现出其能力，而如何发挥其能力，使自己的人生发光，则需要素质。

5.2　土木工程师的专业技能

土木工程是一个应用性的学科。长期以来，土木工程师的培养主要是强调分析，而分析的内容主要是结构分析，分析的主要手段是力学。实际工程中需要土木工程师不仅要具备分析的能力，而且也应具备综合的能力。换而言之，土木工程师的专业技能应从仅仅掌握分析的能力和工具上升到同时具备系统工程思想的层次。

土木工程具有很强的个性和综合性，大量问题需要依靠工程师的经验和工程实例来解决。土木工程师要把在学校里学到的专业基础知识、专业知识和实践技能应用到工程项目中去，就要依靠他们自身的各种能力。为了能够把所学的知识和实践技能灵活、有效并具创新性地应用于工程实践，一般需要具备：工程能力、科技开发能力、组织管理能力、表达能力和公关能力、创新能力等专业技能。

1. 工程能力

工程能力就是土木工程技术人员在从事土木工程工作时应用工程技术知识和技能的能力。对于土木工程师，工程能力是必不可少的。一个从事土木工程的技术人员，如果缺少必要的工程能力，将是一个不合格的土木工程师。

在大学学习阶段，土木工程师工程能力的培养，主要通过生产实习、课程设计和毕业设计等实践教学环节来进行。工程能力培养的总体要求是：具有能够根据使用要求、工程地质条件、材料与施工的实际情况，经济合理并安全可靠地进行土木工程设计的能力；具有解决施工技术问题和编制施工组织设计的能力；具有工程经济分析的能力；具有应用计算机进行辅助设计的能力。

2. 科技开发能力

科技开发能力是土木工程师必须具备的一种重要的能力。21世纪，科技发展日新月异，土木工程新成果和新技术不断出现。科技开发能力就是在现有的设计方法和施工技术的基础上，对设计方法和施工技术提出改进设想并予以实施的能力。

科技开发能力主要依靠自身有意识的培养，要在实践过程中养成提出问题、分析问题和解决问题的习惯。

3. 组织管理能力

组织管理能力是一种能够围绕实现工作目标所必须具备的人际活动能力，包括组织各种参与人协作完成任务的能力，处理各种技术交流、经济交往的能力等。

土木工程是一种群体性的工作。对于土木工程师，应具有必要的管理能力，包括人力资源管理、投资管理、进度管理、质量管理、安全管理、工程项目管理、各工种工作的协调等。

4. 表达能力和公关能力

土木工程具有工种繁多、内外关系错综复杂、与政府行政部门联系多等特点。土木工程师需要有良好的表达能力和公关能力。具体地说，就是要具有文字、图纸和口头的表达能力；具有社会活动、人际交往和公关的能力。

5.3 土木工程师的综合素质和创新意识

土木工程师除了应有合格的知识结构、实践技能和能力结构外，还必须有良好的综合素质和创新意识。

5.3.1 土木工程师的综合素质

综合素质一般包括四方面的内容：(1)个人修养；(2)心理和体魄；(3)自然科学知识；(4)土木工程专业知识。土木工程师在个人修养方面，应热爱祖国，具有良好的思想品德、社会公德和文明礼貌的举止，具有基本的和高尚的科学人文素养和精神，具有哲理、情趣、品位和人格方面的较高修养；在心理和体魄方面具有健康的心理和良好体魄，能保持乐观和积极向上，能够履行建设祖国的神圣义务；在自然科学知识方面，应能了解当代科学技术发展的主要方面，学会科学思维的方法，采用合理的方法对事情做出正确的判断；在土木工程专业方面，①要有良好的职业道德，包括敬业爱岗、团结合作、严肃认真的科学态度和严谨的工作作风，②应有很强的社会责任感，对工程质量应有终身负责的意识和行为，③要有正确的设计思想和创新意识，能够在设计中充分体现上述要求，④要有深入实践的愿望和本领。

要成为一名合格的土木工程师，必须树立工程意识。所谓工程意识，是人脑对人工物、经济环境、自然环境这个大工程的能力反应，就是在充分掌握自然规律的基础上，要有尊重自然、保护自然，合情合理合法地开发利用自然条件，去完成某项工程，创造出新的物质财富的理念。其基本要求为：

(1) 要树立职业道德意识。作为 21 世纪的土木工程师对工程和工程建设要有较强的敬业精神和道德意识、法制意识、国家民族意识、历史意识、人文社会意识等。

(2) 要掌握专业知识和技术。作为土木工程师，接受某项工程任务时，要会做，能完成任务，这是必须具有的能力。要树立工程意识，首先要树立

"会动手"的意识。

(3) 要树立创新意识。土木工程在改造世界的同时，本身具有创新性，土木工程师必须树立创新意识。

(4) 要树立经营管理意识。我国现处于社会主义初级阶段，实行社会主义市场经济。土木工程师不仅要懂技术，而且要树立经营管理意识，要有经济头脑。在工程实践中，对人、财、物、时间合理调配，合理使用，争取最好的社会和经济效益。

(5) 要树立可持续发展意识。21世纪的土木工程师是对人类社会发展负有责任的高级专门人才，对资源的利用、环境的保护、能源的节约等都应有高度的责任感。

5.3.2　土木工程师的创新意识

创新，可以理解为创造和革新，也可进一步理解为在创造物质财富和精神财富过程中的革新。土木工程师的创新能力和品质，是土木工程这个有"创造力的专业"永葆青春的基本保证，从而这也就必然成为一个国家的土木工程技术、经济和社会的未来的基础。

冯·卡门教授有句名言："科学家发现已有的世界，工程师创造还没有的世界。"这句话已经说明了工程师的基本责任。当今社会科技的进步太快、经济的竞争太激烈、社会的要求太多，对工程师智慧、力量和道义的挑战太严峻。思想的解放、观念的变革、概念的创新，在今天已成为所有创新的先导或前提。这就是已经出现的"慧件"设计和开发的概念。只懂"硬件"的，可以做一个优秀的技术工程师；懂得"硬件"和"软件"的，可以做一个出色的管理工程师；既懂得"软、硬件"又懂得"慧件"的，可以做一个高明的系统工程师。过去工程师懂得与硬件打交道，能够做到技术上的创新就相当不错了。现在人们明白，要把技术创新的事做好，还要以制度创新做支持、以概念创新做先导。创新不仅是能力问题，还是涉及意识动机、态度和价值观等因素。强烈、执著的创造欲望，独立自主、艰苦奋斗的创造精神，自强不息、坚持不懈的意志和勇气，是工程师必不可少的品质，是种种创造技法不能替代的。

现代工程师的创造力几乎与往昔的闭门造车或冥思苦想无缘，而是直接来源于解决复杂实际问题的群体的实践。工程师不是"敢想敢说"的思想家，但却是"敢想敢说敢干"的实干家。实践是工程活动的本源，实干是工程师的本分。

土木工程是重要的工程学科专业。创新意识是土木工程师应该着力培养的。创新意识的基础是知识结构、实践技能和能力结构，脱离了知识结构、实践技能和能力结构就谈不上创新意识。因此，创新意识不可能孤立地培养。土木工程师除了应有扎实的知识结构、良好的实践技能和完善的能力结构外，还必须结合各自工作自觉地加以培养。

在大学学习期间，学生应养成良好的学习方法。第一，学生应结合自己的特点、兴趣和志向，逐步明确今后的发展方向，选好学习课程，安排好学习时间。第二，自学能力是其他各种能力的基础。因此，在大学学习期间除了要学习各种知识外，还必须培养自己的自学能力，二者不可偏废。应该在学习的不同阶段，循序渐进地培养通过自学掌握知识的能力、通过自学获取知识的能力和通过自学在获取知识的基础上进行创新思维的能力。土木工程专业往往过多强调逻辑思维，而艺术和音乐等专业则是着重创意思维和形象思维。两种方法的结合，往往是激发科技创新思维的很好途径。因此，在大学学习过程中也应选修艺术和美学方面的课程，接受这方面的熏陶，对激发土木工程师的创新意识大有好处。

5.4 土木工程师的法律意识

5.4.1 工程建设法的基本概念

工程建设法是法律体系的重要组成部分，它直接体现国家组织、管理、协调城市建设、乡村建设、工程建设、建筑业、房地产业、市政公用事业等各项建设活动的方针、政策和基本原则。

工程建设法是调整国家管理机关、企业、事业单位、经济组织、社会团体，以及公民在工程建设活动中发生的社会关系的法律规范的总称。工程建设法的调整范围主要体现在三个方面：一是工程建设管理关系，即国家机关正式授权的有关机构对工程建设的组织、监督、协调等职能活动；二是工程建设即从事工程建设活动的平等主体之间发生的往来、协作关系，如发包人与承包人签订工程建设合同等；三是从事工程建设活动的主体内部劳动关系，如订立劳动合同、规范劳动纪律等。

工程建设活动通常具有建设周期长、涉及面广、人员流动性大、技术要求高等特点，因此在建设活动的整个过程中，必须贯彻以下基本原则，才能保证建设活动的顺利进行：

1. 工程建设活动应确保工程建设质量与安全原则

工程建设质量与安全是整个工程建设活动的核心，是关系到人民生命、财产安全的重大问题。工程建设质量是指国家规定和合同约定的对工程建设的适用、安全、经济、美观等一系列指标的要求。工程建设的安全是指工程建设对人身的安全和财产的安全。

2. 工程建设活动应当符合国家的工程建设安全标准原则

国家的建设安全标准是指国家标准和行业标准。国家标准是指由国务院行政主管部门制定的在全国范围内适用的统一的技术要求。行业标准是指由国务院有关行政主管部门制定并报国务院标准化行政主管部门备案的，没有国家标准而又需要在全国范围内适用的统一技术要求。工程建设活动符合工程建设安全标准对保证技术进步，提高工程建设质量与安全，发挥社会效益与经济效益，维护国家利益和人民利益具有重要作用。

3. 从事工程建设活动应当遵守法律、法规原则

社会主义市场经济是法制经济，工程建设活动应当依法行事。作为工程建设活动的参与者，从事工程建设勘察、设计施工、监理、监督和管理的单位、个人，以及建设单位等，都必须遵守法律、法规的强制性规定。

4. 不得损害社会公共利益和他人的合法权益原则

社会公共利益是全体社会成员的整体利益，保护社会公共利益是法律的基本出发点，从事工程建设活动不得损害社会公共利益，这也是维护建设市场秩序的保障。

5. 合法权利受法律保护原则

宪法和法律保护每一个市场主体的合法权益不受侵犯，任何单位和个人都不得妨碍和阻挠依法进行的建设活动，这也是维护建设市场秩序的必然要求。

5.4.2　建设法规体系及构成

建设法规体系，是指把已经制定和需要制定的建设法律、建设行政法规和建设部门规章等衔接起来，形成一个相互联系、相互补充、相互协调的完整统一的体系。它是国家法规体系的重要组成部分，同时又相对自成体系，具有相对独立性。

我国目前建设法规体系主要有两种：一是纵向法规体系，这是根据建设法规的层次和立法机关的地位划分的；二是横向法规体系，这是根据建设法规的不同调整对象来划分的。纵横两种法规体系结合起来，形成内容相对完善的建设法规体系。

1. 建设法规的纵向体系

(1) 建设法律。指由全国人民代表大会及其常务委员会审议发布的属于建设方面的各项法律。它是建立立法的最高层次，是建设法规体系的核心。其效力仅次于宪法，在全国范围内具有普遍的约束力。如《中华人民共和国经济合同法》、《中华人民共和国城乡规划法》、《中华人民共和国城市房地产管理法》和《中华人民共和国建筑法》等，一般由国家主席签发。

(2) 建设行政法规。指国务院依法制定或发布的属于建设方面的法规。其效力低于宪法和法律，在全国范围内有效。包括直接以国务院令发布的，也包括经国务院批准，由国家发改委或住房和城乡建设部等相关部门联合发布的建设法规，一般由国务院总理签发。我国现行有效的建设行政法规有500余件。如《建设工程勘察设计合同条例》、《建设工程质量监督管理规定》、《城市房屋拆迁管理条例》、《城市燃气安全管理规定》、《建筑工程质量管理条例》等。

(3) 部门规章。指由住房和城乡建设部根据国务院规定的职责范围，依法制定并颁布的各种规章、技术规范等，其中包括住房和城乡建设部与国务院相关部门联合制定并发布的规章，一般由各部部长签发。

（4）地方法规。指由省、自治区、直辖市人民代表大会及其常务委员会制定并颁布的建设法规，或由省人民政府所在地和国务院批准的较大城市的市人民代表大会及其常务委员会制定的，并报省、自治区人大及其常委会批准的各种法规，一般由各地方行政首长签发。

（5）地方规章。指由省、自治区、直辖市、省会城市和国务院批准的较大城市的人民政府，根据法律和国务院行政法规制定并颁布的建设方面的规章，一般由各地方行政首长签发。

以上五个层次中，下层法规要以上层法规为依据，下层法规在与上层法规相抵触时一律无效。

2. 建设法规的横向体系

（1）城乡规划法。用以调整人们在制定和实施城市规划及其在城市规划区内进行各项建设过程中发生的社会关系的法律规范的总称。目的在于确定城市的规模和发展方向，实现城市的经济和社会发展目标，合理地制定城市规划和进行城市建设。

（2）市政公用事业法。调整城市市政设施公用事业、市容环境卫生、园林绿化等建设、管理活动及其社会关系的法律规范的总称。目的在于加强市政公用事业的统一管理，保证城市建设和管理工作的顺利进行。

（3）建筑法。立法目的在于加强对建筑业的管理，维护建筑市场秩序，保证建筑工程的质量和安全，保障建筑活动当事人的合法权益，促进建筑业的发展。

（4）工程设计法。调整工程设计的资质管理、质量管理、技术管理以及制定设计文件的全过程活动及其社会关系的法律规范的总和。目的是为了加强工程设计的管理，提高设计水平。

（5）城市房地产管理法。调整城市房地产业和各项房地产经营活动及其社会关系的法律规范的总称。目的在于保障城市房地产所有人、经营人、使用人的合法权益，促进房地产业的健康发展。

（6）住宅法。调整城乡住宅的所有权、建设、资金融通、买卖与租赁、管理与维修活动及其社会关系的法律规范的总称。目的是为了保障公民享有住房的权利，保障住宅所有者和使用者的合法权益，促进住宅建设发展，不断改善公民住宅条件和提高居住水平。

（7）村镇建设法。目的在于加强村镇建设管理，不断改善村镇的环境，促进城乡经济和社会协调发展，推动社会主义新村镇的建设和发展。

（8）风景名胜区法。目的是为了加强风景名胜区的管理、保护、利用和开发风景名胜区资源。

建设法规体系不是指单一的建设管理法典，而是包括建设法律、行政法规、部门规章、地方法规、地方规章等多层次、多方位的法律规范体系。由于我国建设立法起步较晚，有的法规已颁布实施，有的正在起草、修订中，目前建设法规体系还不够完善。但随着社会经济的发展和客观形式的变化，建设法规体系正在实践中不断地得以充实和完善。

5.4.3 建设法规的法律地位及作用

1. 建设法规的法律性质

建设法规的法律性质就是指它所属的法律部门，划分法律部门的主要标志取决于该法律的调整对象和调整手段，如刑法调整涉及社会关系的各个主要方面并采取刑事制裁手段来实现法律调整社会关系的任务。

建设法规属于综合性法律，其主要部分为行政法规。它所调整的最基本、最主要的社会关系是建设行政和管理关系，其特征完全符合行政法律关系的特征；其内容是建设行政管理的内容；其调整方式是行政监督、检查、行政命令、行政处罚等行政手段。因此，建设法规就其主要的法律规范的性质来说，属于行政的范围，是行政部门的分支，具体可称作建设行政法律部门。

2. 建设法规与其他法律部门关系

(1) 建设法与宪法的关系。宪法是国家的根本大法，它的调整对象是我国最基本的社会关系，并且宪法还规定其他部门法的基本指导原则，从而为其他部门提供法律基础。宪法所确认法律规范属于就全局性、根本性问题做出的一般规范，对所有具体法律规范起统帅作用。但宪法的原则性规定，必须通过具体法律规范使之具体化，才能付诸实施。建设法规是属于具体法律规范，它既以宪法的有关规定为依据，又将国家对建设活动的组织管理方面的原则规定具体化，它是宪法的实施法的组成部分。

(2) 建设法与刑法的关系。刑法规定什么是犯罪，对犯罪适用什么刑罚。刑法调整和保护的社会关系十分广泛，几乎涉及社会关系的各个方面。凡行为人由于故意或过失，损害国家和社会利益，造成严重后果构成犯罪的，都需由刑法来调整。建设行政以刑法为自己的后盾，在许多建设法规文件中都规定违反建设法规情节和后果严重构成犯罪的，由司法机关依据刑法追究刑事责任。

(3) 建设法与行政法的关系。建设法规主要部分属于行政法，是行政法分支部门。但行政法中还有许多分支部门，如土地管理法、环境保护法、劳动法、工商行政管理法等。建设法规与它们按照行政管理部门的职责划分，处于同等的行政部门法的平等地位。

(4) 建设法与经济法和民法的关系。建设法规部分法律规范具有经济法和民法性质。它们分别属于经济法和民法。

(5) 建设法与环境保护法的关系。环境保护法是调整人们在保护、改善、开发利用环境的活动中所产生的社会关系的法律规范的总和，与建设法规一样，都属于新的法学领域，既有各自的特征，又有一些相同或相关之处。建设法规与环境保护法需要互相配合支持，建设法规虽不直接调整人与自然的关系，但必须遵循对环境的保护和利用。

3. 建设法规作用

在国民经济中，建设行业是一个重要的物质生产部门，建设法规的作用就是保护、巩固和发展社会主义的经济基础，最大限度地满足人们日益增长的物质和文化生活的需要。具体表现为：

(1) 规范与指导建设行为。从事各种具体的建设活动所应遵循的行为规范即建设法律规范。建设法规对人们建设行为的规范表现为：必须为一定的建设行为和禁止所为的建设行为，只有在法规允许的范围内所进行的建设行为，才能得到国家的承认与保护。

(2) 保护合法建设行为。建设法规的作用不仅在于对建设主体的行为加以规范和指导，还应对一切符合本法规的建设行为给予确认和保护。这种确认和保护性规定一般是通过建设法规的原则规定来反映的。

(3) 处罚违法建设行为。建设法规要实现对建设行为的规范和指导，必须对违法建设行为进行应有的处罚。否则，建设法规的制度由于得不到实施过程中强制制裁手段的法律保障，就将变成无实际意义的规范。

5.4.4 建设法规的实施

建设法规的实施，是指国家机关及其公务员、社会团体、公民实现建设法律规范的活动，包括建设法规的执行、司法和守法三个方面。

1. 建设工程项目行政执法

建设行政主管部门和被授权或被委托的单位，依法对各项建设活动和建设行为进行检查监督，并对违法行为进行处罚的行为称为建设行政执法。它的目的是为了加强对建设工程项目的管理，规范建设市场，纠正和查处建设领域中存在的不正之风和腐败行为，促进经济和社会健康发展。具体包括：

(1) 建设行政决定。指执法者依法对相对人的权利和义务做出单方面的处理，包括行政许可、行政命令和行政奖励。

(2) 建设行政检查。指执法者依法对相对人是否守法的事实进行单方面的强制性了解，主要包括实地检查和书面检查两种。

(3) 建设行政处罚。指建设行政主管部门或其他权力机关对相对人实行惩戒或制裁的行为，主要包括财产处罚、行为处罚等。

(4) 建设行政强制执行。指在相对人不履行行政机关所规定的义务时，特定的行政机关依法对其采取强制手段，迫使其履行义务。

2. 行政处罚的决定程序

行政处罚的决定程序是指建设行政处罚的方式、方法、步骤的总称。其程序为：

(1) 简易程序

简易程序指国家行政机关或法律授权的组织对符合法定条件的行政处罚事项，当场进行处罚的行政处罚的程序。其内容包括：一是表明身份；二是确认违法事实，说明处罚理由；三是告知当事人依法享有的权利；四是制定行政处罚决定书；五是送达行政处罚决定书，即当场交付当事人；六是执法人员作出的行政处罚决定必须向所属的行政机关备案；七是当事人对行政处罚不服的，可以依法申请行政复议或提出行政诉讼。

（2）一般程序

一般程序是指除法律特别规定应当适用简易程序和听证程序以外，行政处罚通常所适用的程序。一般程序包括立案、调查与检查、处理决定、行政处罚决定书、送达、申诉等程序。

（3）听证程序

听证程序是指行政机关为了查明案件事实，公正合理的实施行政处罚，在决定行政处罚的过程中通过公开举行由有关各方利益相关人参加的听证会，广泛听取意见的方式、方法和制度。

听证程序适用必须有两个条件：一是只有责令停产、停业、吊销许可证和执照、较大数额罚款等行政处罚案件才能适用听证程序；二是当事人要求听证。

3. 行政处罚的执行程序

行政处罚的执行程序是指建设行政主管部门及有关国家机关保证建设行政处罚决定为当事人所确定的义务得以履行的程序。主要包括：

（1）罚款决定与收缴分离制度。行政处罚决定由享有行政处罚权的机关作出，而罚款收缴则由法定的专门机构或机关统一收缴。

（2）强制执行。指在相对人不履行行权机关所规定的义务时，特定的行政机关依法对其采取强制手段，迫使其履行义务。

5.4.5　合同法律制度

当事人之间为了确立权利义务关系而签订的协议称作合同。合同是一种民事法律行为，是当事人意识表示的结果，以设立、变更、终止财产的民事权利为目的。合同依法成立，即具有法律约束力，如果当事人违反合同，就要承担相应的法律责任。但当事人间因不可抗拒事件的发生造成合同不能履行时，依法可免除违约责任。

建设工程合同，也称建设工程承发包合同，是承包方进行工程建设，发包方支付价款的合同。主要包括勘察合同、设计合同、施工合同、工程监理合同、物资采购合同、货物运输合同、机械设备租赁合同和保险合同等多种形式。

勘察合同是委托人与承包人就土木工程地理、地质状况的调查研究工作而达成的协议。我国法律对从事地质勘察工作的单位有明确、严格的要求。建设单位一般都要把勘察工作委托给专门的地质工程单位。

设计合同一般有两种形式。一种是初步设计合同，即在工程项目立项阶段，承包人为项目决策提供可行性资料设计而与建设单位签订的合同；另一种设计合同是在国家计划部门批准后，承包人与建设单位之间达成的具体施工设计合同。两者内容虽然有异，但法律关系共同。在我国，可以委托从事设计工作的必须是获得国家或省级行政主管部门的“设计资质证书”的法人组织。在签订设计合同时，建设单位应向承包人提供上级部门批准的立项和初步设计文件。

施工合同是建设单位(发包方)与施工单位(承包方)为完成工程项目的建筑安装施工任务，明确相互权利义务而签订的协议。施工合同是工程建设中最为重要的合同，我国法律、法规对其有明确而严格的规定。对建设单位而言，必须具备相应的组织协调能力，实施对合同范围内工程项目建设的管理；对施工单位而言，必须具备相应的资质等级，并持有营业执照等证明文件。

工程监理合同是指建设单位和监理单位为了在工程建设监理过程中明确双方权利与义务关系而签订的协议。具有相应资质的监理单位依据国家有关工程建设的法律、法规，经建设主管部门批准的工程项目建设文件以及建设单位的委托工程监理合同，对工程建设实施专业化的管理和监督。

物资采购合同是指具有平等民事主体资格的法人、其他经济组织之间为实现工程建设项目所需物资的买卖而签订的明确相互权利义务关系的协议。货物运输合同是指由承运人将承运的货物运送到指定地点，托运人向承运人交付运费的合同。机械设备租赁合同是指当事人一方将特定的机械设备交给另一方使用，另一方支付租金并于使用完毕后返还原物的协议。保险合同是指投保人与保险人约定保险权利义务关系的协议。我国的工程保险主要有建筑工程一切险、安装工程一切险、建筑安装工程第三者责任险、人身意外伤害险、货物运输险等。

建设项目的实施过程实质上就是建设工程合同的履行过程。要保证项目按计划、正常、高效地实施，合同双方当事人都必须严格、认真、正确地履行合同。

5.4.6 工程纠纷

建设工程的纠纷主要分为合同纠纷和技术纠纷。合同纠纷是指建设工程当事人或合同签订者对建设过程中的权利和义务产生了不同的理解而引发的纠纷。技术纠纷主要是指由于技术的原因造成工程建设参与者与非参与者之间的纠纷。如没有正确处理给水、排水、通行、通风、采光等方面的问题而引起的相邻关系纠纷；对自然环境造成了破坏(包括建设工程对相邻建筑物和其他相邻土木工程设施的破坏)引起的纠纷；施工产生的粉尘、噪声、振动等对周围生活居住区污染和危害而引起的纠纷；由于工程事故而引起的费用纠纷等。

建设工程纠纷的解决方法一般有和解、调解、仲裁和诉讼四种。和解是指建设工程纠纷当事人在自愿友好的基础上，互相沟通、互相谅解，从而解决纠纷的一种方式。建设工程发生纠纷时，当事人应首先考虑通过和解解决纠纷。调解是第三者(不是仲裁机构和审判人员)按照一定的道德法律规范和技术分析结果，通过摆事实、讲道理，促使当事人双方作出适当让步，自愿达成协议，以求解决纠纷的方法。仲裁是当事人双方在纠纷发生前或发生后达成协议，自愿将纠纷交给仲裁机构，由其在事实的基础上作出判断并在权利和义务上作出裁决的一种解决纠纷的方法。诉讼是指纠纷当事人依法请求人民法院行使审判权，审理双方间的纠纷，作出由国家强制保证实现其合法

权益的判决，从而解决纠纷的审判活动。

纠纷解决的成功与否，首先依赖于是否有充分的理由和事实。因此在建设工程项目的执行过程中应建立完善的资料记录和信息收集制度，认真、系统地收集项目实施过程中的各种资料和信息。对技术纠纷，有时应委托有资质的技术鉴定单位进行调查、检测、试验和计算分析，最终得出科学的结论，在技术层面上为纠纷的解决提供依据。

5.5　土木工程师的风险意识

5.5.1　建设工程中的风险

1. 建设工程中风险的特征与分类

建设工程项目风险是指建设工程项目在设计、施工和竣工验收等各个阶段可能遭到的风险。可将其定义为：在工程项目目标规定的条件下，该目标不能实现的可能性。也可以被描述为“任何可能影响工程项目在预计范围内按时完成的因素”。建设工程项目建设过程是一个周期长、投资规模大、技术要求高、系统复杂的生产消费过程，在该过程中，未确定因素大量存在，并不断变化，由此而造成的风险直接威胁工程项目的顺利实施和成功。

正确地认识风险特征，对于投资者建立和完善风险机制、加强风险管理、减少风险损失具有重要的意义。建设工程项目的风险有以下特点：

(1) 工程风险存在的客观性和普遍性。作为损失发生的不确定性，风险是不以人的意志为转移并超越人们主观意识的客观存在，而且在项目的全寿命周期内，风险是无处不在的。

(2) 某一具体工程风险发生的偶然性和大量同类风险发生的必然性。对大量偶然性的风险事故资料的观察和统计分析，可能发现其呈现出某些规律，这就使我们有可能用概率统计方法及其他风险分析方法去分析风险发生的概率和损失程度，来减少风险损失。

(3) 工程风险的可变性。这是指在项目的整个过程中各种风险在质和量上的变化。随着项目的进行，有些风险得到控制，有些风险会发生并得到处理，同时在项目的每一阶段都可能产生新的风险，尤其是在大型的工程项目中，由于风险因素众多，风险的可变性更加明显。

(4) 工程风险的多样性和多层次性。建设工程项目周期长、规模大、涉及范围广、风险因素数量多且种类繁杂致使其在全寿命周期内面临的风险多种多样。而且大量风险因素之间的内在关系错综复杂，各风险因素之间以及与外界的交叉影响又使风险显示出多层次性，这是建设工程项目中风险的主要特点之一。

(5) 工程风险的相对性。风险的利益主体是相对的。风险总是相对于工程建设的主体而言的，同样的不确定事件对不同的主体有不同的影响。

(6) 工程项目风险的可测性。工程项目风险是不确定的，但并不意味着人们对它的变化全然无知。工程项目的风险是客观存在的，人们可以对其发生的概率及其所造成的损失程度作判断，从而对风险进行预测和评估。

2. 建设工程项目风险分类

(1) 工程项目风险根据技术因素的影响和工程项目目标的实现程度又可对其分类。

按技术因素对工程项目风险的影响，可将工程项目的风险分为技术风险和非技术风险。

1) 工程技术风险是指由技术条件的不确定而引起可能的损失或工程项目目标不能实现的可能性。主要表现在工程方案的选择、工程设计、工程施工等过程中，技术标准的选择、分析计算模型的采用、安全系数的确定等问题。

2) 工程项目非技术风险是指在计划、组织、管理、协调等非技术条件的不确定而引起工程项目目标不能实现的可能性。

(2) 根据工程项目目标的实现程度，可将工程项目风险分为进度、工程质量以及费用风险。

1) 工程项目进度风险是指工程项目进度不能按计划目标实现的可能性。根据工程进度计划类型，可将其分为分部工程工期风险、单位工程工期风险和总工期风险。

2) 工程质量风险是指工程项目技术性能或质量目标不能实现的可能性。质量风险通常是指较严重的质量缺陷，特别是质量事故。

3) 工程项目费用风险是指工程项目费用目标不能实现的可能性。此处的费用，对业主而言，是指投资，因而费用风险是投资风险；对承包商而言，是指成本，故费用风险是指成本风险。

5.5.2 建设工程中的风险评估

为了减轻风险，在项目建设以前应进行风险评估，即在风险识别和风险估测的基础上把握风险发生的概率、损失严重程度，综合考虑其他因素得出项目系统发生风险事故的可能性及其危害程度，并与公认的安全指标比较，确定系统的危险等级，然后根据评估结果制订出完整的风险控制计划。风险评估是评价建设项目可行性的重要依据。

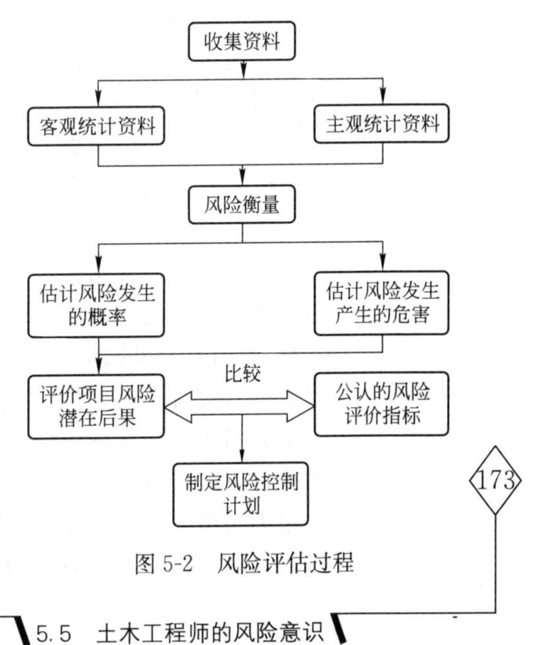

图 5-2　风险评估过程

风险评估的方法主要有两种：定性评估法和定量评估法。定性风险评估法适用于风险后果不严重的情况，通常是根据经验和判断能力进行评估，它不需要大量统计资料，所采用的方法有风险初步分析法、系统风险分析问答法、安全检查法和事故树法等。定量风险评估法需要有大量的统计资料和数学运算，所采用的方法有可能性风险评估法、模糊综合评估法等。

风险评估首先应坚持科学性的原则。在评估中，风险评估体系的建立必须能反映客观事物的本质，反映影响建设项目安全状态的主要因素。其次，应坚持通用性的原则。评估选用的评判标准，必须是国际或国家认可的通用标准。再次，应坚持综合性的原则，必须综合整体评估体系中各子系统的风险情况，全盘考虑。另外，还应坚持可行性的原则，控制风险的建议和要求必须切实可行。

5.5.3　控制建设工程风险的措施

控制建设工程风险的措施主要包括：减轻风险、回避风险、转移风险和风险自留等。

1. 减轻风险

对风险来源和风险的转化及触发条件进行分析后，设法消除风险事件引发因素，减少风险事件发生的可能性或减少风险事件的价值，或双管齐下，都可以减轻风险造成的威胁。例如在地震区进行工程建设，震害风险无法回避，但可以通过认真选址、精心设计、精心施工和提高建筑物的抗震能力等手段来减少发生震害的可能性和震害损失的价值。

减轻风险损失的一般措施有工程措施、教育措施和程序性措施这三种。工程措施是以工程技术为手段，减弱潜在的物质性威胁因素。教育措施指对人员进行风险意识和风险管理教育，以减轻与项目有关人员不当行为造成的风险；程序性措施是指制定有关的规章制度和办事程序预防风险事件的发生。因为项目活动有一定的客观规律性，破坏了它们则会给项目造成损失，而项目管理班子制定的各种管理计划和监督检查制度一般都反映项目活动的客观规律性，遵守这些制度有助于减少风险的发生。

2. 回避风险

当风险分析结果表明某个风险的威胁太大时，就可以主动放弃项目或消除造成威胁的因素以避免与项目相关的风险。回避是一种消极的防范措施。任何项目都会同时存在机会和威胁，放弃了项目也就放弃了机会，放弃项目还容易挫伤人的积极性，妨碍项目管理班子集体和个人的锻炼成长。消除造成威胁的因素是积极的风险回避方法，消除所有的威胁因素不可能，但某些具体的威胁因素是有可能消除的。

3. 转移风险

转移风险又叫合伙分担风险，其目的不是降低风险发生的概率和不利后果的大小，而是借用合同或协议，在风险事故一旦发生时将损失的一部分转移到项目以外的第三方身上。实行这种策略要遵循两个原则，第一，必须让承担风险者得到相应的报答；第二，对于各具体风险，谁最有能力管理就让谁分担。采用这种策略所付出的代价大小取决于风险大小，当项目的资源有限，不能实行减轻和预防策略，或风险发生概率不高，但潜在的损失或损害很大时可采用此策略。

转移风险主要有四种方式：出售、发包、开脱责任合同、保险与担保。

(1)出售。通过买卖契约将风险转移给其他单位。这种方法在出售项目所有权的同时也就把与之有关的风险转移给了其他单位。例如，项目可以通过发行证券或债券筹集资金，证券或债券的认购者在取得项目的一部分所有权时，也同时承担了一部分风险。(2)发包。发包就是通过从项目执行组织外部获取货物、工程或服务而把风险转移出去。发包时又可以在多种合同形式中选择，例如建设项目的施工合同按计价形式划分，有总价合同、单价合同和成本加酬金合同。(3)开脱责任合同。在合同中列入开脱责任条款，要求对方在风险事故发生时，不要求项目班子本身承担责任。例如在国际咨询工程师联合会的土木工程施工合同条件中有这样的规定："除非死亡或受伤是由于业主及其代理人或雇员的任何行为或过失造成的，业主对承包商或任何分包商雇佣的任何工人或其他人员损害赔偿或补偿支付不承担责任……"(4)保险与担保。保险是转移风险最常用的一种方法。项目班子只要向保险公司交纳一定数额的保险费，当风险事故发生时就能获得保险公司的补偿，从而将风险转移给保险公司(实际上是所有向保险公司投保的投保人)。在国际上，建设项目的业主不但自己为建设项目施工中的风险向保险公司投保，而且还要求承包商也向保险公司投保。除了保险，也常用担保转移风险。所谓担保，指为他人的债务、违约或失误负间接责任的一种承诺。在项目管理上是指银行、保险公司或其他非银行金融机构为项目风险负间接责任的一种承诺。例如，建设项目施工承包商请银行、保险公司或其他非银行金融机构向项目业主承诺为承包商在投标、履行合同、归还预付款、工程维修中的债务、违约或失误负间接责任。当然，为了取得这种承诺，承包商要付出一定代价，但是这种代价最终要由项目业主承担。在得到这种承诺之后，项目业主就把由于承包商行为不确定性带来的风险转移到了出具保证书或保函者的身上，即银行、保险公司或其他非银行金融机构身上。

4. 风险自留

风险自留，也可称为风险接受。是指当事人决定不变更原来的计划而是面对风险，接受风险事件的后果。在风险分析阶段已确定了项目有关各方的风险承受能力以及哪些风险是可以接受的。消除风险是要付出代价的，其代价有可能高于或相当于风险事件造成的损失。在这种情况下，风险承担者应该将此风险视作项目的必要成本，自愿接受。自留风险可分为主动的和被动的。主动自留风险就是在风险事件发生时，及时实施事先制定的应急计划，例如，对于工程费用超支风险，在估算工程费用时就应考虑有不可预见费，一旦工程成本超支就动用这笔预留的不可预见费。被动自留风险就是当风险事件发生时接受其不利后果，例如，项目费用超支了，相当于认可降低的利润。需要注意的是，无力承担不良后果的风险不能自留，应设法回避、减轻、转移或分散。

上述风险减轻措施的拟定和选择需要结合项目的具体情况进行，同时还要借鉴历史项目的风险管理记录、管理人员的个人经验以及其他同类项目的经验等。因此，针对不同项目类型、不同风险类型应作具体分析，谨慎拟定

和选择相应的措施。另外，采取任何方式的风险响应措施，都会伴随新风险的产生。这也需要建设工程项目管理者和建设者认真考虑和研究。

【案例 5-1】 2009 年 6 月 27 日 6 时左右，在上海市闵行区莲花南路罗阳路口，一在建楼盘工地发生楼体倒覆事故，造成 1 名工人死亡。

专家组初步分析房屋倾倒的主要原因，紧贴 7 号楼北侧，在短期内堆土过高，最高处达 10m 左右；与此同时，紧邻大楼南侧的地下车库基坑正在开挖，开挖深度 4.6m，大楼两侧的压力差使土体产生水平位移，过大的水平力超过了桩基的抗侧能力，导致房屋倾倒，如图 5-3、图 5-4 所示。

图 5-3　上海一幢在建商品楼发生倒覆事故

图 5-4　倒塌的商品房地基全部外露

【案例 5-2】 2008 年 11 月 15 日 杭州地铁湘湖站"11·15"塌陷重大事故。

塌陷的工地位于杭州萧山区，这里靠近钱塘江，地下水位比较高，砂下面的水容易进入砂里，形成流砂地质，这样的地质条件，当土挖到一定程度，一旦压力够大，就可能塌陷，如图 5-5、图 5-6 所示。

图 5-5　杭州地铁施工现场发生地面塌陷事故

图 5-6　杭州地铁施工现场发生地面塌陷事故

5.6　土木工程师的可持续发展意识

当前可持续发展已成为国际社会的共识。可持续发展的本质是追求人类与自然的和谐、共存和共荣。可持续发展是人类 21 世纪的社会经济发展模式，是人类文明史上的又一次飞跃。可持续发展作为生存和发展的新概念，已经进入包括土木工程在内的各行各业。

土木工程是人类在地球上从事的巨大活动之一，它伴随着人类社会活动的发展而发展，成为人类社会现代文明的重要标志之一。但是，任何土木工程都要占据一定的自然空间并直接或间接地消耗大量的物质资源，没有自然空间和自然物质资源，土木工程的建造无从谈起。长期以来，人类在创造大量物质文明的同时，也严重污染了自然环境，破坏了生态平衡。为解决可持续发展理论中最基本的“资源有限”问题，土木工程在价值观念、理论基础、方法原理和技术手段等方面，从思想观念到实际操作，都需要进行一系列的变革，以最大限度地提高自然资源的利用率，保护、恢复自然生态环境。

5.6.1 人类社会面临的问题与挑战

21世纪的前10年，人类赖以生存的环境、资源、人口问题日趋严峻，已成为当今人类社会面临的三大问题，尤其是环境和资源问题，不仅是确保经济社会可持续发展的基本条件，而且直接涉及人类的生存质量。因此保护生态环境、节约资源、合理使用资源是保证人类社会可持续发展的长期战略。

5.6.1.1 全球气候暖化问题

全球气候暖化是一个世界性的问题，在过去的100年中，全球平均地表气温升高0.74±0.18℃，在未来的100年中，预计全球地表平均增温1.1～6.4℃。气候变暖导致极端天气气候事件增多、增强，影响人类的生存和发展，全球的每一个角落都逃不过气温上升造成的环境影响，只要经济继续迈向工业化，随着化石燃料使用量的增加、森林的加速消失，大气中的二氧化碳浓度就会不断上升，影响着地球大气的自然结构，增强温室效应。气候变化造成的影响是全方位多层次的。一是人为因素导致的温度升高可能已经给许多自然和生物系统带来影响。二是未来气候变化会在许多方面产生重大影响，如干旱地区增加，强降水增多，生态系统发生重大变化，农业生产风险增大，森林火灾和病虫害风险增加，沿海地区洪涝、风暴和其他自然灾害频率加大，工业、人居环境和社会影响以负面为主，对人类健康产生负面影响等。三是如果长期忽视减缓措施，气候变化可能会超出自然、管理和人类系统的适应能力。

据联合国2003年的报告指出，气候变迁每年造成约15万人死亡，而且若缺乏强力行动来减缓全球变暖，死亡人数将会持续增加。一份由世界卫生组织与联合国其他机构共同发表的报告中说，对抗全球暖化行动的失败，将对人类造成重大损害。报告中估计，每年因气候变迁而死亡的人数可能在2030年达到30万人之多。

近百年来，我国平均气温升高了0.5～0.8℃，与全球平均增温幅度相近。我国年平均降水量变化趋势不明显，但区域降水变化波动较大。如华北大部分地区每10年减少20～40mm，而华南与西南地区每10年增加20～60mm。近50年来，我国沿海海平面年平均上升速率约为2.5mm，略高于全球平均水

平，我国极端天气气候事件的频率和强度发生了明显变化。

随着气候变化日趋激烈，极端天气气候事件的发生越来越频繁，对社会经济和人民生命财产造成的损失更加严重。2008年春我国华南大范围的雨雪冰冻灾害，2009年我国河南、河北和安徽等地的春季干旱，2010年春我国云南、广西、贵州等地大干旱，2010年入夏以来强暴雨使我国湖北、江西、吉林等地遭受的特大水灾，舟曲暴发的特大泥石流灾害等，给国家经济和人民生命财产造成了重大损失。

气象灾害给中国带来的经济损失不断增加。每年受干旱、暴雨洪涝、台风等气象灾害影响的人口约6亿人次，经济损失占GDP的1%～3%；每年因气象灾害使农田受灾达5亿多亩。有关资料表明，我国2006年气象灾害的直接经济损失为2516.9亿元。

气候变迁与温室效应气体的增加息息相关，全球暖化造成的环境改变显而易见，如北极冰山的融化造成海平面上升，全球的冰川不断后退，季节交替的时间逐渐异于平常等。据预测，今后的一段时期，全球的春季将比以往早到，秋季比往常来得更晚，气温和降雨量的变化，将导致疾病的大量出现。

5.6.1.2 资源短缺问题

自然环境中所有的组成元素，包括质量与能量、生物质与非生物质，共同组合成地球总体的资产。人类从总资产中撷取所需要的物质，将其从备用的价值转化成为资源利用价值。尽管地球的总资产是非常丰富的，然而绝大部分的物质与能源对人类而言是毫无利用价值的，其原因一是在现有的技术基础上，无法取得该项资源，例如虽然我们认知到深海底层中含有丰富的锰、铁等化学元素，然而现有的科技能力却无法直接取得。二是我们尚未建构出如何利用该项资产的知识系统。

因此，资源本身是一种文化性的概念，一项资产唯有在能被利用于满足人类对食物、庇护、温暖与运输等的需求时，才会成为资源。例如地层中富含的石油，在历史的各个时期其均为地球的一项资产，但在人类学会利用石油后，石油即转化为一项重要的资源。而资产与资源间的关系是可逆转的，当资源丧失其利用性，便会重新成为环境中的储备物质。因此可将资源定义为：地球总资产的一部分，在特定的技术、经济与社会条件下能为人类所利用。

在人类发展的历史过程当中，人类对资源(尤其是陆地资源)的依赖和使用程度是相当惊人的，尤其是近几个世纪以来，伴随着人口的扩张、生活水准及科技水平的提升，使资源的消耗成倍的增长。1800～1930的130年间世界总人口数增长了两倍，在1930～1975短短的45年间，又增长了两倍。每增加一个人口就会对资源多一份消耗。生活水准的提升也带来了资源消耗的进一步扩张。自1880～2000年以来，资源消耗的速度已增长了六倍之多，并且自1950年至今的60年间，人类对矿产及砂石资源的利用已超越了过去所有年代的总和。

1. 土地资源短缺问题

土地资源是人类发展最主要的依赖资源，农业持续发展的关键在于土地资源的可持续利用。土地资源不能持续利用，农业的持续发展也无从谈起。

我国土地资源存在的主要问题之一是土地资源短缺，2007 年全国土地利用现状如图 5-7 所示。2007 年我国的耕地总量约为 12173.52 万公顷，人均耕地占有量不到世界平均值的 1/3，且耕地总量每年还在以 6.67×10^5 公顷的速度递减。据测算，到 2030 年我国耕地将减少 2.07×10^7 公顷，即减少近 1/6，而人口将达到 16 亿，人地矛盾将更加严峻。

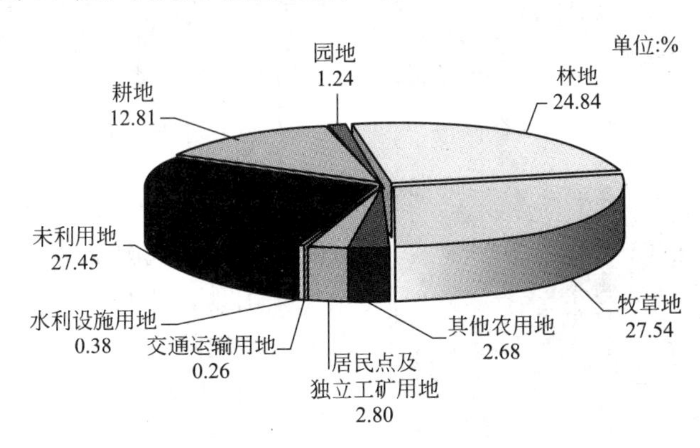

图 5-7　2007 年全国土地利用现状

问题之二是生态环境恶化，土地质量下降，土地生产力降低。由于我国在土地利用方面长期是重用轻养、重产出轻投入的掠夺式利用，导致土壤中大量元素缺乏，并且由于保护力度不够，每年流失的水土面积达 4×10^7 公顷，流失的土壤带走大量作物生长所需的有机质和矿物质元素，使耕地质量迅速下降，从而造成土地生产能力变弱，如图 5-8 所示。

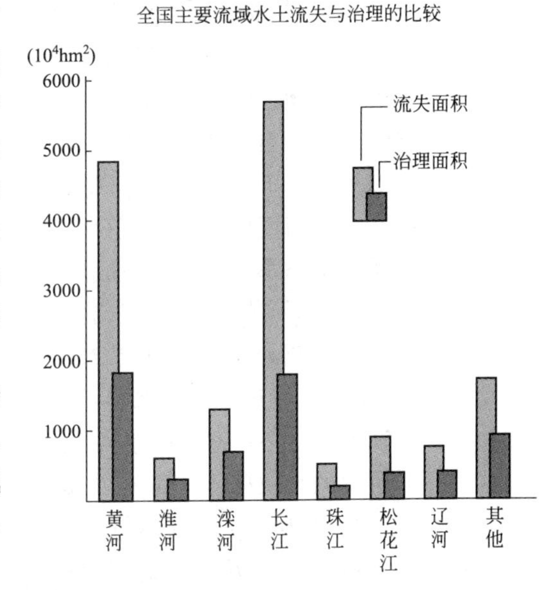

图 5-8　我国水土流失与治理的比较

问题之三是我国以城市为中心的环境污染逐步向农村地区蔓延，生态环境严重恶化。各种污染源对土地资源造成的直接或间接威胁不容忽视，如酸雾、酸雨、水质污染等，造成土地质量下降，如图 5-9 所示。

问题之四是耕地数量急剧减少的同时土地资源浪费严重。在经济发展和工业化进程中，我国可利用的土地资源呈急剧下降趋势。与此同时，乱搭、乱建、乱占或占而不用的现象较为普遍，造成土地资源的严重浪费，据有关资料表明，全国闲置土地约为 6.5×10^5 公顷，其中，耕地约 6.28×10^4 公顷，相当于 1996 年占用耕地的 1/3，如图 5-10 所示。

图 5-9　酸雨腐蚀后的森林

图 5-10　我国大量存在的“空心村”

图 5-11　低产的山地资源

问题之五是土地开发利用难度大且效率低。在我国土地资源中，约 2/3 是丘陵山地，中低产田占耕地的 60%以上，耕地障碍因素(沙漠、戈壁、石质山地和高寒荒漠等)多，分布不均匀，造成土地可开发利用的难度大，而未利用和难以利用的土地(包括滩涂、荒草地、盐碱地、沼泽地)比例同样很大，如图 5-11 所示。

2. 水资源短缺问题

2010 年 3 月 19 日～3 月 21 日，一次强沙尘暴天气过程先后影响了我国 21 个省、市、自治区。气象专家指出，1998 年以来，我国沙尘暴天气明显增多，这与气候干旱有直接关系。沙尘暴让人们再次关注生态系统问题。水资源是生态系统的重要组成部分，旱情更引起大家对我国水资源的担忧。

水资源短缺问题突出的表现：一是人均水资源占有量少。我国人均水资源量 2200m^3，约为世界人均水资源量的 1/4。二是水资源分布不均衡。南方(指长江以南)人均水资源量达到 3600m^3 以上，而北方人均水资源量只有 720m^3。三是全国的污水排放量快速增长，对水资源造成严重破坏，加剧了水资源的紧缺程度。据有关资料统计，1980 年全国废污水排放量为 310 亿 t，2000 年为 620 亿 t(不包括火电直流冷却水)，其中工业废水占 66%，生活污水占 34%，近 80%的废污水未经处理，直接排入江河湖库水域，如图 5-12 所示。四是由于集中取水和集中排污，致使我国不仅北方城市普遍缺水，南方一些城市也出现“水质型”缺水。

长期以来，因地表水供给不足，一些地方超量开采地下水，造成局部地区地下水大幅下降，形成地面沉降。调查资料显示，全国地下水多年平均超采量 74 亿 m^3，超采区面积达 18.2 万 km^2，其中严重超采区面积占 42.6%。一些沿海城市与地区，地下水含水层受海水入侵面积在 1500km^2 以上，20 多

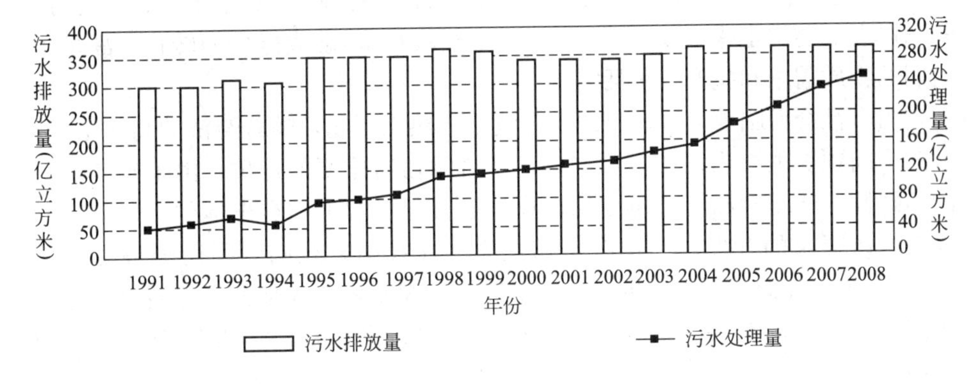

图 5-12　我国污水排放量逐年增加

个城市出现地面沉陷、地面塌陷、地裂缝，一些内陆地区因地下水位不断下降，荒漠化及沙化面积逐年扩大，已影响这些地区的城乡供水、城市建设和人民生存。

近几年，我国连续遭受干旱，尤其是 2010 年云南、贵州、广西的严重旱情(图 5-13)，江河湖泊等自然来水量减少，水库干涸，耕地受旱面积 6567 万亩，1501 万人、923 万头大牲畜因旱饮水困难。投入抗旱资金 7.5 亿元、劳力 898 万人，临时解决 744 万人、357 万头大牲畜的饮水困难。出现了新中国成立以来最为严峻的缺水局面。

图 5-13　云南陆良县德格海子水库已干涸见底

当前，我国水资源短缺问题十分突出，已经成为我国经济和社会可持续发展的重要制约因素。分析我国水资源短缺的原因，可从客观因素和人为因素两个方面看。从客观因素方面讲，人口增长、工农业生产发展、人民生活水平提高，使得用水量增多，而全球气候变化又导致近年来降水量有所减少。从人为因素方面看，利用率低、污染严重、管理不善等问题，对水资源的影响更大。

3. 矿产资源短缺问题

矿产资源是人类生存和社会发展的物质基础，矿产资源的开发利用，伴随着人类物质文明的发展。据统计，工业原料的80%以上来自矿产资源，90%以上的能源也来自矿产资源。矿产资源通过形态或能量的转化，满足了人们的物质需求和生产、生活需要。

当今社会面临着人口、资源、环境三大热点问题，随着经济的高速增长，这三个问题更加突出。在资源中，矿产资源占有重要的地位，由于矿产资源的稀缺性、耗竭性和不可再生性，决定了其保障程度的突出地位。环境问题也与矿产资源的开发、利用有密切关系。在我国以往制约国民经济发展的"瓶颈"中，能源与原材料的短缺、矿产品的短缺占绝大部分，交通运输也与矿产资源的布局有关。由此可见，矿产资源在国民经济中发挥极其重要的作用。

国民经济持续、快速、健康发展，必须有一定的物质基础做保障。矿产资源是工业的"粮食"，经济的发展是以相应的矿产资源供给为条件的，是工农业生产、科技、日常生活等多个领域的物质来源和基础，是工业化进程中极为重要的生产力要素，是我们进行经济建设、发展社会物质文明不可缺少的基础。它在一定程度上反映着一个国家的国力，尤其是对我国这样一个大国，矿产资源及其开发利用水平在相当大的程度上制约和影响着经济发展的后劲。

我国矿产资源相对比较丰富，但人均占有量仅为世界平均水平的58%，大型和超大型矿床比重很小，贫矿、难选矿和共伴生矿多，尤其是铁、铜、铝土、铅、锌、金等多为贫矿，难选矿比重大，开采成本普遍比较高，实际可供利用的资源比例较低。我国45种主要矿产资源人均占有量不足世界人均水平的一半，石油、天然气、煤炭、铁矿石、铜和铝等重要矿产资源人均储量，分别相当于世界人均水平的11%、4.5%、79%、42%、18%和7.3%。据国家发改委预测，到2020年，我国重要金属和非金属矿产资源可供储量的保障程度，除稀土等有限资源保障程度为100%外，其余均大幅度下降，其中铁矿石为35%、铜为27.4%、铝土矿为27.1%、铅为33.7%、锌为38.2%、金为8.1%。可采年限石灰石为30年、磷为20年、硫不到10年，钾盐现在已是需远大于供。我国能源供需方面，煤炭、天然气大体供需平衡，而石油资源已远不能满足国内建设需要。从1993年我国石油由净出口国已经转化为净进口国，并且进口量在逐年增长。

在矿产资源供需形势严峻的情况下，我国的矿产资源浪费惊人，综合利用率极低。我国矿产资源的综合回收率平均不超过50%，综合利用率约30%。目前我国共(伴)生组分综合回收率在40%～70%的国有矿山企业不足40%。有色金属矿产资源综合回收率为35%，黑色金属矿产资源综合回收率仅为30%，比发达国家低20%。我国现有2000多座矿山尾矿库，库存尾矿约50亿t，每年新增排放固体废弃物3亿t，而平均利用率只有8.2%。目前我国国有矿山完全没有进行综合利用的占45%，全国20多万个集体、个体矿山基本上不进行综合利用。根据我们的国情，我们应该比世界上其他任何大国要更加珍惜矿产资源，更加严格地保护和合理利用、综合利用矿产资源，这是我们的根本出路。

我国目前已进入工业化快速发展阶段，矿产资源需求快速增长。从 20 世纪 90 年代至今，随着国民经济高速发展，矿产品产量与消费量均快速增长。

矿产资源、人口的增长和经济发展不匹配，资源制约将会成为我国经济发展的长期瓶颈。为保证我国经济与社会可持续快速发展，矿产资源能否可持续供应将成为我们面临的严峻问题，也将是全社会关注的重大问题。

为实现 2020 年全面建成小康社会的宏伟目标，我国面临着严峻的矿产资源方面的挑战，主要表现在三个方面：

（1）我国资源消费的增长幅度远远超过资源生产发展的速度，单靠国内生产供不应求，对外依存度迅速增加。特别是目前经济迅速增长，城市化进程不断加快，资源供求和社会需求相比，差距越来越大。尤以石油的供需更为突出。面对我国资源调整的限制，勘探开发难度越来越大，国际油价持续走高的现状，如何保持资源有效供给，我们面临的挑战十分严峻。

（2）资源使用效率过低，浪费严重，资源消费方式亟待改善。我国资源消费方式落后，导致不合理的过度消耗，新中国成立以来，我国国民经济总产值增长了 10 倍，而矿产资源的消耗却增长了 40 倍。这种依靠高投入、高能耗、高资本积累带动的经济增长和工业化，使资源供需矛盾日益加剧，引发了资源紧缺和环境恶化等一系列的经济和社会问题，危及国民经济持续稳定发展。

（3）资源过度消耗对生态环境造成很大危害。在看到我国取得经济和社会发展伟大成绩的同时，我们必须清醒地看到由于资源消费方式落后，不仅大量浪费了能源资源，而且对生态环境造成了很大的负面影响，比如大量的二氧化碳和硫化物气体的排放，已经使我国近三分之一的国土被酸雨侵害。土地沙漠化，每年以上千平方公里的速度在扩展。如何实现资源开发利用与自然和谐、保护生态环境、实现可持续发展，需要我们进行巨大而长期坚持不懈的努力。在利用经济、技术、法律的必要手段，改善资源消费结果，防止环境恶化，并对环境污染进行治理方面，我们面临着很大的挑战。

资源短缺既给土木工程提出了挑战，也给我们提供了机遇。土木工程在建设和使用过程中要消耗大量的资源，如土地、森林以及很多矿产资源，如铁矿石、石油、天然石材等。工程建设量越大，资源消耗量越大。因此土木工程必须考虑节约用地、节约材料、循环使用材料、开发新材料等问题，这些问题的解决会不断推动土木材料及结构技术的发展。如为了节约用地，在我国发达地区已基本取消了黏土砖的生产和应用；为了减少森林的采伐和木材的应用，木材在很多应用领域已被钢材、铝材、塑料或其他复合材料替代，目前建筑上已很少使用实木门窗就是实例；为了节约水泥，提高混凝土的性能，粉煤灰等工业废料已大量应用于混凝土中；为了循环利用建筑材料，混凝土再生技术的开发利用已成为绿色混凝土材料研究的重要方向，等等。同时，由于对资源需求的不断增加，人类要不断勘察和开采新的资源，这又促

进了土木工程领域的不断扩大，提出的工程问题也不断增多。如人类要在海上开采石油等资源，就需要大量建设海上石油平台；要解决资源的不平衡问题，就要建设输油、输气、输水、港口码头等重要的基础设施等。在这些大的基础设施工程建设过程中，往往要解决许多新的、复杂的工程问题，使土木工程在理论与实践上都会上升到一个新的高度。相信人类有一天会到月球等其他星球上建设土木工程，那时土木工程将会有更大的发展。

5.6.1.3　能源问题

1. 能源分类

能源是指可提供能量的资源。目前常用的燃料能源有煤炭、石油、天然气和生物物质，非燃料能源有水能、风能和太阳能等。

从可持续发展的观点看，能源可分为可再生能源及不可再生能源。不可再生能源有煤、石油、天然气、核能等依靠矿物的资源；可再生的能源有草、木、植物动物油脂、排泄物等。有些能源虽不能从可再生的意义上去分类，但可列入可不断利用、相当长时间内不会枯竭的能源，如水能、风能、太阳能，甚至地热利用也可以暂时列入。

虽然，我们应尽量利用不会枯竭的能源和可再生的能源，尽量限制不可再生能源的开采与消耗，但目前利用最多的还是不可再生的矿物能源(约占人类所消耗总能源的80%)。

2. 中国的能源问题

中国人口占世界人口的22%，经济发展迅速，能源需求压力很大。中国的能源人均水平较低，尤其是石油储量、产量满足不了需要，我国已经进入石油输入大国的行列。中国的能源问题主要有：

中国是世界上少数几个以煤为主要燃料的国家之一，煤的消耗占总消耗量的70%左右，年消耗煤达13亿t以上，居世界第一。同时中国自用煤质量较差，灰分比例大，含硫量高，因而已成为大气污染的主要污染源。

能源储藏与经济发展的地区不匹配。近80%的能源资源分布在西部和北部，而中国东部及南部经济发展快，消耗能源占全国总量的60%左右，这对开采运输造成巨大的压力，也对能源的供需安全构成隐患。

能源供应不足与能源浪费并存，工业能耗高，每单位产值的能耗大约是发达国家的3～10倍。

图5-14　工业废气排放

3. 土木工程(建筑业)是耗能大户

目前，中国是世界上最大的建筑材料生产国和消费国，主要建材产品水泥、平板玻璃、建筑卫生陶瓷、石材和墙体材料等产量多年居世界第一位。同时，我国的建筑业又是“耗能大户”。建材生产和建筑能耗占全国总能耗约27%左右。我国建筑中

95%都不是节能建筑，如果建筑节能维持现状，2020 年仅空调高峰负荷就会相当于 10 个三峡电站满负荷发电量。

我国建筑耗能的平均能源利用率为 30%左右，相当部分能源被无形中浪费掉了。我国民用建筑每平方米耗能 30.7kg 标准煤，相当于发达国家的 3 倍。建筑能耗大的主要原因是围护结构热工性能差，房屋一次性投入低，门窗保温性差，城市集中供热率低。我国供暖收费长期以来以单位缴费为主，这也使用户节能意识淡薄。

5.6.1.4 环境污染及破坏

人类在生产、生活过程中向环境排放大量的废水、废气和固体废物，在这三废中有很多有害物质，使环境遭到污染。工业化大量排放二氧化碳等温室气体，近百年来大气中二氧化碳含量增加 25%，今后 50 年还要再增加 30%。这些温室气体的增多已经使地球表面温度在过去 100 年中上升了 0.3～0.6℃，温度增高使南北极冰山融化，导致海平面上升，使许多海岸国家受到被淹没的危险。其他有害气体还有二氧化氮、二氧化硫等。空气的污染使人类的呼吸道疾病增加。硫氧化物、氮氧化物与大气中的水相结合，形成酸雨降到地面使大片森林枯萎，河内水生物乃至鱼类死亡。

工业废水和生活污水大量排入河流、湖泊会污染整个流域；有害物质渗入地下，会破坏地下水源。我国 2009 年《中国环境状况公报》显示：

2009 年，中国地表水污染依然较重，七大水系总体为轻度污染，湖泊富营养化问题突出，近岸海域总体为轻度污染。26 个国控重点湖泊(水库)中，满足Ⅱ类水质的 1 个；Ⅲ类的 5 个；Ⅳ类的 6 个；Ⅴ类的 5 个；劣Ⅴ类的 9 个。主要污染指标为总氮和总磷。

2009 年，全国废水排放总量为 589.2 亿 t，比上年增加 3.0%；化学需氧量排放量为 1277.5 万 t，比上年下降 3.3%；氨氮排放量为 122.6 万 t，比上年下降 3.5%。二氧化硫排放量为 2214.4 万 t，烟尘排放量为 847.2 万 t，工业粉尘排放量为 523.6 万 t。全国工业固体废物产生量为 204094.2 万 t，排放量为 710.7 万 t，比上年减少 9.1%；综合利用量(含利用往年贮存量)、贮存量、处置量分别为 138348.6 万 t、20888.6 万 t、47513.7 万 t。危险废物产生量为 1429.8 万 t，综合利用量(含利用往年贮存量)、贮存量、处置量分别为 830.7 万 t、218.9 万 t、428.2 万 t。

以上数据表明，我国经过多年的综合治理，在污染减排等方面已经取得明显成效，污染防治工作稳步推进，污染防治的基础能力建设取得积极进展，但污染形势依然严峻。依然需要加大治理力度，以实现我国社会的可持续发展。

土木工程对环境的影响主要体现在以下几个方面，一是建筑材料生产所产生的粉尘、二氧化碳及其他酸性氧化物等，如水泥、钢材生产都会产生大量的粉尘和二氧化碳排放，如为实现 2008 年绿色奥运的目标，首都钢铁厂在奥运会前整体搬迁至唐山曹妃甸；二是建筑施工产生的粉尘，商品混凝土生产与应用、干混砂浆的推广与应用，都会极大地减少施工粉尘给城市带来的

污染；三是工程建设给环境造成的破坏，如由于工程建设带来的植被破坏、山体滑坡及生态改变等。除此之外，建材生产与建筑施工还会带来很大的噪声污染。因此，不断地进行技术创新与进步，建立健全管理制度，减少土木材料生产及工程建设给环境造成的影响，也是土木工程应关注和解决的重大问题。

土木工程是人类在地球上从事的巨大活动之一，是宏观的科学技术。它在为人类提供生存空间与交流通道，改善环境的同时，也直接或间接地消耗大量的物质资源。没有自然空间和自然物质资源，土木工程的建造无从谈起。长期以来，人类在创造大量物质文明的同时，也影响和污染了自然环境，破坏了生态平衡。为解决可持续发展理论中最基本的"资源有限"问题，土木工程在价值观念、理论基础、方法原理和技术手段等方面，从思想观念到实际操作，都需要进行一系列的变革，以最大限度地提高自然资源的利用率，保护、恢复自然生态环境。

5.6.2　可持续发展的基本要求

1992年联合国首届环境与发展首脑大会上通过了《21世纪议程》，可持续发展的思想被世界各国广泛接受，并成为当今时代经济社会发展的主旋律。自20世纪90年代以来，人们从经济学、社会学、管理学、生态学和政治学等领域对可持续发展思想进行了跨学科、多角度的综合探讨和研究，进一步深化了对可持续发展观的认识，从而使可持续发展观成为指导各国经济社会协调发展的指南。

5.6.2.1　可持续发展观的科学内涵

可持续发展的涵义是：既满足当代人的需要，又不对后代人满足其需要的能力构成威胁的发展。全面认识和理解可持续发展观的科学内涵需要把握以下四个方面：

(1) 可持续发展观强调人类社会需要追求长期持续稳定的发展。这里的"可持续"不仅指发展在时间上的连续性、在空间上的并存性，而且包括了在发展内容上的协调性，是经济增长、社会进步、环境和谐的系统化和整合化，而非经济、社会、生态三个维度的简单相加。

(2) 可持续发展观体现了人本主义精神，是一种以人为本的发展观。生态、经济、社会的可持续发展，其最终目的都是为了满足人类的可持续发展。因而，可持续发展思想是围绕着人类生存和持续发展而提出的，体现了人在发展中的主体地位。

(3) 可持续发展观要求发展延续性和协调性的高度统一。在以人为本的发展思想中，发展的延续性表现在代际关系的均等上，发展的协调性表现在代内关系的均等上。实现代际平等就要保护地球生态的完整性，将人类的发展始终保持在地球的承载能力之内，在提高当代人生活质量的同时，不至于使未来人口承受不利的后果。实现代内平等，就是要实现同代人之间在发展机会、享受发展成果上的平等。

(4) 可持续发展观是一种系统的发展观。可持续发展观立足于系统的科学认识方法，把可持续发展作为一个系统来考量，这个总系统包括社会、经济、生态发展三个子系统。通过人类有目的、有意识的活动来协调系统与系统之间、系统与要素之间、要素与要素之间的相互关系，最终实现人类经济社会的全面、协调、可持续发展。

5.6.2.2 可持续发展观的基本要求

可持续发展思想是人类面对工业文明所带来的巨大环境破坏，通过对传统的片面追求物质财富增长的工业文明发展观进行反思而提出的一种全新的、系统的、战略性的生态文明发展观。

(1) 可持续发展观要求经济社会的协调发展必须坚持以人为本。以人为本是可持续发展观的出发点和最终归宿，其核心就是要实现人的全面发展。经济的可持续发展是要在资源环境可承载的限度内创造更多的物质财富，以满足人类提高生活水平的需要。社会的可持续发展是要建立公正和谐的社会环境和人与自然和谐相处的生态环境，以不断满足提高人类生活质量的需求。

(2) 可持续发展观要求经济社会的协调发展必须平衡社会利益关系。社会利益不仅表现为各阶层、各群体的物质经济利益，而且还体现在人身自由和人的政治权利等诸多方面。

(3) 可持续发展观要求经济社会的协调发展必须兼顾效率和公平。可持续发展观的价值趋向在经济发展方面体现为经济活动效率的提高，在社会发展方面体现为追求公平，实现经济社会的可持续发展就需要协调好效率和公平的关系。

(4) 可持续发展观要求经济社会的协调发展必须保护资源环境。自然资源和生态环境的可持续发展是经济社会可持续发展的基石，生态环境和自然资源保护得好、利用得好，经济社会的协调发展才具有可持续性，否则，就会产生因环境破坏和资源的损耗而出现的经济发展与社会发展的矛盾。

(5) 可持续发展观要求经济社会的协调发展必须具有良好的公共秩序。良好的公共秩序是实现经济社会全面、协调、可持续发展的必要条件和重要保证。政府是公共秩序的维护者、公共服务的提供者、公共政策的制定者，同时也是可持续发展思想的倡导者和推动者，因而在经济社会的协调发展中发挥着主导作用。

总之，经济社会的协调发展是可持续发展观的基本要求。而经济社会的协调发展具有可持续性，不仅要体现发展的人本主义精神，还要注意平衡发展对象的利益关系；不仅要提升经济发展的效率性，而且要体现社会发展的公平性；不仅要具有良好的自然生态环境，而且还要政府提供稳定的社会环境。

土木工程师的可持续发展意识应体现在以下几方面：

(1) 在土木工程的规划、设计中，应有系统的、整体的、综合的和持续使用的观念；应重视与环境生态的和谐，以最小的环境生态代价，最大限度地实现土木工程的各项功能。

（2）通过技术进步，综合应用现代科学及工程技术，最大限度地降低土木工程建设与使用的能源消耗；重视节能减排、重视新材料的开发、材料的循环利用。

（3）土木工程的可持续发展理念应贯穿在规划、设计、建造与营运的全寿命周期中。应综合规划、设计、建造与营运的相关理念与技术，真正实现“安全、适用、耐久”的结构功能。

（4）土木工程中的可持续发展既要保证土木工程本身是“绿色”的、可持续的，同时又要通过土木工程促进整个社会和其他工程领域的可持续发展。因为，与其他工程领域相比，土木工程的基础地位非常突出。只有实现土木工程的可持续发展，才能促进其他工程技术的可持续发展，最终实现整个社会和人类的可持续发展。

5.7　土木工程师的职业发展与继续教育

5.7.1　土木工程师的职业发展

随着城市建设和公路建设的不断升温，土木工程专业的就业形势近年来持续走好。土木工程专业可分为道路桥梁、建筑工程等几个不同的专业方向，在这些专业方向的职位既有大体上的统一性，又有细节上的具体区别。总体来说，土木工程专业的主要就业方向有以下几种：

1. 工程技术方向

代表职位：结构工程师、岩土工程师、建造师、技术经理、项目经理等。代表行业：建筑施工企业、房地产开发企业、路桥施工企业等。

随着我国执业资格认证制度的不断完善，土木工程师不但需要精通专业知识和技术，还需要取得必要的执业资格证书。土木工程师的相关执业资格认证主要有：全国一、二级注册建筑师，全国一、二级注册结构工程师，全国一、二级注册建造师等。

2. 设计、规划及预算方向

代表职位：项目设计师、城市规划师、预算工程师等。代表行业：工程勘察设计单位、房地产开发企业、交通或市政工程类、工程造价咨询机构等。

各种勘察设计单位对工程设计人员的需求近年来持续增长，城市规划作为一种新兴的职业，随着城市建设的不断发展深入，也需要更多的现代化设计规划人才。随着咨询业的兴起，工程预决算等建筑行业的咨询服务人员也成为土建业内新的就业增长点。这类土木工程师不仅要精通专业知识，更要求有足够的大局观和工作经验。

3. 质量监督及工程监理方向

代表职位：监理工程师等。代表行业：建筑、路桥监理公司、工程质量检测监督部门等。

工程监理是近年来新兴的一个职业，随着我国对建筑、路桥施工质量监管的日益规范，监理行业自诞生以来就面临着空前的发展机遇，并且随着国家工程监理制度的日益完善有着更加广阔的发展方向。一般来说，专业监理工程师需要取得省级监理工程师上岗证，总监理工程师需要取得国家注册监理工程师执业资格证。

执业资格制度是市场经济国家对专业技术人才管理的通用规则。我国于1990年开始推行执业资格制度。1992年建设部发布了《监理工程师资格考试和注册试行办法》拉开了建筑行业推行执业资格制度的序幕。现已实行的与土木工程专业相关的主要有：注册结构工程师、监理工程师、造价工程师、建造师、岩土工程师等，基本形成了具有中国特色的建筑领域执业资格制度。

我国法律规定，建筑专业人员须在各自专业范围内参加全国组织的统一考试，获得相应的执业资格证书，经注册后才能在资格许可范围内执业。这是我国强化市场准入制度，提高工程建设水平的重要举措。土木工程专业主要执业资格制度如下：

(1) 报考条件是执业资格制度的基础，直接限制了考试参与范围与从业人员的学历水平和从业经历，如表5-2所示。

土木工程相关执业资格考试的报考条件　　表5-2

序号	名称	报考条件
1	结构工程师	取得土木工程专业工学学士学位，职业实践最少时间4年
2	一级建造师	取得土木工程类大学本科学历，从事建设工程项目施工管理工作满3年
3	监理工程师	具有工程技术高级专业职务，或取得工程技术专业中级职务并任职满3年
4	造价工程师	工程或工程经济类本科毕业，从事工程造价业务工作满5年
5	土木工程师(岩土)	取得土木工程专业大学本科学历，累计从事岩土工程专业工作满5年

(2) 考试科目直接反映执业资格的考核要求，决定了执业资格的特色与执业范围，如表5-3所示。

土木工程相关执业资格考试的考试科目　　表5-3

序号	名称	考试科目
1	结构工程师	《基础考试》含结构力学等17个科目，《专业考试》含钢筋混凝土等9个科目
2	一级建造师	《建设工程经济》、《建设工程法规及相关知识》、《建设工程项目管理》、《专业工程管理与实务》

续表

序号	名称	考试科目
3	监理工程师	《工程建设合同管理》、《工程建设质量、投资、进度控制》、《工程建设监理基本理论和相关法规》、《工程建设监理案例分析》
4	造价工程师	《工程造价管理基础理论与相关法规》、《工程造价计价与控制》、《建设工程技术与计量》、《工程造价案例分析》
5	土木工程师(岩土)	《基础考试》含土力学等16个科目、《专业知识考试》含工程地质等8个科目

(3) 执业范围指相关执业资格所主要从事的工作活动内容与领域，如表5-4所示。

土木工程相关执业资格执业范围　　表5-4

序号	执业资格名称	执业范围
1	注册结构工程师	结构工程设计；结构工程设计咨询；建筑物、构筑物、工程设施等调查和鉴定；对本人主持设计的项目进行施工指导和监督等
2	注册一级建造师	担任建设工程项目施工的项目经理；从事其他施工活动的管理；从事国务院行政主管部门规定的其他业务
3	注册监理工程师	工程监理、工程经济与技术咨询、工程招标与采购咨询、工程项目管理服务以及国务院有关部门规定的其他业务
4	注册造价工程师	投资估算、概算、预算、结(决)算、标底、投标报价的编审；工程造价控制；工程经济纠纷的鉴定；与工程造价有关的其他事项
5	注册土木工程师(岩土)	岩土工程勘察与设计；岩土工程咨询与监理；岩土工程治理；检测与监测；环境岩土工程和与岩土工程有关的水文地质工程业务等

5.7.2　土木工程师的继续教育

继续教育是指已经脱离正规教育，已参加工作和负有成人责任的人所接受的各种各样的教育，是对专业技术人员进行知识更新、补充、拓展和能力提高的一种高层次的追加教育。继续教育是人类社会发展到一定历史阶段出现的教育形态，是教育现代化的重要组成部分。在科学技术突飞猛进、知识经济已见端倪的今天，继续教育越来越受到人们的高度重视，它在社会发展过程中所起到的推动作用，特别是在形成全民学习、终身学习的学习型社会方面所起到的推动作用，越来越显现出来。

继续教育是一种特殊形式的教育，主要是专业技术人员的知识和技能进行更新、补充、拓展和提高，进一步完善知识结构，提高创造力和专业技术水平。知识经济时代继续教育是人才资源开发的主要途径和基本手段，着重点是开发人才的潜在能力，提高队伍整体素质，是专业技术队伍建设的重要内容。

按照全国注册建筑师、注册工程师管理委员会、注册工程师岩土专业管理委员会的有关规定，注册建筑师在两年注册有效期内应达到40学时必修课程和40学时选修课程的继续教育培训，注册结构工程师、注册土木工程师(岩土)在三年注册有效期内应达到60学时必修课程和60学时选修课程的继续教育培训，否则不予办理延续注册手续。通过继续教育使土木工程师的知识得到及时更新。

阅读与思考

5-1 查阅相关资料，多途径了解土木工程的方方面面，进一步认识与体会土木工程专业的工作分工、技术职责等方面的系统知识框架。

5-2 土木工程师可以在哪些方面对人类社会的可持续发展做出贡献?

5-3 土木工程师应具有良好的综合素质和创新意识，您认为如何培养良好的综合素质和创新能力?

5-4 思考与分析如何能够成为一个结构大师或卓越工程师?

参 考 文 献

[1] 罗福午. 土木工程(专业)概论(第三版)[M]. 武汉：武汉理工大学出版社，2005，7.

[2] 罗福午. 建筑结构概念体系与估算 [M]. 北京：清华大学出版社，1991.

[3] 中国大百科全书(土木工程) [M]. 北京：中国大百科全书出版社，1987.

[4] 丁大钧. 混凝土结构的发展 [M]. 北京：中国建筑工业出版社，1994.

[5] 丁大钧，蒋永生. 土木工程总论 [M]. 北京：中国建筑工业出版社，1997.

[6] 王福川，官来贵. 建筑工程材料 [M]. 北京：科学技术文献出版社，1992.

[7] 沈世钊. 大跨空间结构的发展、回顾与展望 [J]. 土木工程学报，1998：31(3).

[8] 吴中伟，廉慧珍. 高性能混凝土 [M]. 北京：中国铁道出版社，1999.

[9] 周树琴. 建筑工程造价与招标投标 [M]. 成都：成都科技大学出版社，1998.

[10] 特瑞斯普雷切特等. 风险管理与保险 [M]. 孙祁祥译. 北京：中国社会科学出版社，1998.

[11] 李辉. 建设工程法规 [M]. 上海：同济大学出版社，2006.

[12] 罗吉・弗兰根，乔治・诺曼. 工程建设风险管理 [M]. 李世荣，徐波译. 北京：中国建筑工业出版社，2000.

[13] 阎兴华，黄新. 土木工程概论 [M]. 北京：人民交通出版社，2005.

[14] 刘西拉. 培养面向二十一世纪的土木工程师 [J]. 清华大学教育研究，1993(2).

[15] 吕志涛. 新世纪我国土木工程活动与预应力技术展望 [J]. 东南大学学报(自然科学版)，2002(3).

[16] 张晓东. 土木工程可持续发展研究 [J]. 科技资讯，2008(20).

[17] 林宗凡. 建筑结构原理及设计 [M]. 北京：高等教育出版社，2002，8.

[18] 郑连庆，张原，叶作楷. 建筑工程经济与管理 [M]. 广州：华南理工出版社，2003.

[19] 丛培经. 工程项目管理 [M]. 北京：中国建筑工业出版社，2003.

[20] 李慧民. 建筑工程经济与项目管理 [M]. 北京：冶金工业出版社，2002.

[21] 王士川. 土木工程施工 [M]. 北京：科学出版社，2009.

[22] 朱宏亮. 建设法规 [M]. 武汉：武汉理工大学出版社，2003.

[23] 叶志明. 土木工程概论 [M]. 北京：高等教育出版社(第三版)，2010.

[24] 王晓初. 土木工程概论 [M]. 沈阳：辽宁科学技术出版社，2008.

[25] 项海帆，沈祖炎，范立础. 土木工程概论 [M]. 北京：人民交通出版社，2007.

[26] 崔京浩. 灾害的严重性及土木工程在防灾减灾中的重要性 [J]. 工程力学，2006，第23卷增刊2：49～77.

[27] 夏燕. 土木工程材料 [M]. 武汉：武汉大学出版社，2009.

[28] 杨静. 建筑材料 [M]. 北京：中国水利水电出版社，2003.

[29] 高红霞. 工程材料 [M]. 北京：中国轻工业出版社，2009.

[30] 杨海英. 风险管理与保险原理 [M]. 北京：北京航空航天大学出版社，1999.

[31] 清华大学土水学院. 土木工程科学前沿 [M]. 北京：清华大学出版社，1997，9.
[32] 贡力，李明顺. 土木工程概论 [M]. 北京：中国铁道出版社，2007，8.
[33] 王涛，尹宝树，陈兆林. 港口工程 [M]. 山东：山东教育出版社，2004，4.
[34] 严似松. 海洋工程导论 [M]. 上海：上海交通大学出版社，1987.
[35] 张自杰. 排水工程(下册) [M]. 北京：中国建筑工业出版社，2000，6.
[36] 王涛，尹宝树，陈兆林. 海洋工程 [M]. 山东：山东教育出版社，2004，4.
[37] 王宝贞. 水污染控制工程 [M]. 北京：高等教育出版社，1990，4.
[38] 郝吉明. 大气污染控制工程 [M]. 北京：高等教育出版社，1992，4.
[39] 杨国清. 固体废物处理工程 [M]. 北京：科学出版社，2001，1.
[40] 韩峰. 铁道线路工程概论 [M]. 北京：中国铁道出版社，2010.
[41] 中华人民共和国国家标准. 海洋工程环境影响评价技术导则 GB/T 19485—2004.